2판

가상 제어 장치(Virtual Universe Pro)를 이용한

스마트 시퀀스 및 공유압 제어

노일수 지음

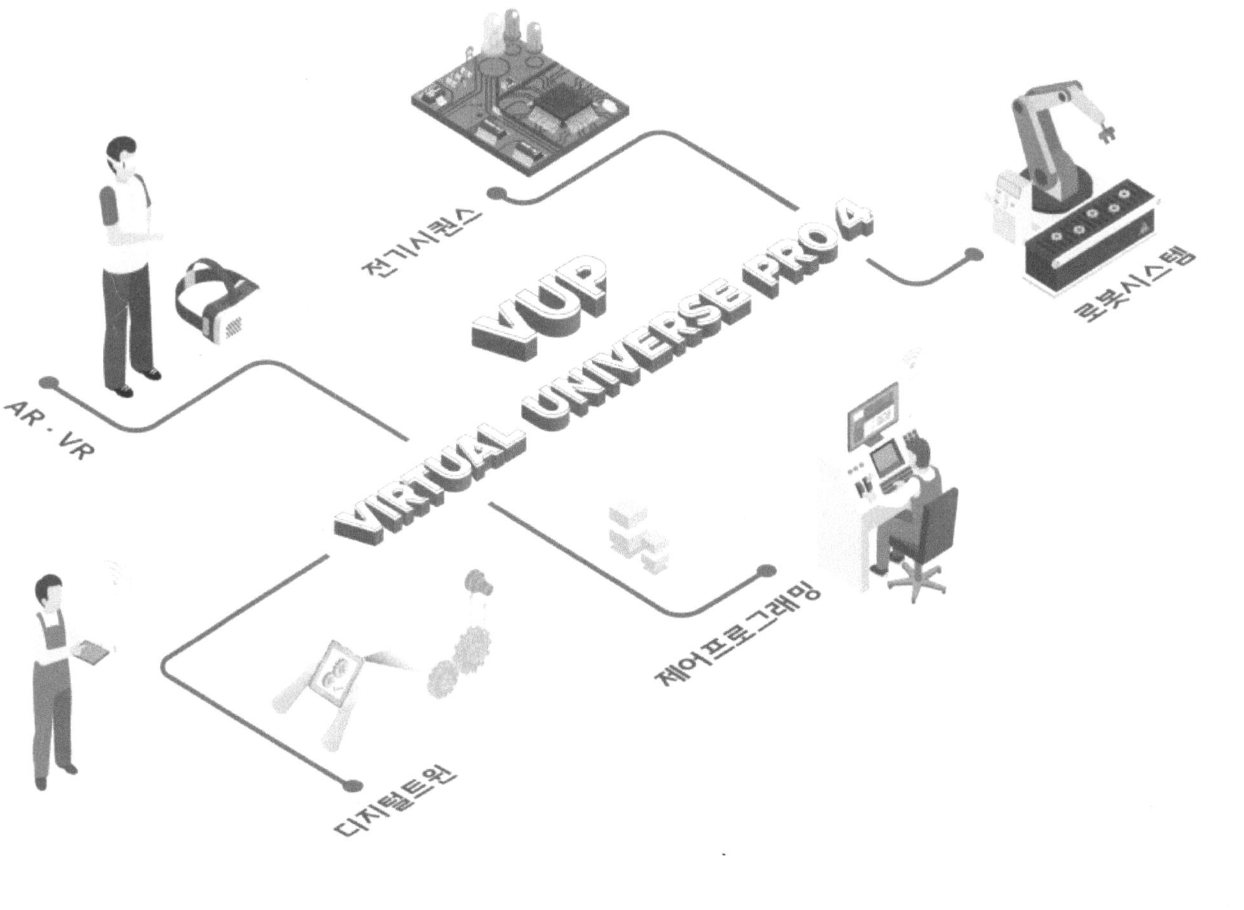

도서출판 GS인터비전

머리말

이 교재는 가상 제어 장치인 Virtual Universe Pro 4(VUP)를 이용하여 스마트 시퀀스 및 공유압 제어에 대한 기초 내용을 그림책을 보듯이 쉽게 따라 할 수 있도록 다루고 있다. 시퀀스와 공유압 제어를 위한 필수적으로 알아야 할 여러 가지 기술에 대해 손쉽게 이해할 수 있도록 초점을 맞추고 있으며, VUP 프로그램내 전기 공압/유압 시뮬레이션(autoSIM)을 통해 2D 시뮬레이션으로 자동화 시스템을 구성하고 설계 및 제어할 수 있는 환경을 제공한다.

1장에서는 전기 기초에 대해 학습하고, 필수적인 전기용어와 개념을 다루게 될 것이다. 2장에서는 시뮬레이션을 이용한 제어방법을 다룰 것이다. 여기서는 VUP 프로그램의 사용법과 제어 시스템에 대한 이해를 통해 실제 시스템을 이해하는 방법을 배우게 될 것이다. 3장에서는 기초 전기와 논리회로를 익히기 위한 시퀀스 제어 시뮬레이션 구성에 대해 다룰 것이며, 4장에서는 공압 제어에 대한 이해와 생산자동화 시스템, 기계정비 공기압회로 구성작업을 시뮬레이션을 통해 다룰 것이다. 공압 제어는 압축 공기를 사용하여 기계 및 장치를 제어하는 방법으로, 이를 효과적으로 구성하고 제어하는 방법을 배울 것이다. 5장에서는 유압 제어에 대한 이해와 유압 구성작업을 시뮬레이션을 통해 다룰 것이다. 마지막으로 6장에서는 PLC 제어에 대한 이해와 PLC 구성작업을 실제 PLC와 시뮬레이션을 통해 프로그래밍하는 방법을 배울 것이다. 실제 장비에 대한 실습 전에 시뮬레이션을 통해 먼저 학습하는 것은 매우 유용하다. 이를 통해 학습자는 안전하게 실습하고 여러 상황을 경험하면서 실제 장비를 다루는 데 필요한 기술을 학습할 수 있게 하였다.

마지막으로 이 교재가 스마트 시퀀스와 공유압 시스템을 이해하고, 나아가 기본적인 PLC에 대해 이해함으로써 이를 통해 다양한 자동화분야에 적용하여 활용할 수 있는 능력을 키우는데 조금이라도 도움이 되기를 바란다.

저자

목차

Chap 1전기 기초

1-1 전기 기초

전기란 물질을 구성하는 미립자인 자유 전자의 이동을 말한다. 물체의 종류에는 전하가 잘 통하는 도체(Conductor), 전기 혹은 열이 잘 흐르지 않는 물질인 부도체(Insulator), 전류가 잘 흐르는 정도가 도체와 부도체의 중간 성질을 가지는 반도체(Semi conductor)로 구성되어 있다.

◧ 전압(전위차, Voltage, V[V])

전류를 흐르게 할 수 있는 전기의 압력으로, 단위는 V(볼트)라고 한다.

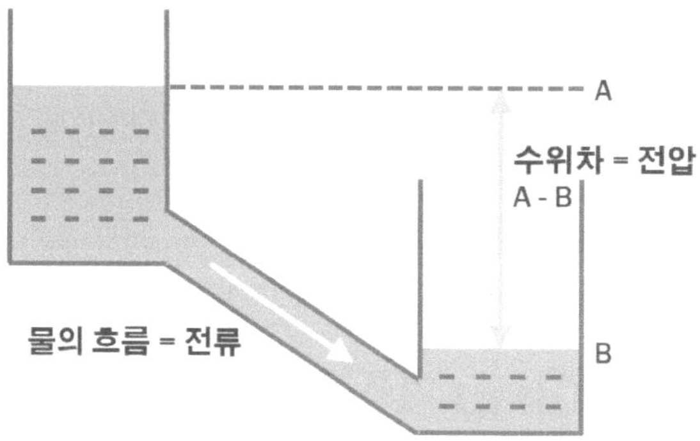

◧ 전류(전하의 흐름, Current, I[A])

전류는 자유 전자의 이동으로 물의 흐름에 비유될 수 있다, 단위는 A(암페어)라고 한다.

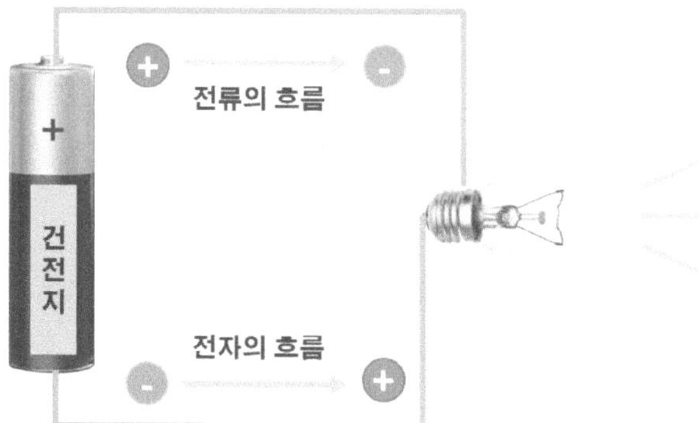

◧ 저항(Resistnace, R[Ω])

전기회로에서 전류의 흐름을 방해하는 성분이며, 단위는 Ω(옴)이라고 한다.

◧ 옴의 법칙

도체에 흐르는 전류는 도체에 가해진 전압에 정비례하고, 그 도체의 저항에 반비례한다.

$$I = \frac{V}{R} \quad , \quad V = R \cdot I$$

◧ 전력(P[W])

전기가 하는 일의 크기로 단위는 W(와트)라고 한다.

$$P = V \cdot I$$

◧ 직류(DC : Direct Current)

시간의 변화에 따라 전압, 전류의 크기 및 방향이 일정한 것을 직류라고 한다. 보통 1.5 V 건전지가 이에 해당하며, 자동차의 밧데리는 DC+12 V를 사용한다. 보통 공장에서 자동화를 구동하기 위한 전압은 보통 DC +24 V 전압을 사용한다.

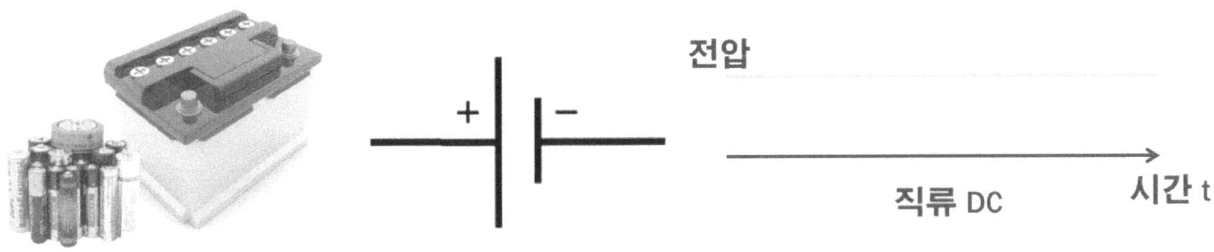

◧ 교류(AC : Alternating Current)

시간의 변화에 따라 전압, 전류의 크기 및 방향이 변화하는 것을 교류라고 한다. 보통 AC 220 V 60 Hz라고 표기한다. 가정이나 공장에서 필요한 전원을 공급해 준다.

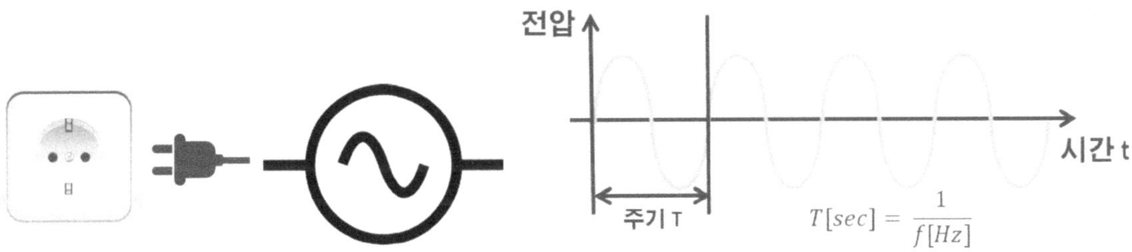

◧ 주파수(Frequency, f[Hz])

1초 동안에 진동하는 수라고 하며, 단위는 Hz(헤르쯔)라고 한다.

◧ 전기회로

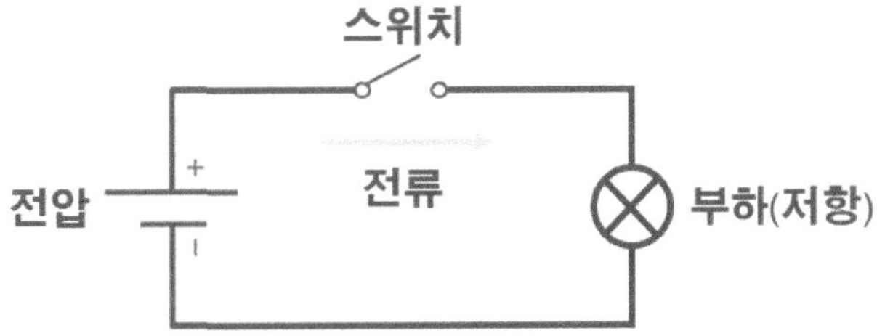

- 단락(Short Circuit): 회로는 닫혀 있으나 저항이 거의 없어 큰 전류가 흐르는 것으로 회로가 단락 시에는 과전류가 흘러 전선에 과열이나 소손이 발생한다. 단락은 퓨즈를 설치하여 예방할 수 있다.
- 단선(Cut Off): 개회로라고도 하며, 회로가 끊어져 전류가 흐를 수 없는 것이다.
- 개회로(Open Circuit): 전류가 흐를수 없는 회로이다.
- 폐회로(Closed Circuit): 전류가 흐를수 있는 회로이다.

1-2 시퀀스 제어

시퀀스 제어란 미리 정해진 순서 또는 일정한 논리에 의하여 정해진 순서에 따라 제어의 각 동작을 순차적으로 진행시켜 나가는 제어를 말한다.

시퀀스 제어에는 기계적인 접점을 활용한 전자 릴레이를 사용하여 유접점 형태의 릴레이 시퀀스 제어가 있으며, 또한 반도체 스위칭 소자인 트랜지스터, SCR, 디지털 IC 등의 전자 소자를 사용한 무접점 형태의 로직 시퀀스 제어가 있다. 현재에는 주로 마이크로 컨트롤러나 PLC(Programmable Logic Controller)를 사용하여 프로그래밍을 통한 시퀀스 제어를 하고 있다.

◧ 시퀀스 제어의 구성 예

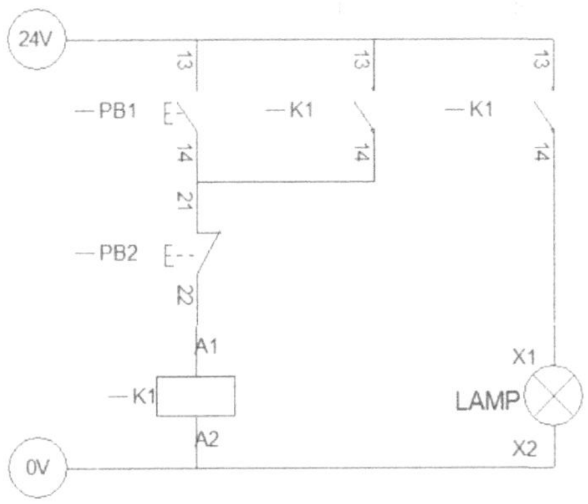

유접점 제어

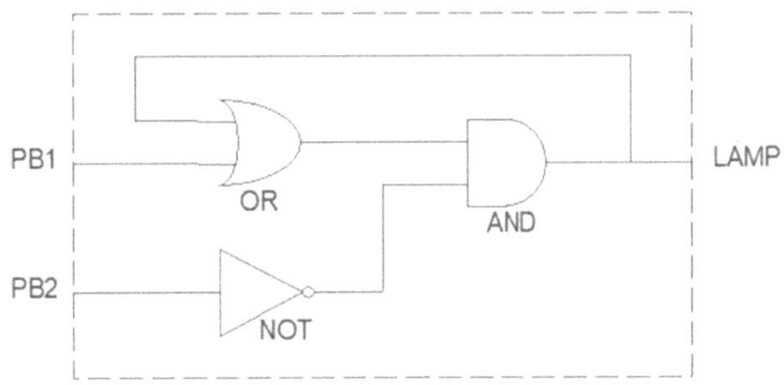

무접점 제어

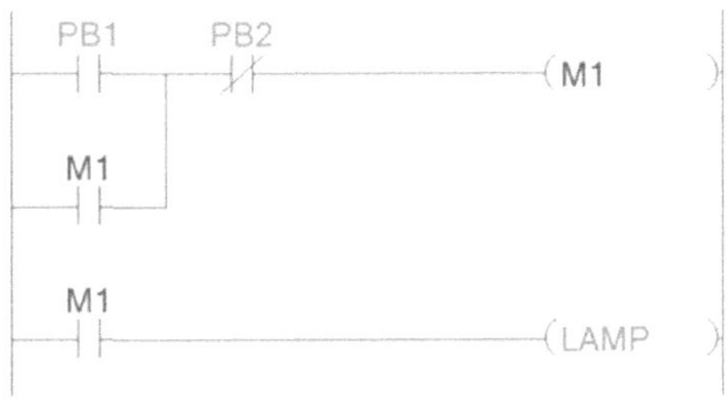

PLC 제어

◧ 유접점 제어

유접점 제어는 전자 릴레이를 사용한 하드와이어드 방식의 제어이다.

◧ 무접점 제어

무접점 제어는 트랜지스터나 디지털 IC 등의 반도체를 사용한 논리 소자를 이용한 접점을 사용하지 않는 제어이다.

◧ 프로그램 제어

프로그램 제어는 마이크로컨트롤러와 PLC(Programmable Logic Controller) 같은 제어기를 이용한 소프트와이어드 방식의 제어이다.

Chap 2 시뮬레이션을 이용한 제어 방법

2-1 Virtual Universe Pro 4 개요

Virtual Universe Pro는 혁신적인 3D 모델링 및 에뮬레이션 소프트웨어로, 3D CAD 모델을 사용 및 활용하여 자동화 시스템(또는 가상 머신)의 대화형 3D 에뮬레이션을 신속하게 생성할 수 있다.

3D 에뮬레이터를 PLC(Programmable Logic Controllers)와 같은 외부 컨트롤러 또는 내장형 가상 컨트롤러와 연결하여 Virtual Universe Pro는 완전한 가상 환경에서 제품 또는 기계의 실제 작업조건을 재현할 수 있다.

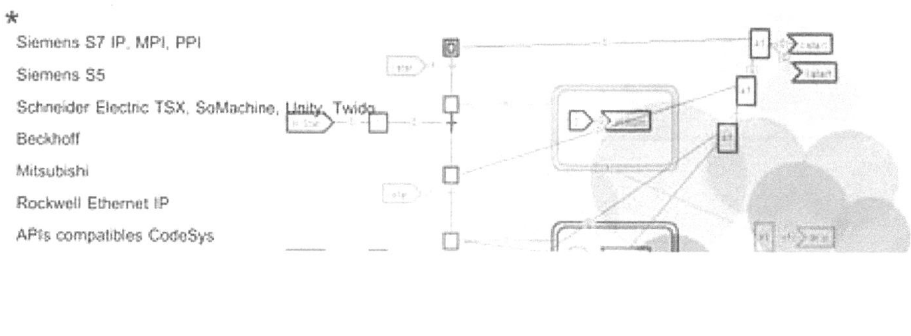

또한 산업용 로봇과도 연동 가능하며, 각 객체에 대해 입출력 및 매개 변수로 구성된 최적화 된 인터페이스를 통해 자동화 프로그램에서 개체를 쉽게 제어할 수 있다.

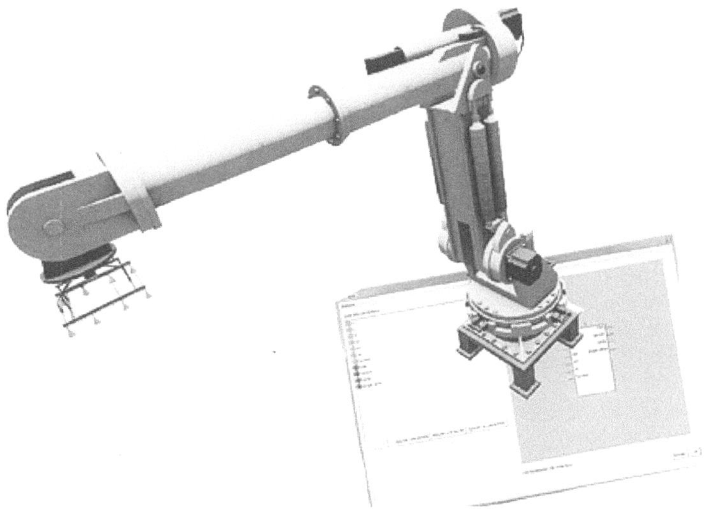

Virtual Universe Pro 에뮬레이터로 산업 장비 및 자동화 시스템 설계자는 사실적인 대화형 가상 3D 환경에서 제품을 실험하고 장비 동작을 실시간으로 에뮬레이션 할 수 있다.

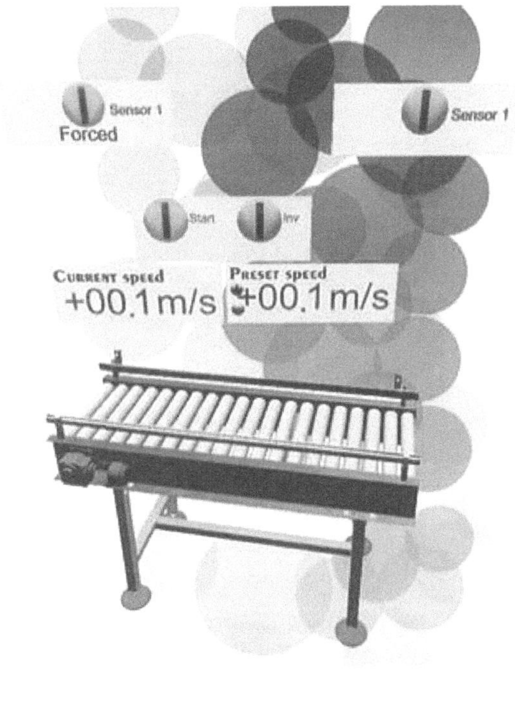

30일 동안 사용할 수 있는 데모 프로그램을 다운로드 할 수 있다.

◧ 데모 프로그램 다운로드 경로: https://en.iraifrance.com/virtual-universe-pro-4-tutorials

2-2 Virtual Universe Pro 사용법

1. 시작 화면

바탕화면에 설치된 “Virtual Universe Pro 4”를 실행하면 아래 그림과 같이 메인 3D 렌더링 창에 빈 프로젝트가 열리게 된다.

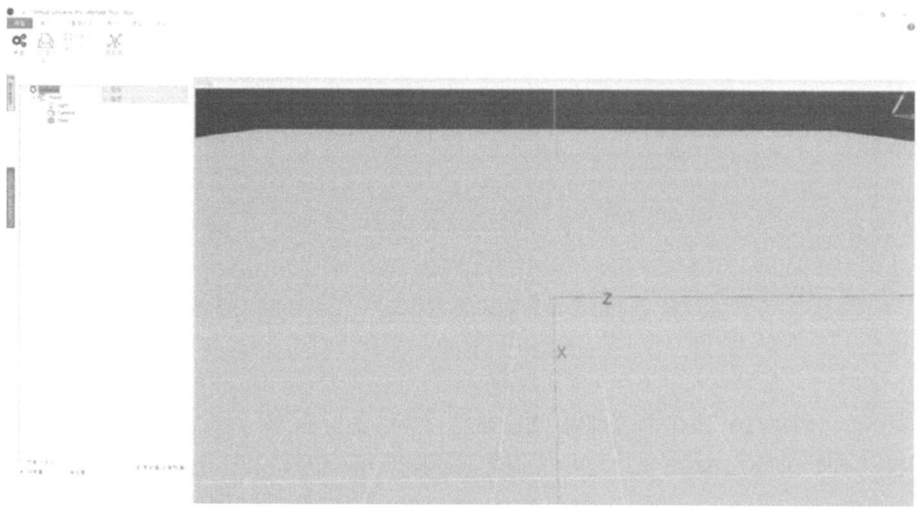

2. 인터페이스

Virtual Universe Pro의 기본 인터페이스 구성은 아래 그림과 같다.

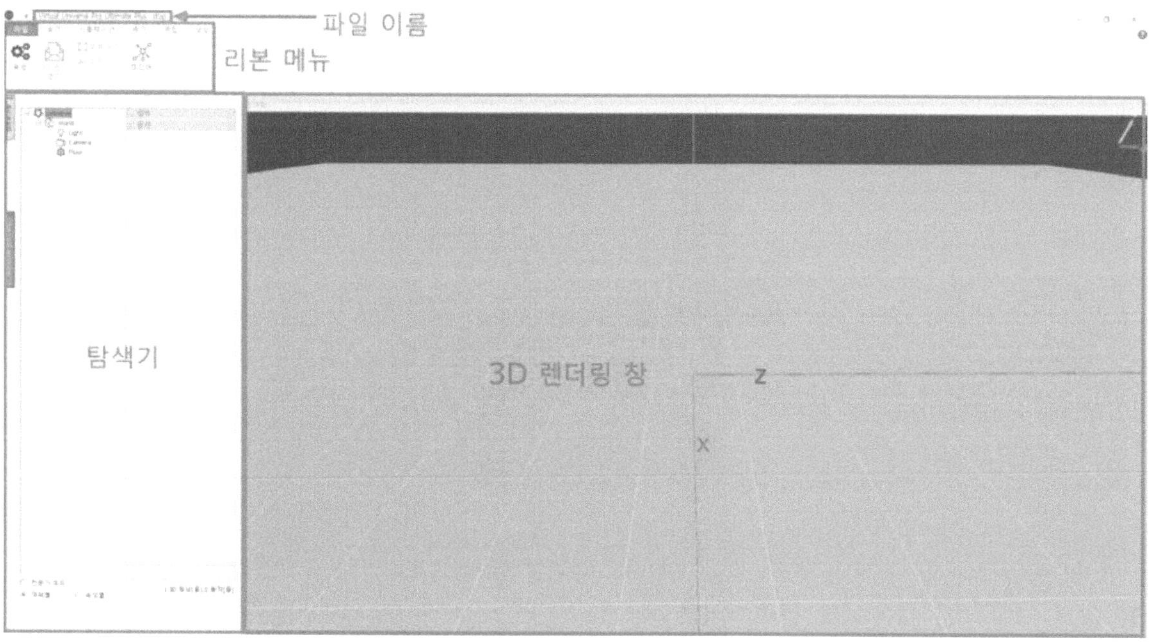

3. 화면 제어

Virtual Universe Pro는 마우스를 이용하여 화면을 제어할 수 있다.

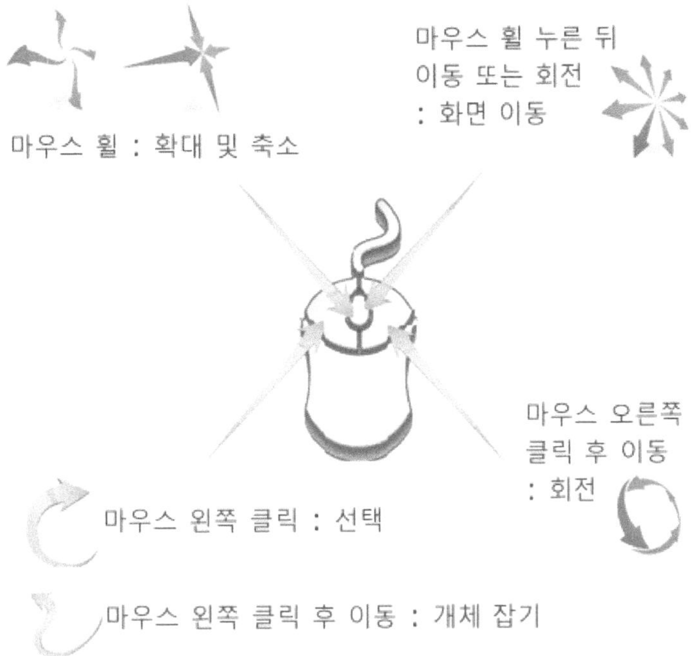

또한, 3D 렌더링 창에 내비게이션 UI를 생성시켜 화면을 제어할 수도 있다. 방법은 다음과 같다.

① 탐색기의 [Universe]을 선택하여 아래 그림과 같이 옵션을 선택 할 수 있도록 한다.

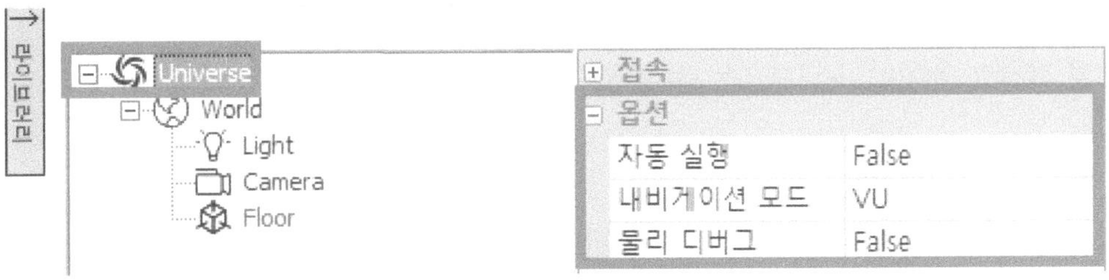

② 옵션의 [내비게이션 모드]를 [VU]에서 [IRIS3D]로 변경한다.

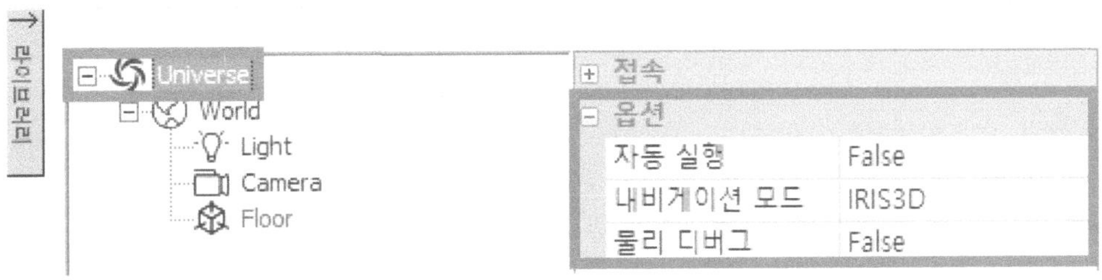

③ 아래의 그림과 같이 내비게이션 UI가 생성된 것을 확인 할 수 있다. 마우스로 UI를 클릭하여 화면을 제어한다.

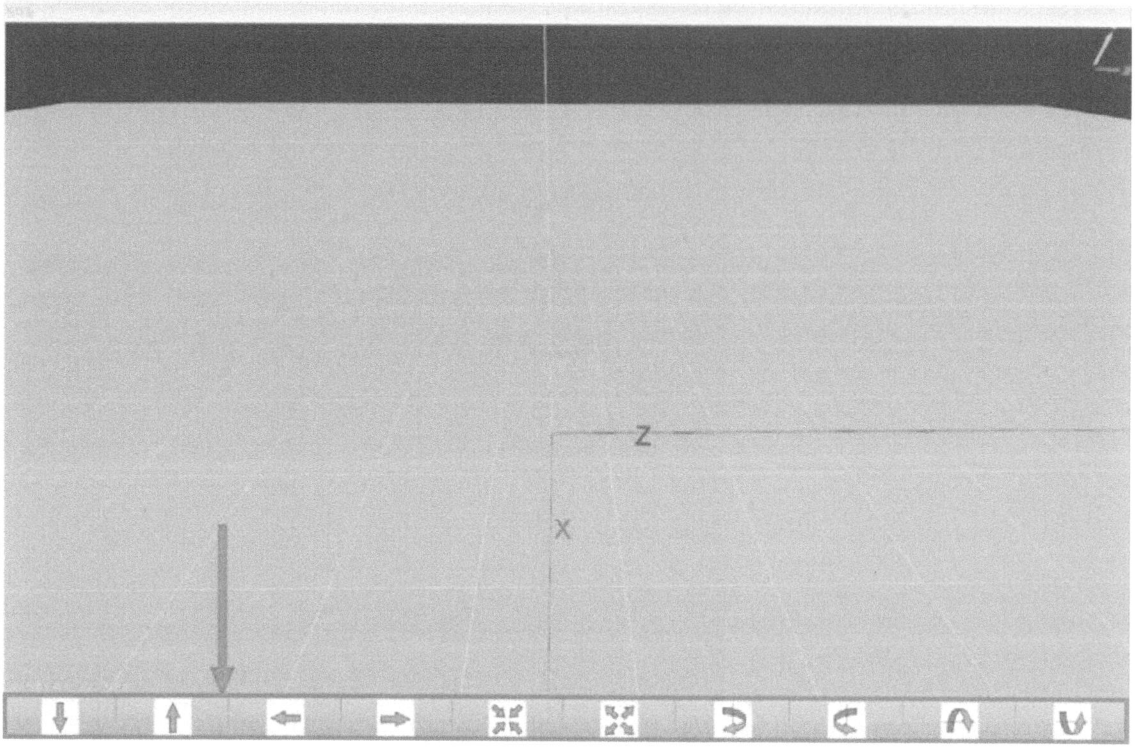

4. 속성 및 옵션

리본 메뉴에는 아래 그림과 같이 [파일], [보기], [시뮬레이션], [추가], [편집], [생성] 등이 있다. 모델링에 따라 리본 메뉴의 선택이 가능/불가능 할 수 있으며 새로운 리본 메뉴가 생성 될 수 있다.

■ 속성 탐색기

속성 탐색기는 설정 창과 프로젝트 구성 도구에 대한 액세스를 제공한다. 3D 에뮬레이터 프로젝트 요소는 구조화되어 있으며 트리형식으로 표시되어 있다. 추후에 3D 모델링 파일을 불러왔을 때 많이 사용되며, 3D 모델링의 편집, 구속조건 및 동작 지정 등을 할 수 있다.

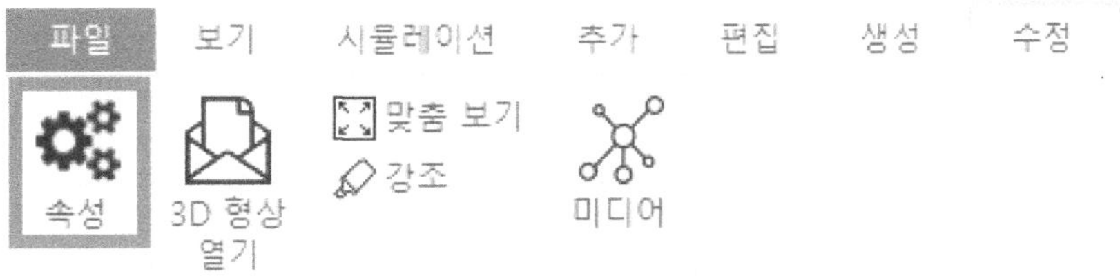
파일
보기
시뮬레이션
추가
편집
생성
수정
속성
3D 형상 열기
맞춤 보기
강조
미디어

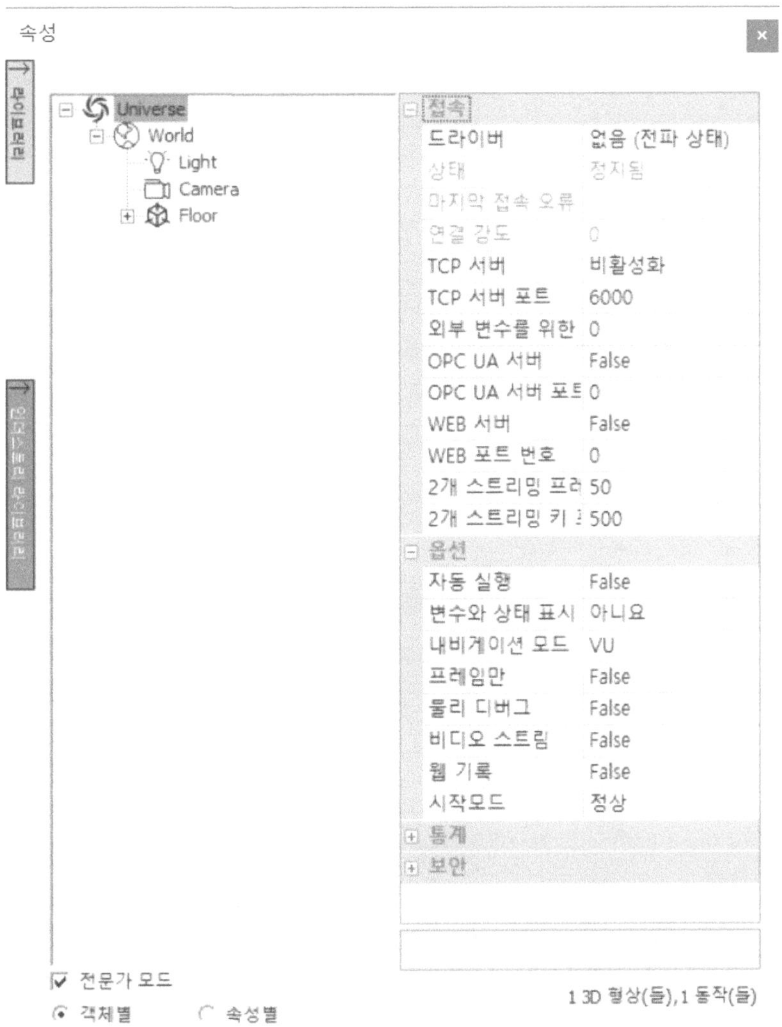
속성
라이브러리
인더스트리 라이브러리
Universe
World
Light
Camera
Floor
접속
드라이버
없음 (전파 상태)
상태
정지됨
마지막 접속 오류
연결 강도
0
TCP 서버
비활성화
TCP 서버 포트
6000
외부 변수를 위한
0
OPC UA 서버
False
OPC UA 서버 포트
0
WEB 서버
False
WEB 포트 번호
0
2개 스트리밍 프레
50
2개 스트리밍 키
500
옵션
자동 실행
False
변수와 상태 표시
아니요
내비게이션 모드
VU
프레임만
False
물리 디버그
False
비디오 스트림
False
웹 기록
False
시작모드
정상
통계
보안
전문가 모드
객체별
속성별
1 3D 형상(들), 1 동작(들)

■ 라이브러리

Virtual Universe Pro는 새로운 3D 에뮬레이터 프로젝트를 구축하는 데 사용할 수 있도록 자신만의 스마트 리소스를 활용할 수 있는 3D 리소스 라이브러리에 대한 액세스를 제공한다. 예를 들어, 여러 개의 스마트 3D 리소스(컨베이어, 전기 푸셔, 센서, 전기 인클로저, 소스, 싱크 등)가 포함된 데모 라이브러리(Demo library)를 제공하여 사용자를 교육하고 그들 자신의 3D 스마트 리소스를 설계하는 데 도움을 준다.

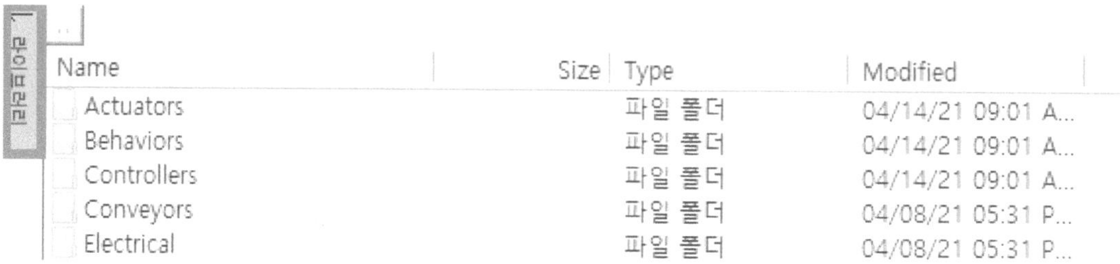

라이브러리에서 사용 가능한 3D 리소스를 가져오려면, 설정 창 왼쪽에 있는 탭 [라이브러리]를 클릭한다. 브라우저가 열리면 라이브러리에서 프로젝트에 추가할 리소스를 선택하고 3D 렌더링 창으로 끌어다 놓는다. 이와 같은 방법으로 사용 가능한 모든 3D 리소스를 액세스할 수 있다.

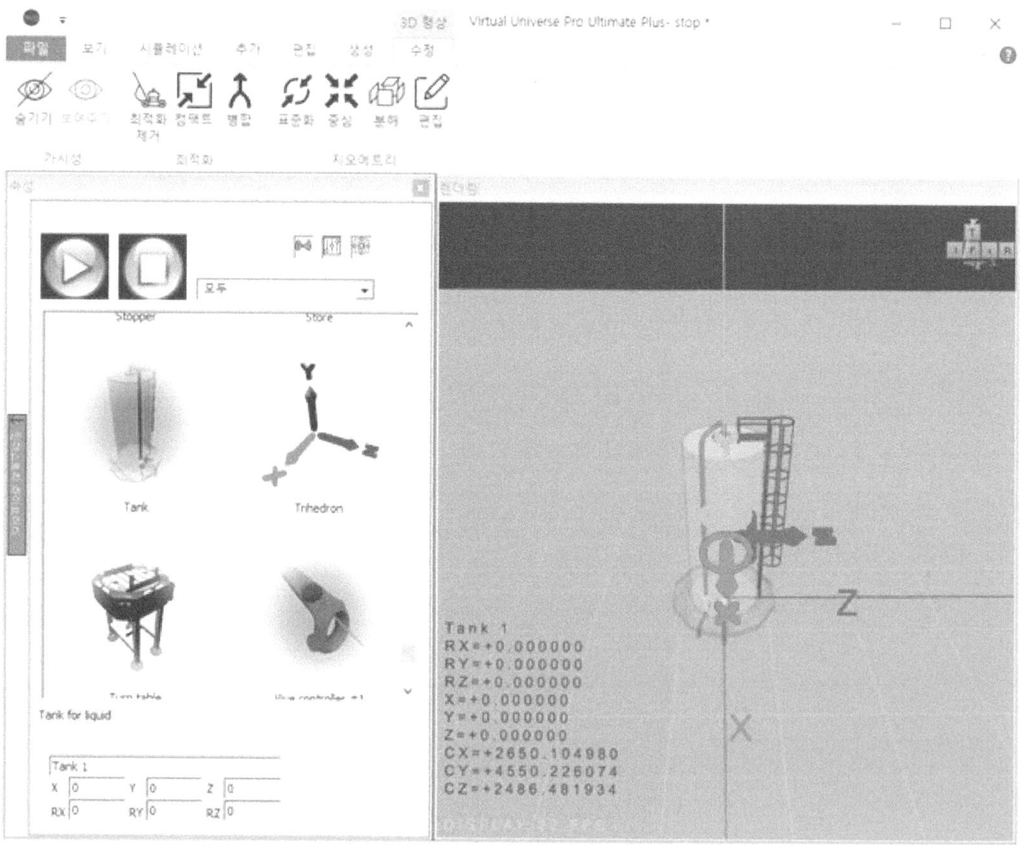

■ 접속 옵션

드라이버는 외부 소프트웨어(Virtual Universe Pro와 연결이 가능한)와의 연결을 정의한다. 사용 가능한 각 제조사별 드라이버는 다음과 같다.

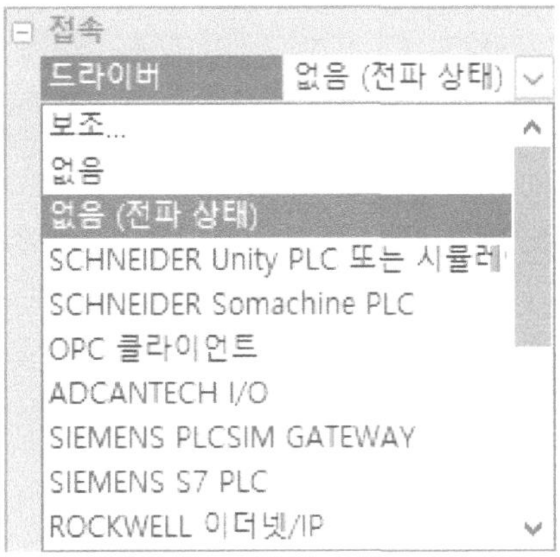

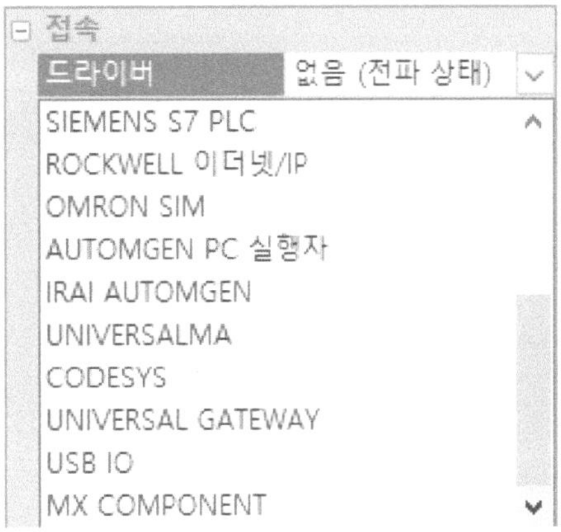

■ 추가 메뉴 > 동작 > 코드와 시뮬레이션

먼저 속성 탐색기에서 Floor 항목을 클릭한 후 [추가] 메뉴를 클릭한다. 이후 필요한 [동작] 항목을 선택 추가한다. 여기에서는 [코드와 시뮬레이션] 동작중 시뮬레이션 동작을 선택할 것이다.

Virtual Universe Pro에 통합된 다이어그램 편집기를 사용하면 3D 항목에 연결된 2D 회로로 구성된 전기, 유압, 공압, 디지털 전기 다이어그램을 만들고 시뮬레이션 할 수 있다. [AUTOSIM 읽기] 및 [AUTOSIM 쓰기] 라는 동작을 통해 시뮬레이션 폴더에서 읽거나 쓸 수 있다.

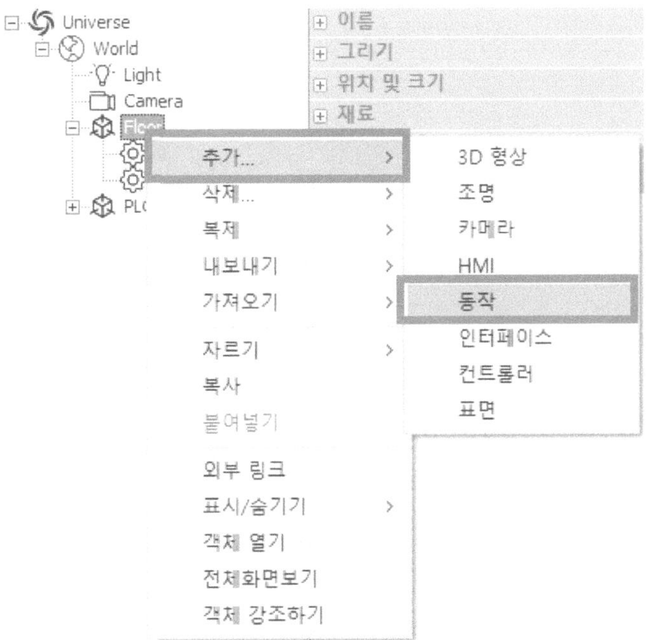

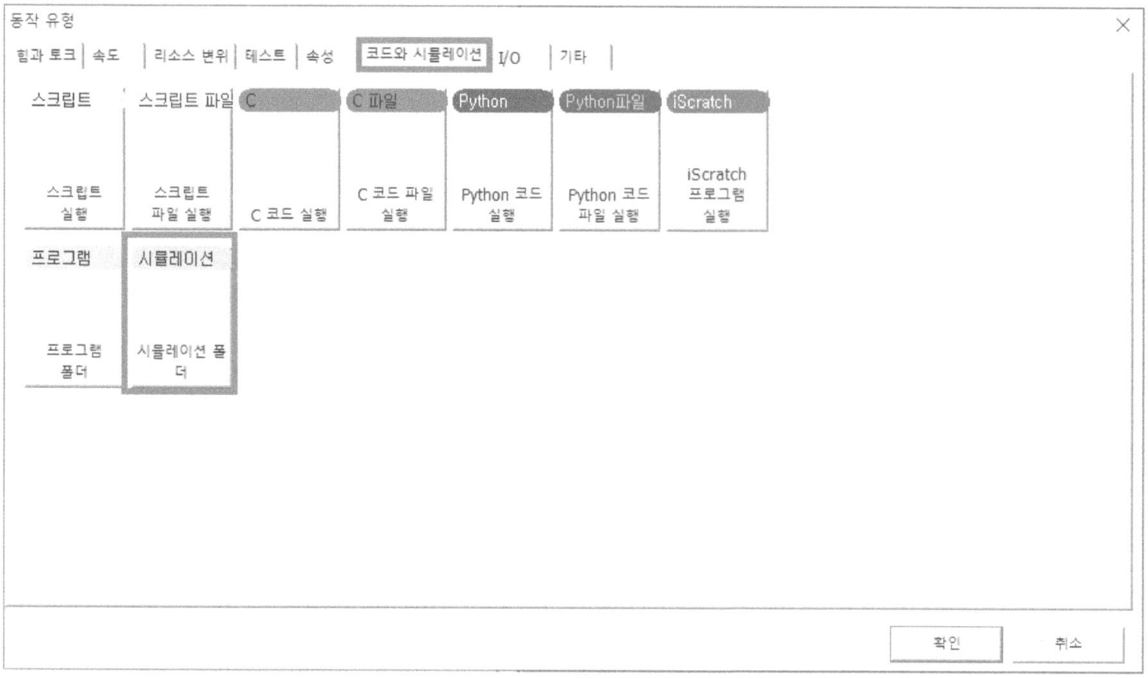

시뮬레이션 항목이 추가되었으면 마우스 왼쪽 버튼을 더블 클릭하여 시뮬레이션 창을 활성화할 수 있다.

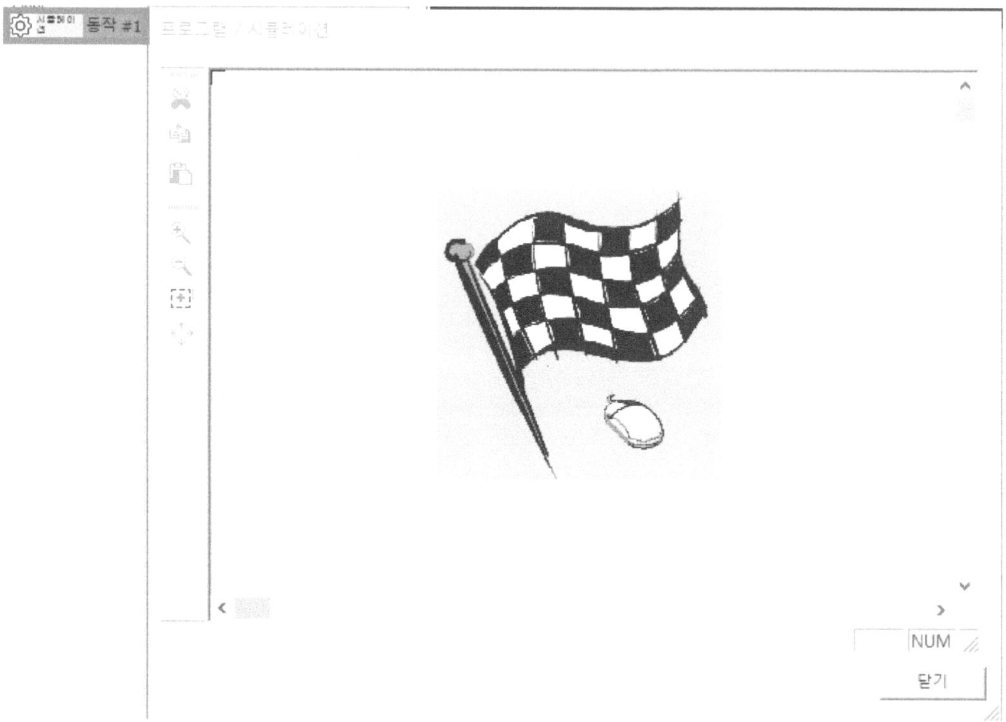

◧ autoSIM-200 – Automation Simulator

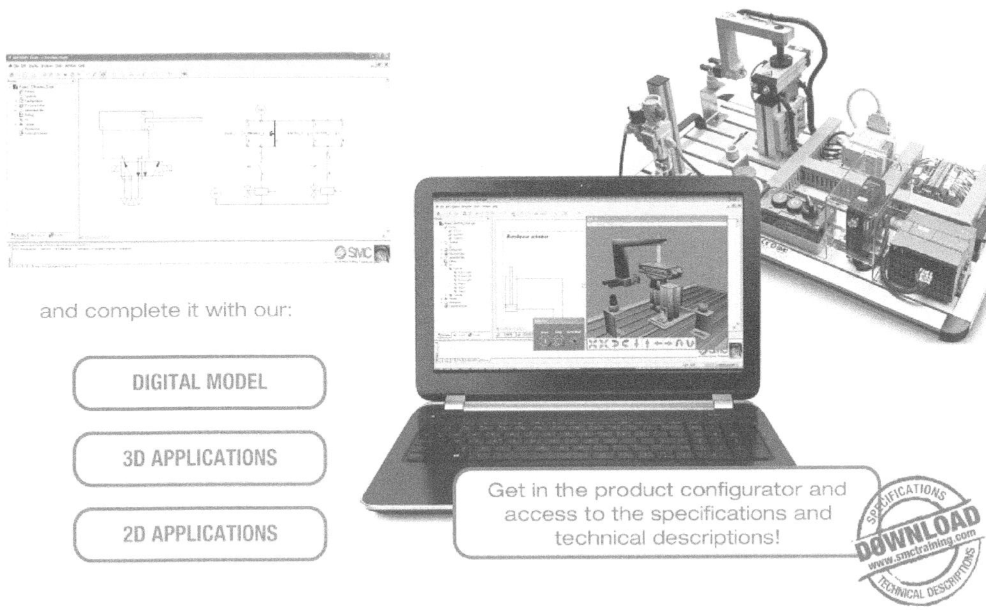

autoSIM200은 사용자가 실제 물리적 시스템에 적용하기 전에 가상 시스템에서 사용자의 프로그램을 사용해 볼 수 있도록 하는 자동화 기술 교육용 소프트웨어로서, 전기 시퀀스제어 시스템 관련 요소의 지식을 전달하는 것과 동시에 전기 시퀀스 및 공유압의 이론을 실습해 볼 수 있는 시뮬레이션 소프트웨어이다. 아래의 주소로 접속하여 데모 프로그램을 다운로드하여 사용해 보자.

https://www.smctraining.com/en/webpage/indexpage/335 페이지로 들어가 아래쪽으로 내려가서 [Download autoSIM-200 ADVANCED] 버튼을 클릭하여 다운로드한다.

autoSIM-200 ADVANCED 시뮬레이터는 40일 동안 사용할 수가 있다.

autoSIM-200 ADVANCED 시뮬레이터는 Siemens, Omron, Allen Bradley, Schneider 및 Mitsubishi 브랜드의 PLC와 연결하여 상태 모니터링할 수 있는 기능을 가지고 있다.

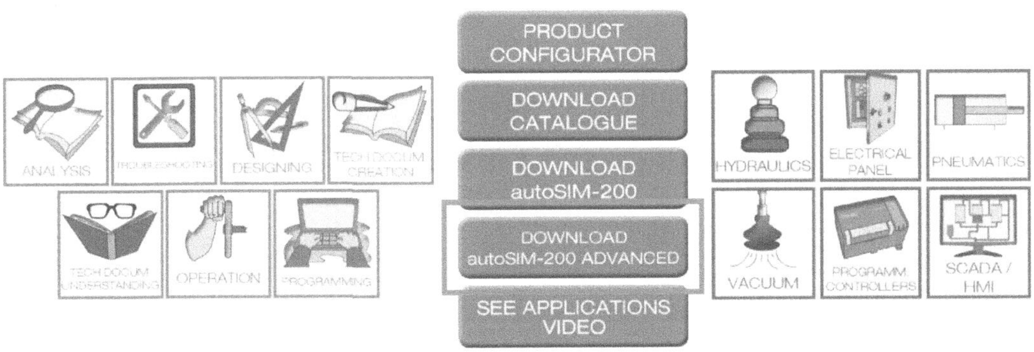

■ 추가 메뉴 > 동작 > I/O

① 외부변수 읽기: Virtual Universe Pro 입력 변수와 외부 소프트웨어/컨트롤러용 출력 변수를 읽는다. 이 동작은 외부 소프트웨어/컨트롤러에서만 변수를 읽을 수 있다.

② 외부변수 쓰기: Virtual Universe Pro 출력 변수와 외부 소프트웨어/컨트롤러용 입력 변수를 읽는다. 이 동작은 외부 소프트웨어/컨트롤러에서만 변수를 읽을 수 있다.

■ 추가 메뉴 > HMI

HMI는 렌더링 창에 표시될 콘솔을 생성하여 푸쉬버튼스위치, 램프, 노브 등과 같은 디스플레이 아이템들을 사용할 수 있다.

HMI의 요소를 정의하려면 아래의 필요한 객체 항목을 왼쪽 상단 영역에서 오른쪽 영역으로 끌어다 놓는다.

- 디지털 값
- 램프
- 레이아웃 : 텍스트, 배경 등
- 버튼 : 기본형 스위치, 발광 스위치, 비상정지스위치, 푸쉬버튼스위치 등
- 스위치 : ON-OFF 스위치, 다위치 스위치, 스위치 등
- 아날로그 값 : 게이지, 수평 및 수직 선형 노브, 회전 노브 등
- 차트

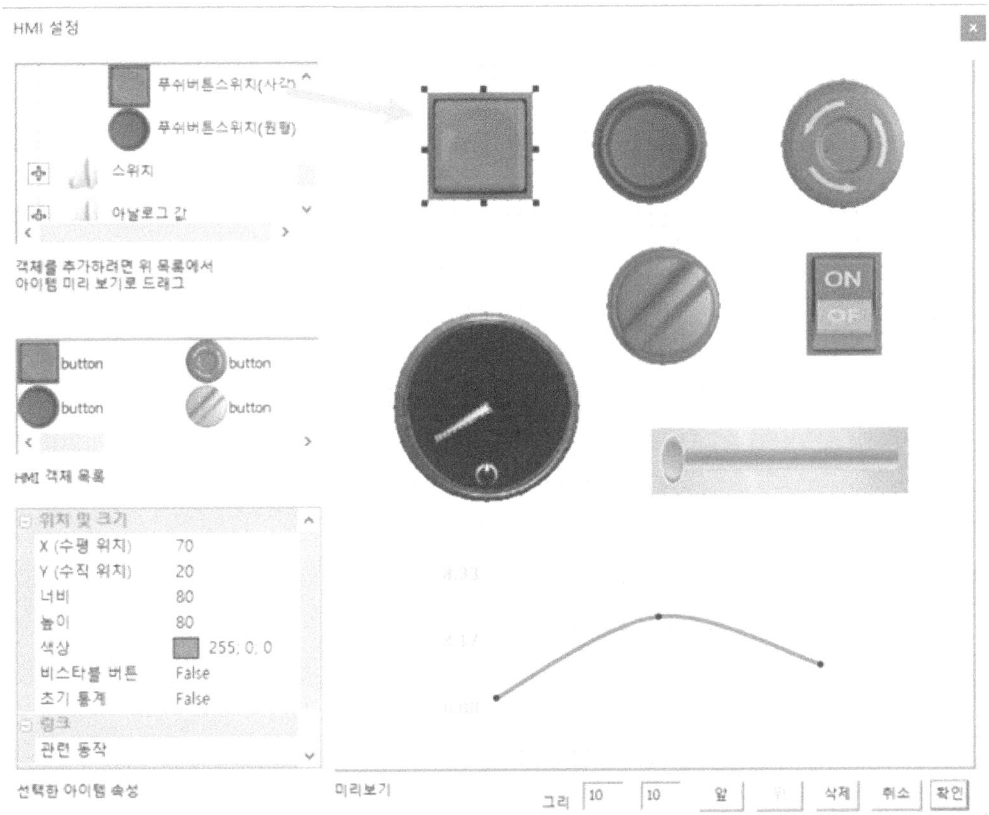

Chap 3 시퀀스제어 시뮬레이션 구성

전기 시퀀스제어란 미리 정해진 순서, 또는 일정한 논리에 의해 정해진 순서에 따라, 제어의 각 단계를 순차적으로 추진해가는 제어를 말합니다.

전기 시퀀스제어는 다음 단계에서 해야 할 제어 동작이 미리 정해져 있어 전 단계에서의 제어 동작을 완료한 후, 또는 동작 후 일정한 시간이 경과된 후에, 다음 동작으로 이행하는 경우, 혹은 다음에 해야 할 동작을 선정해서 다음 단계로 이행하는 경우 등이 조합되어 있는 경우가 많다고 할 수 있습니다.

전기 시퀀스제어는 일상생활에 응용될 뿐만 아니라 공장의 자동화 및 농업설비 시스템에 폭넓게 이용되며, 조업관리, 즉 공장 스케줄 제어의 일환으로서도 매우 중요한 일면을 차지합니다. 이 제어를 이용할 경우에는 인원의 삭감, 생산속도의 증대와 설비효율의 향상뿐 아니라, 품질향상과 균일성의 확보, 위험 방지 등 큰 효과를 거둘 수 있습니다.

3-1 전기 기초 시뮬레이션

바탕화면에 설치된 "Virtual Universe Pro 4" 아이콘을 관리자 권한으로 실행한다.

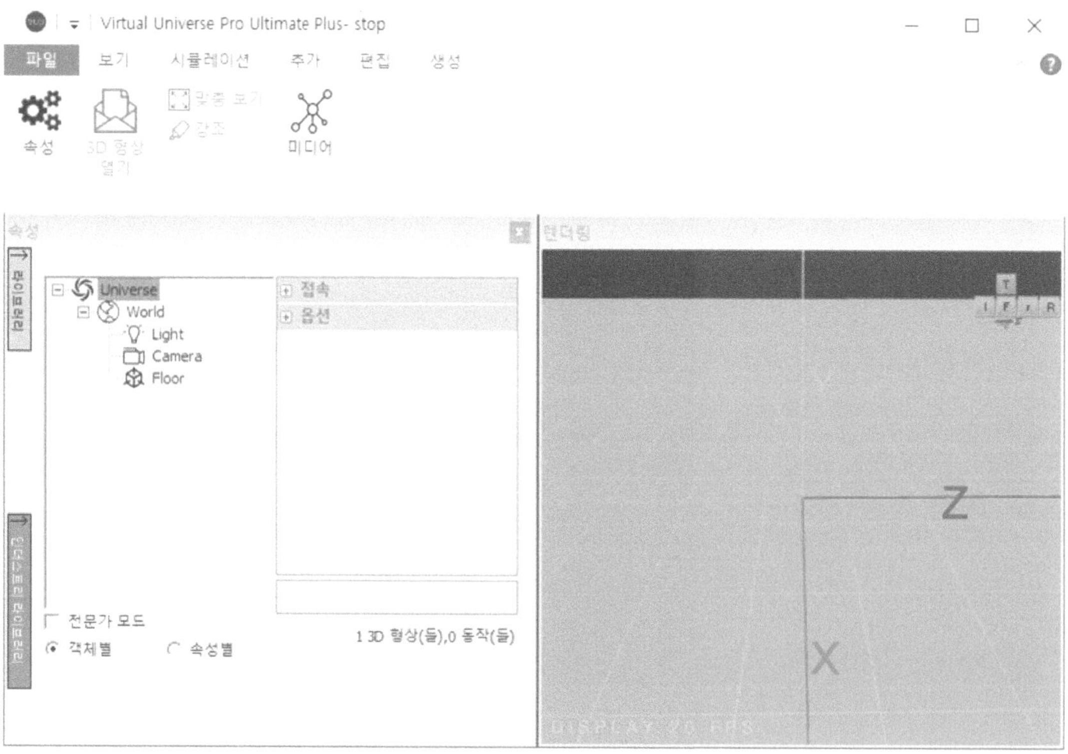

시뮬레이션을 생성하기 위해 속성 탐색기에서 “Floor”를 클릭한 뒤, 상단 메뉴의 ‘추가 → 동작’을 클릭한다.

또는 “Floor”를 선택한 후 마우스 우클릭하여 ‘추가 → 동작’을 클릭한다.

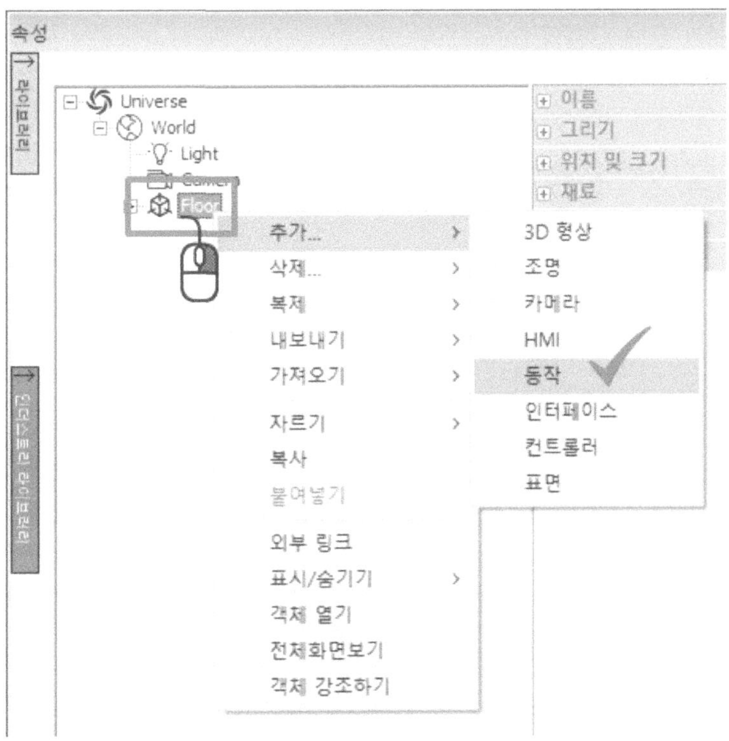

'동작 유형'창에서 하단과 같이 '코드와 시뮬레이션'에서 '시뮬레이션 폴더'를 클릭 후 확인을 누른다.

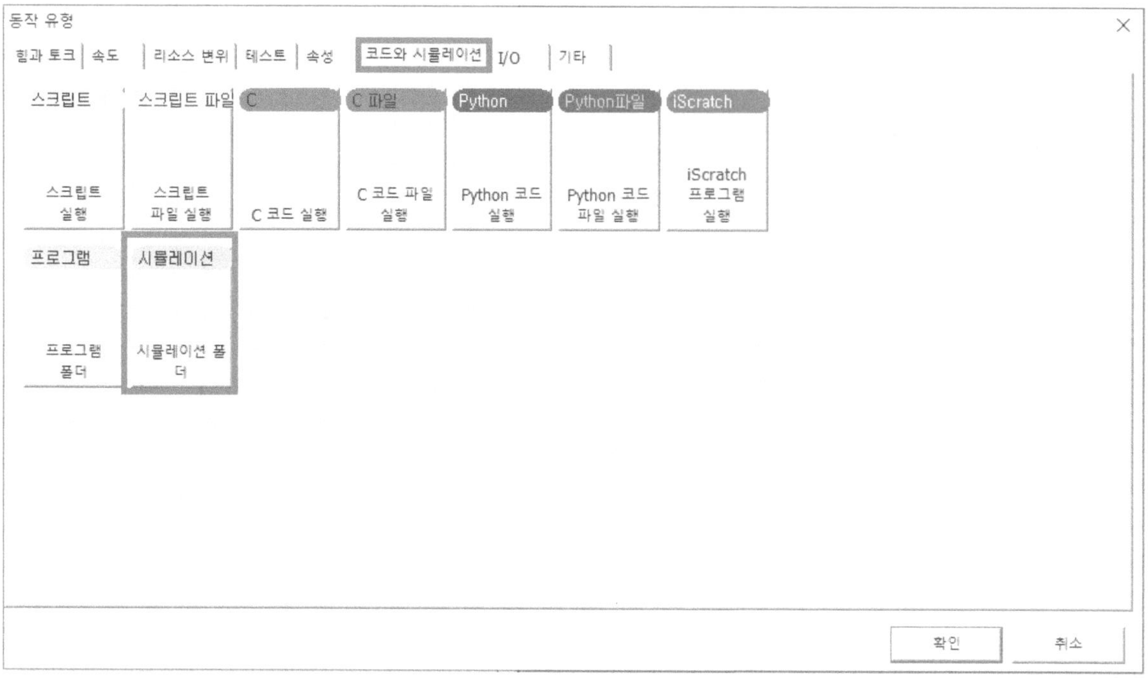

하단과 같이 'Floor' 아래 '시뮬레이션 : 동작 #1'이 생성된 것을 확인할 수 있다.
동작의 이름을 바꾸기 위해 우측의 (+)를 모두 클릭한다.

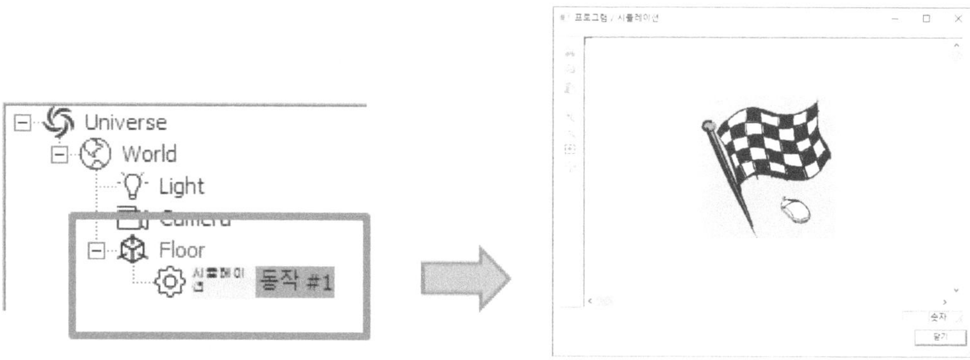

추가한 동작 시뮬레이션을 더블 클릭하면 시뮬레이션 프로그램 창이 나타난다.

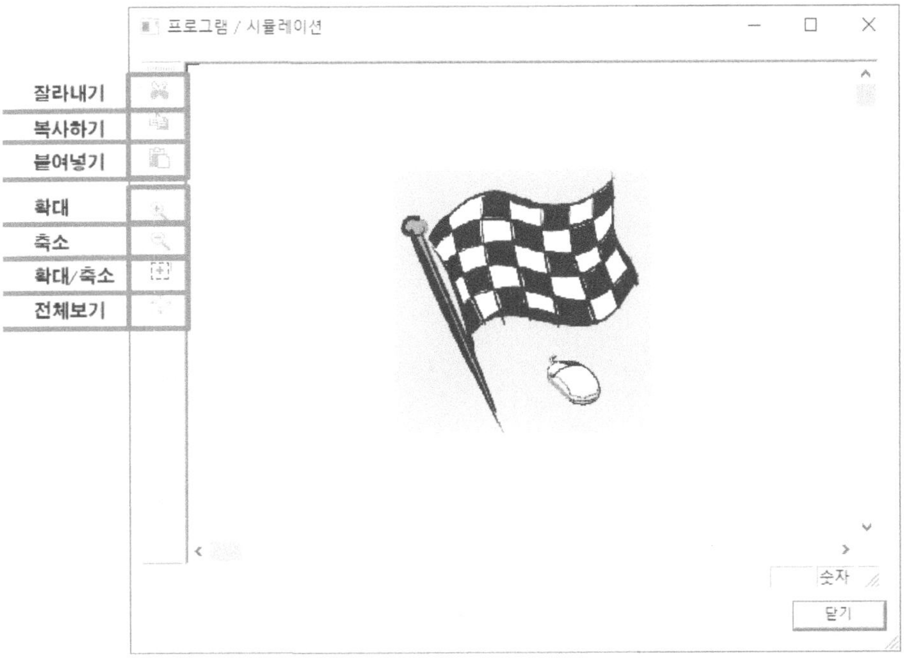

필요한 부품 개체를 추가하기 위해 화면 빈칸에서 마우스를 우클릭하여, '개체 추가하기' 메뉴를 선택한다.

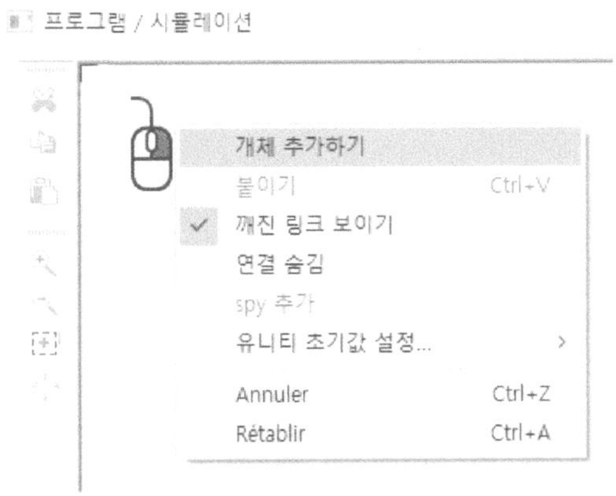

(1) 개체 추가하기: 부품 리스트에서 필요한 부품 기호를 불러올 수 있다.
(2) 붙여넣기(Ctrl+V): 복사한 개체를 붙여 넣을 때 사용한다.
(3) 깨진 링크 보이기/숨기기: 제대로 연결 되지 않은 선은 붉은색 원으로 표시되며, 체크를 해제하면 붉은색 원이 보이지 않게 된다.
(4) 연결점 보이기/숨기기: 연결점을 보이거나 숨길 수 있다.(현재 상태가 연결점이 보이는 상태)
(5) 실행 취소하기(Ctrl+Z): 작업의 실행을 취소하여 이전의 상태로 복구된다.
(6) 복구하기(Ctrl+A): 실행 취소된 작업을 다시 복구한다.

3-2 전기 기초 시뮬레이션 구성

시퀀스의 오브젝트 목록은 하단과 같으며 빨간색 사각형 안에 있는 것들이 전기 시퀀스에 주로 사용되는 오브젝트이다. 여기에서는 필요한 개체들만 사용하여 전기 기초 시뮬레이션을 구성하도록 하자.

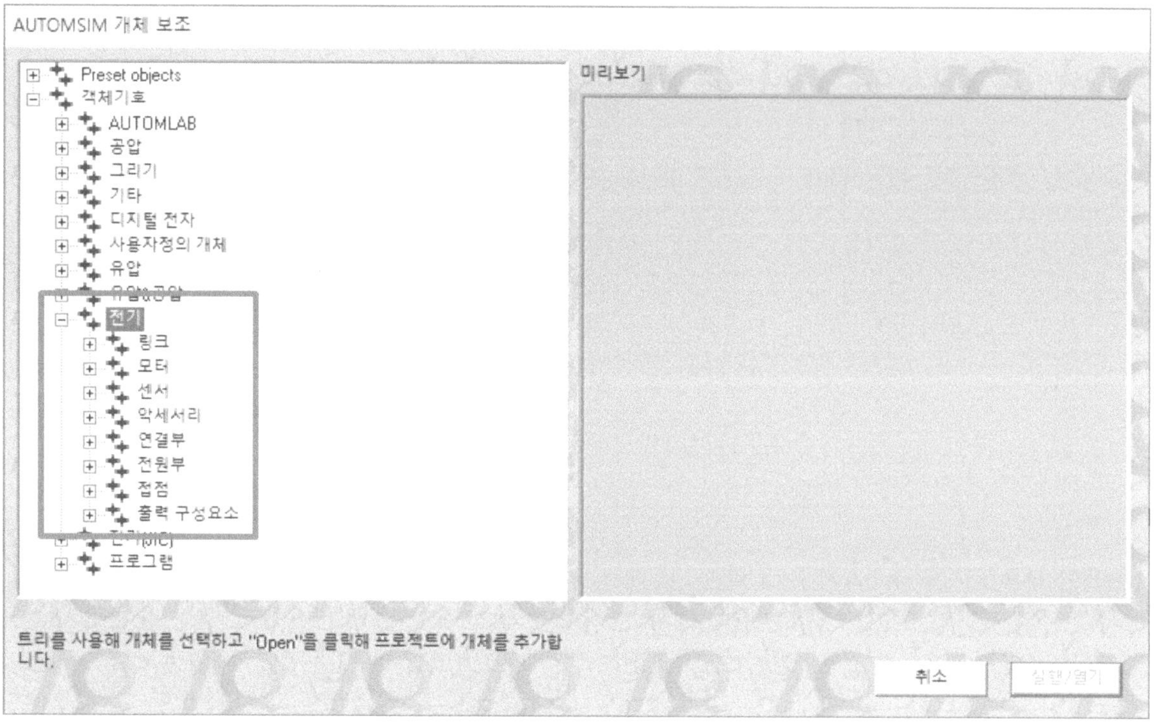

프로그램/시뮬레이션 화면에서 DC 전원부인 24 V와 0 V를 배치한다. 전원 DC 24 V와 0 V 개체를 선택하고 '실행/열기' 버튼을 클릭하여 화면에 추가한다.

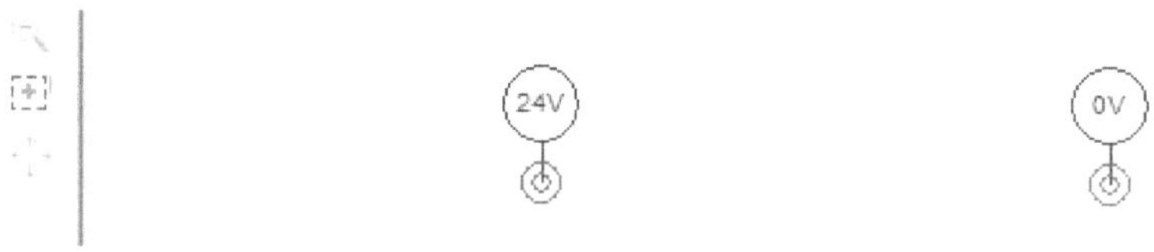

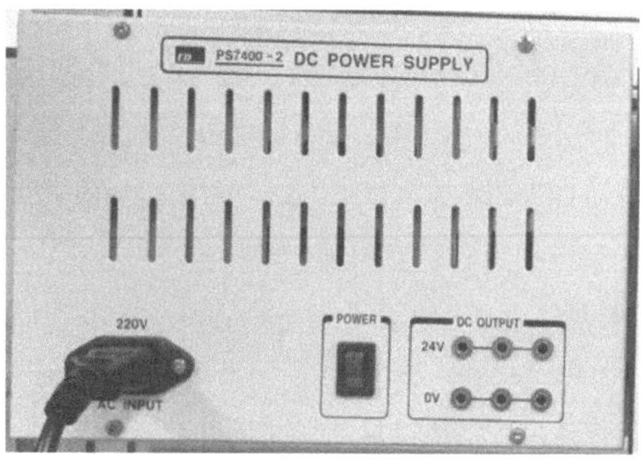

◧ DC 24V

경로 : [객체기호] - [전기] - [전원부] - DC 24 V

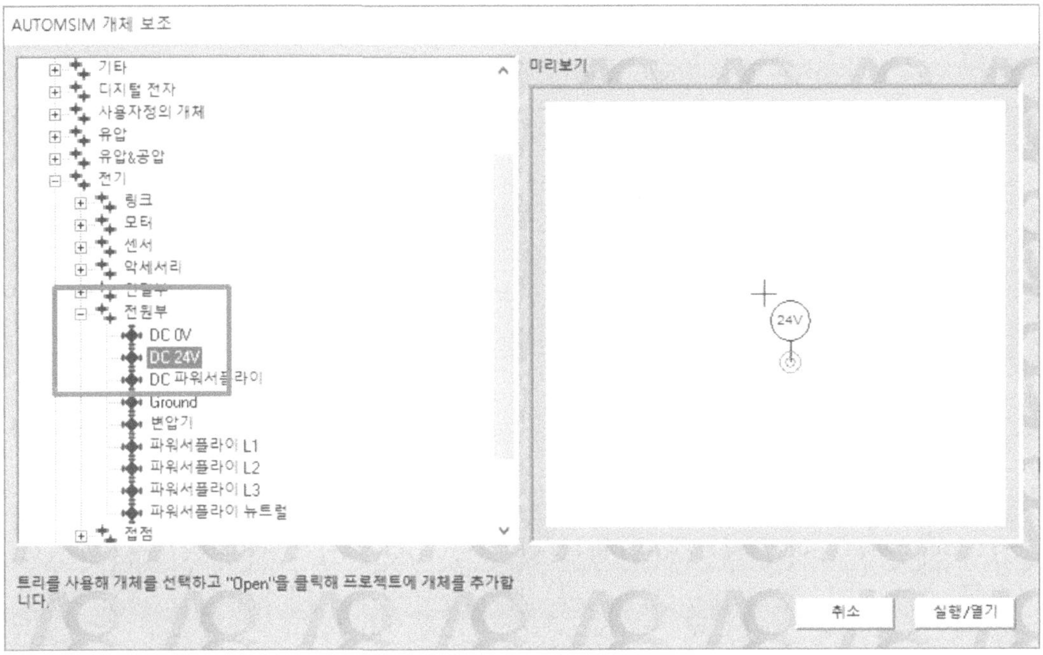

◧ DC 0V

경로 : [객체기호] - [전기] - [전원부] - DC 0 V

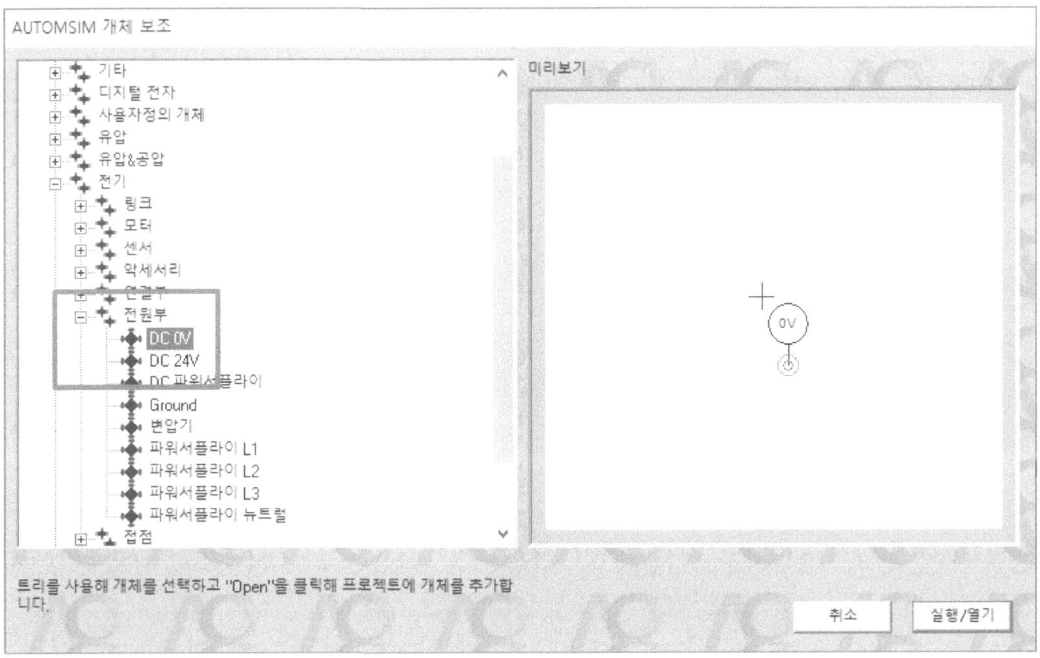

◧ 접점(Contact)

스위치나 릴레이 등 회로를 접속하거나, 차단하는 위한 것으로 a접점, b접점, c접점이 있다.

경로 : [객체기호] - [전기] - [접점]

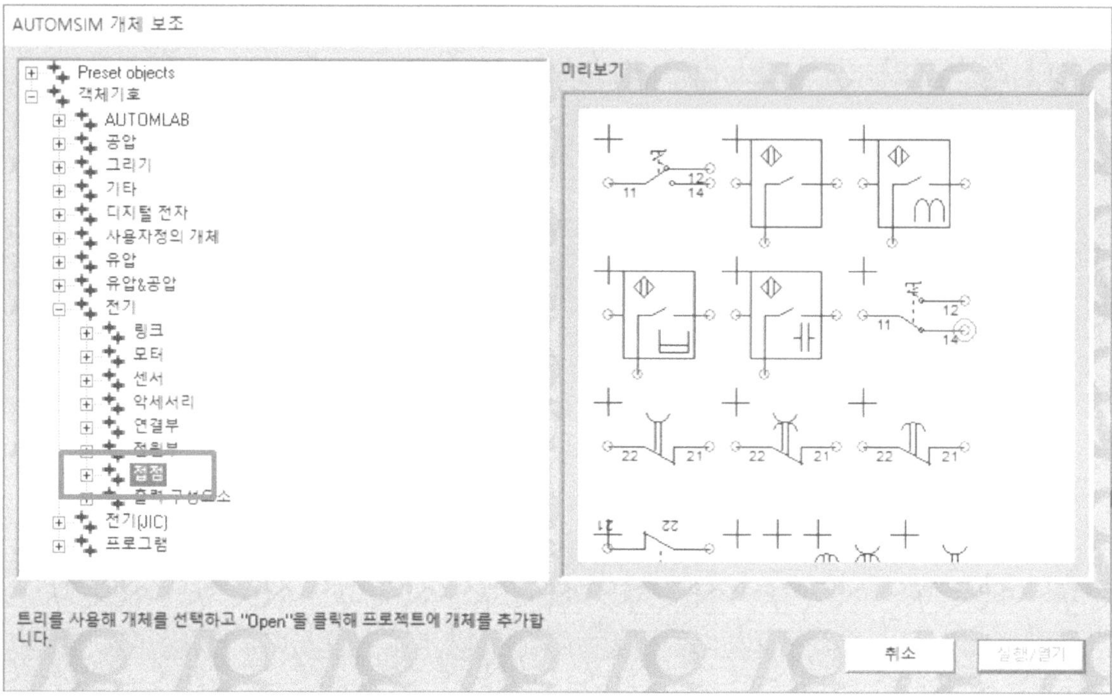

접점의 종류	접점의 상태	접점의 기호
a접점	열려 있는 접점 NO = Normally Open	
b접점	닫혀 있는 접점 NC = Normally Close	
c접점	전환 접점	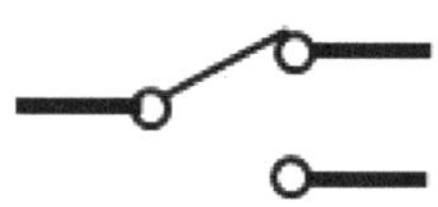

※ 일반적인 시퀀스 제어에서는 a접점(NO), b접점(NC), c접점 형태로 사용하지만, PLC 제어에서는 프로그램 방식으로 처리하므로 NO, NC 2가지 형태로만 사용한다.

◧ NO(Normally Open) 접점

평상시에는 열려 있으나 여자함으로써 닫히는 접점으로, a접점이라고도 한다.

경로 : [객체기호] - [전기] - [접점] - NO 접점

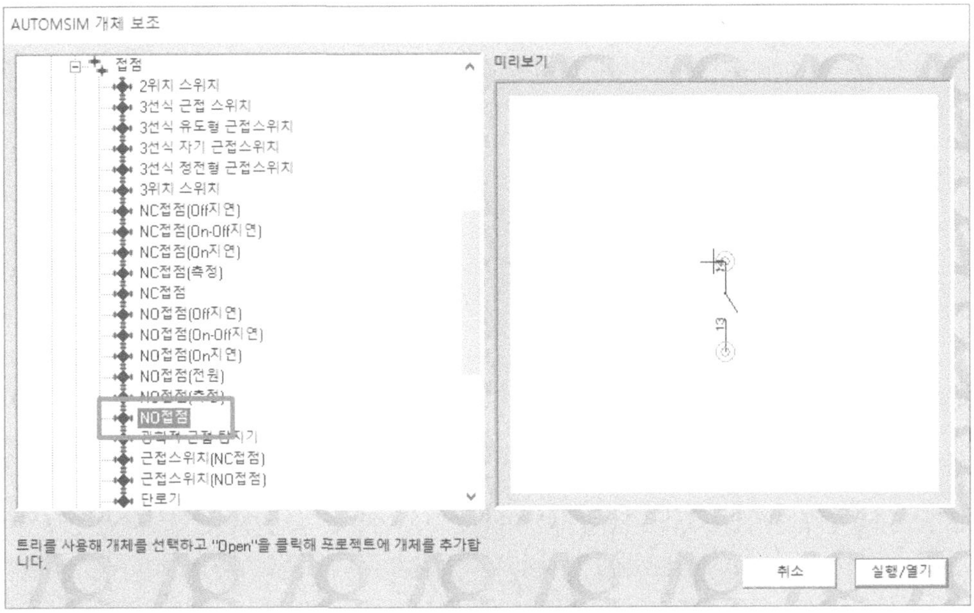

◧ NC(Normally Close) 접점

평상시에는 닫혀 있으나 여자함으로써 열리는 접점으로, b접점이라고도 한다.

경로 : [객체기호] - [전기] - [접점] - NC 접점

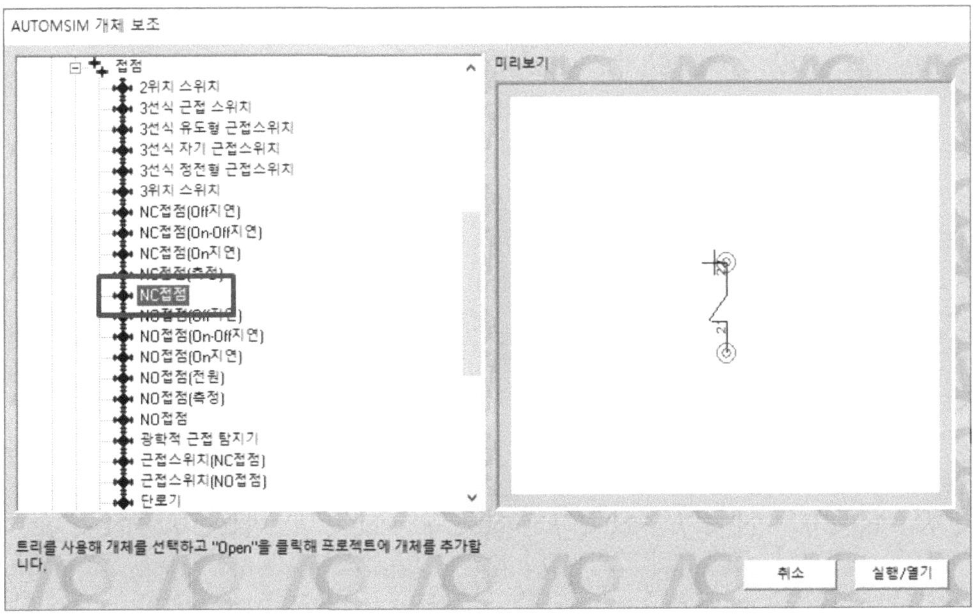

◧ 스위치(NO접점)

스위치(유지형) 조작에 따른 평상시에는 열려 있으나 조작하면 닫히는 접점 스위치이다.

경로 : [객체기호] - [전기] - [접점] - 스위치(NO접점)

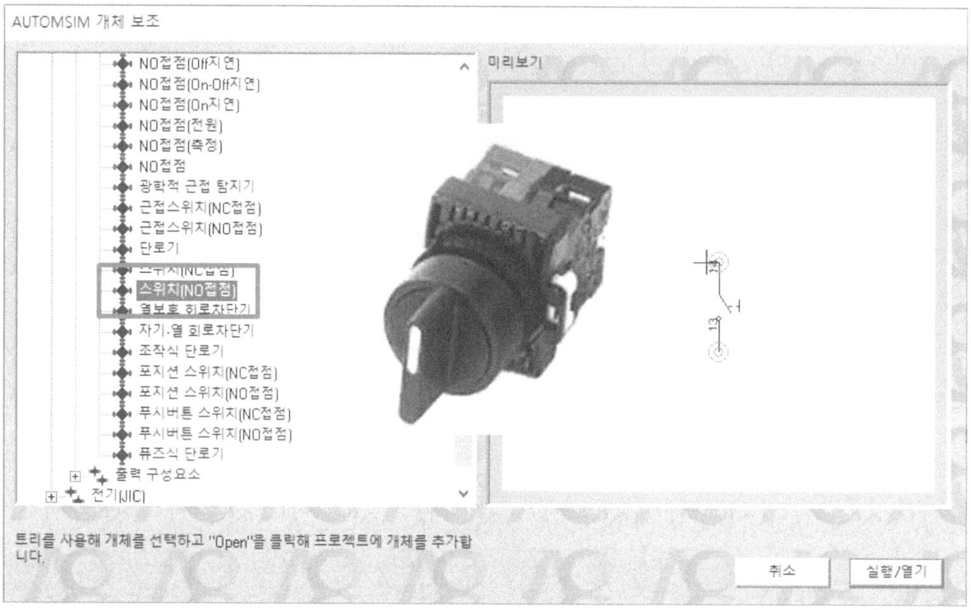

◧ 스위치(NC접점)

스위치(유지형) 조작에 따른 평상시에는 닫혀 있으나 조작하면 열리는 접점 스위치이다.

경로 : [객체기호] - [전기] - [접점] - 스위치(NC접점)

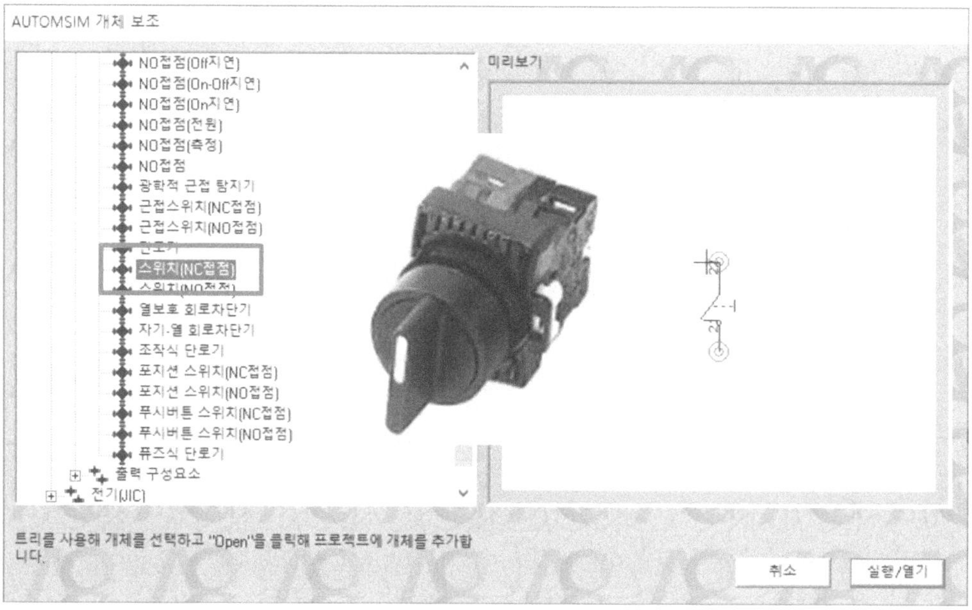

◧ 푸시버튼(복귀형) 스위치(NO접점)

푸시버튼 스위치 조작에 따른 평상시에는 열려 있으나 조작하면 닫히는 접점 스위치이다.

경로 : [객체기호] - [전기] - [접점] - 푸시버튼 스위치(NO접점)

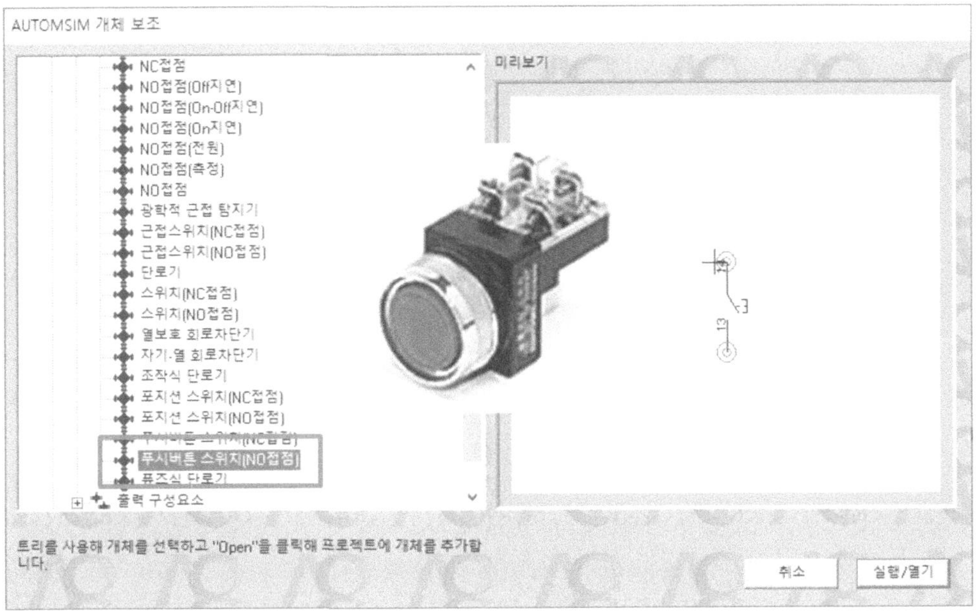

◧ 푸시버튼 스위치(NC접점)

푸시버튼 스위치 조작에 따른 평상시에는 닫혀 있으나 조작하면 열리는 접점 스위치이다.

경로 : [객체기호] - [전기] - [접점] - 푸시버튼 스위치(NC접점)

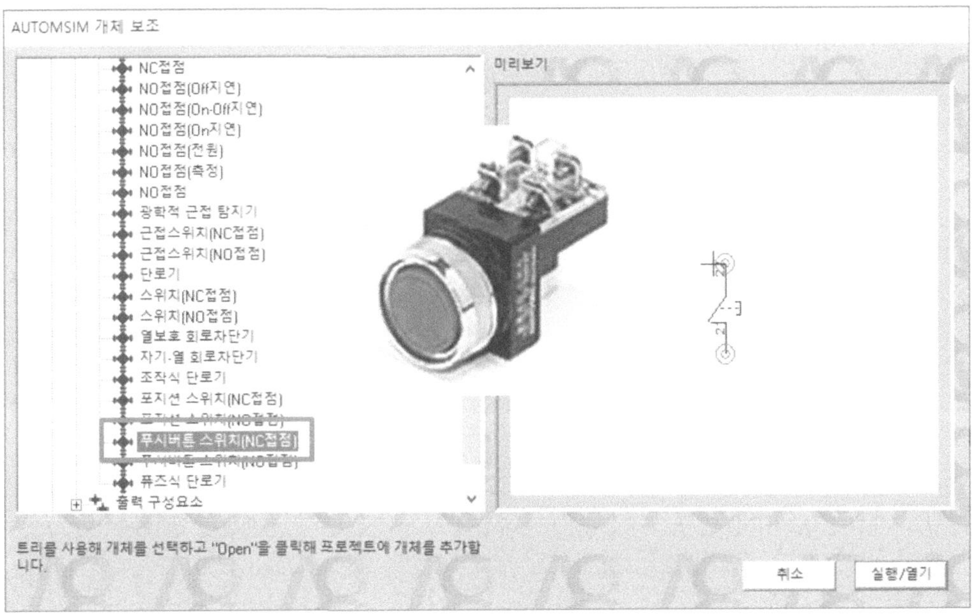

◧ 출력 구성요소

회로의 동작 상태 및 고장 등을 구별하기 위한 램프, 시퀀스 동작 제어를 위한 릴레이, 전기 공유압 제어를 위한 솔레노이드 코일 등이 있다.

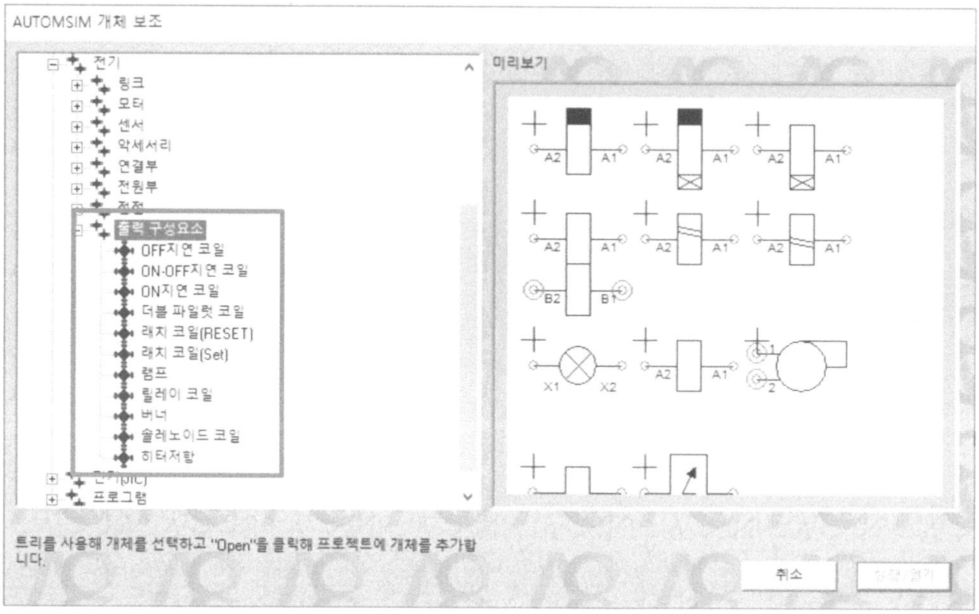

◧ 램프

각 검출 요소에 표시등을 접속하여 회로의 동작 상태 및 고장 등을 구별하기 위한 것이다.

경로 : [객체기호] - [전기] - [출력 구성요소] - 램프

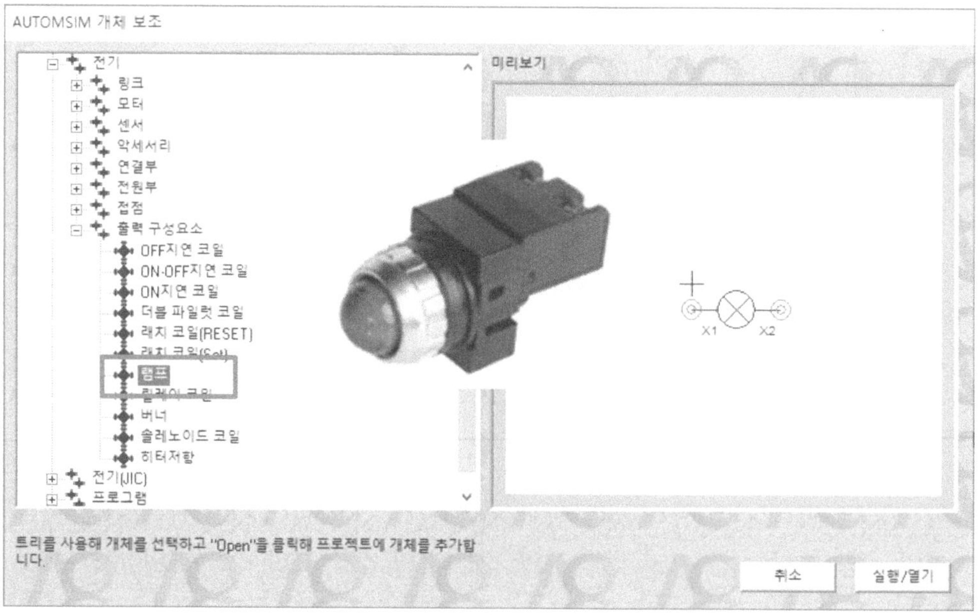

◧ 릴레이 코일

릴레이(Relay)란 전자석의 원리를 이용한 접점기구이며, 코일에 공급하는 전압에 따라 직류용과 교류용이 있다.

릴레이 핀수는 8핀, 11핀, 14핀이 있고, 베이스 소켓을 사용하여 접점 연결을 한다.

경로 : [객체기호] - [전기] - [출력 구성요소] - 릴레이 코일

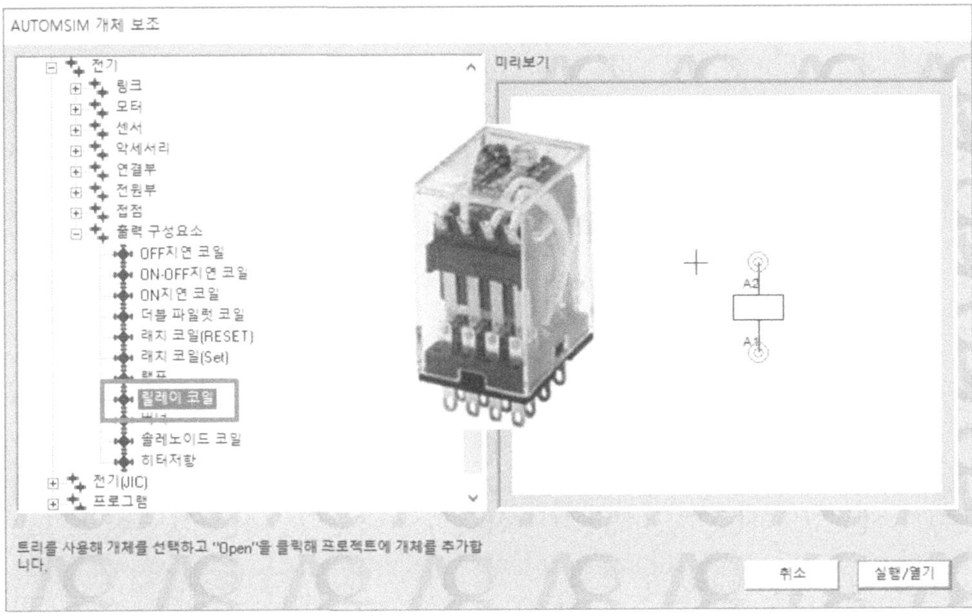

릴레이의 구조와 소켓 및 접속 번호는 다음과 같다.

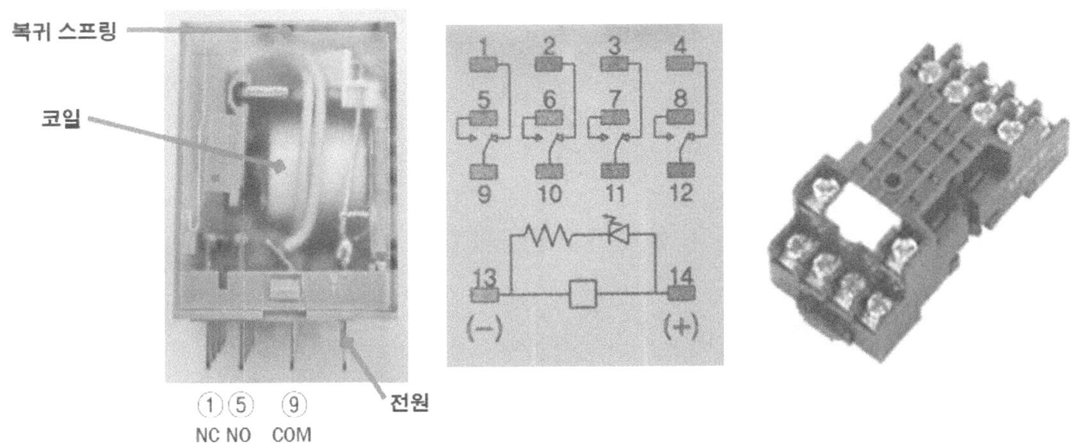

[그림 3-1] 14핀 릴레이 구조와 소켓 및 배선도

▣ 여자 : 릴레이 코일에 전류가 흘러 전자력을 갖는 상태

▣ 소자 : 릴레이 코일에 전류가 흐르지 않아 전자력을 잃어 원래의 위치로 되는 상태

◧ 솔레노이드 코일

솔레노이드란 도선을 촘촘하게 원통형으로 말아 만든 기구로서, 솔레노이드에 전기를 흘려 자기장을 만들 수 있어 전자석으로 주로 이용된다. 보통 전기 공유압 제어를 위한 솔레노이드 밸브에 사용된다.

경로 : [객체기호] - [전기] - [출력 구성요소] - 솔레노이드 코일

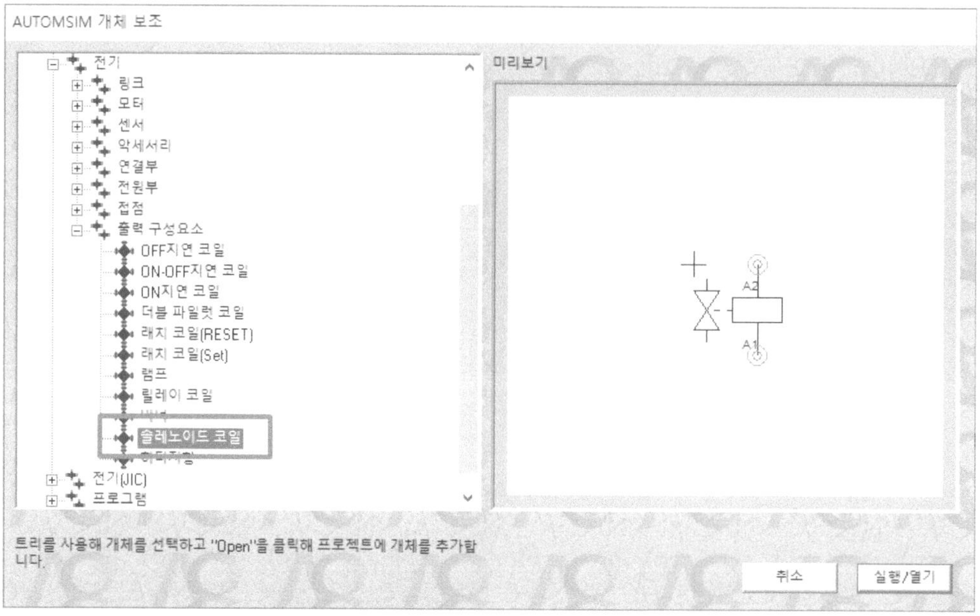

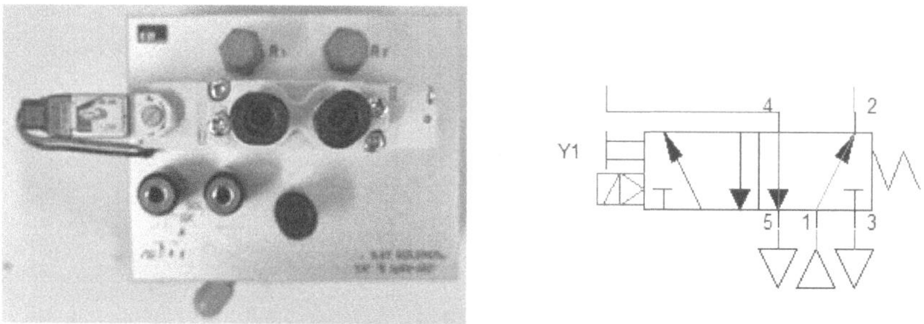

[그림 3-2] 편솔레노이드 밸브

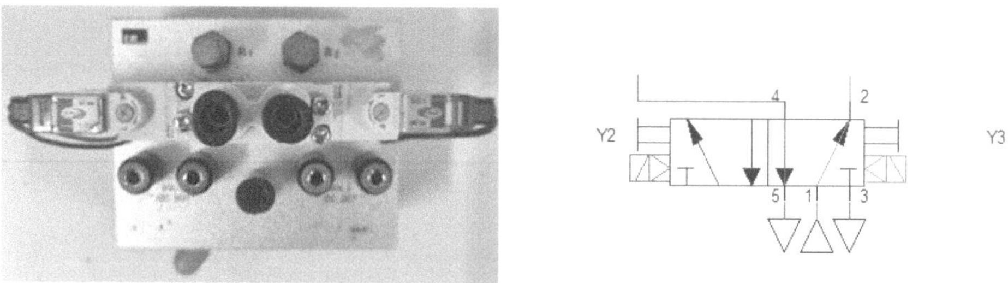

[그림 3-3] 양솔레노이드 밸브

■ 시뮬레이션 하기

기본 램프 점등 회로 구성도는 아래의 그림을 참고하여 손전등 회로를 시뮬레이션 구성한다.

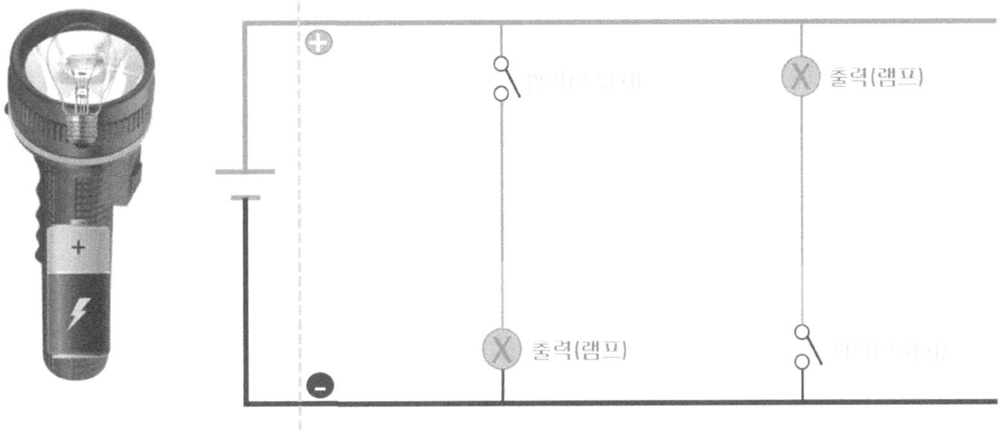

[그림 3-4] 손전등과 전기회로

손전등 회로를 구성하기 위한 필요한 부품 리스트를 확인하고, 개체 추가하여 회로를 완성하자.

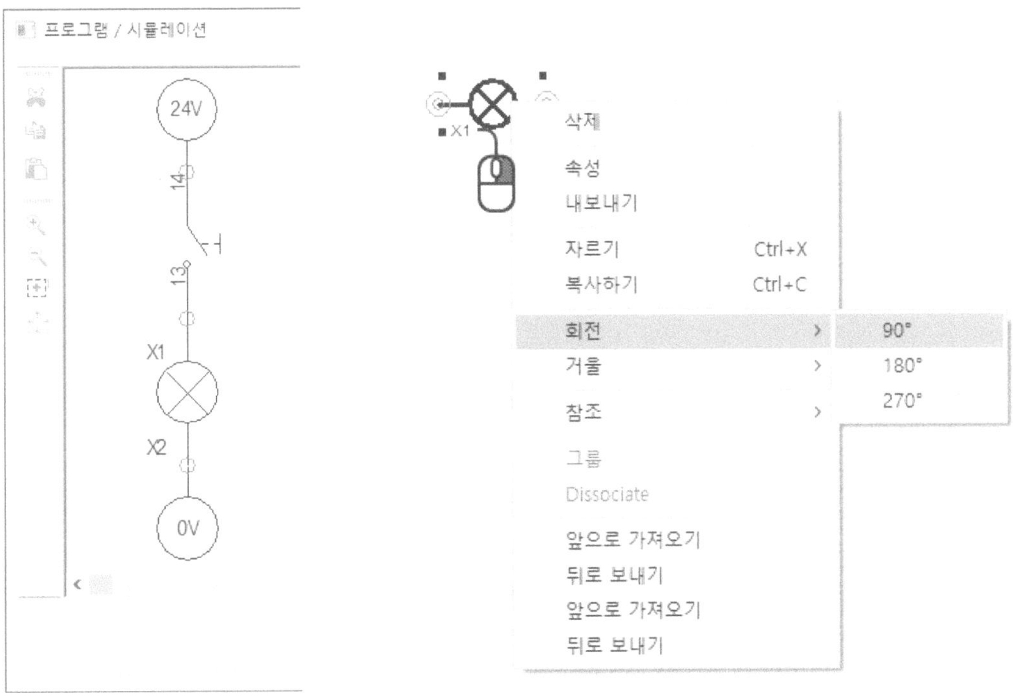

램프 개체 추가시 가로로 보여주므로, 마우스 우클릭하여 회전 → 90° 회전을 하여 세로로 배치하도록 한다. 마우스휠을 이용하여 개체의 확대/축소가 가능하나, 왼쪽 "전체 보기" 아이콘을 선택하여 사용하면 화면을 쉽게 볼 수 있도록 제어가 가능하다.

■ 시뮬레이션 실행 / 정지

시뮬레이션 메뉴 선택한 후 실행 버튼을 눌러 동작 확인을 하도록 한다.

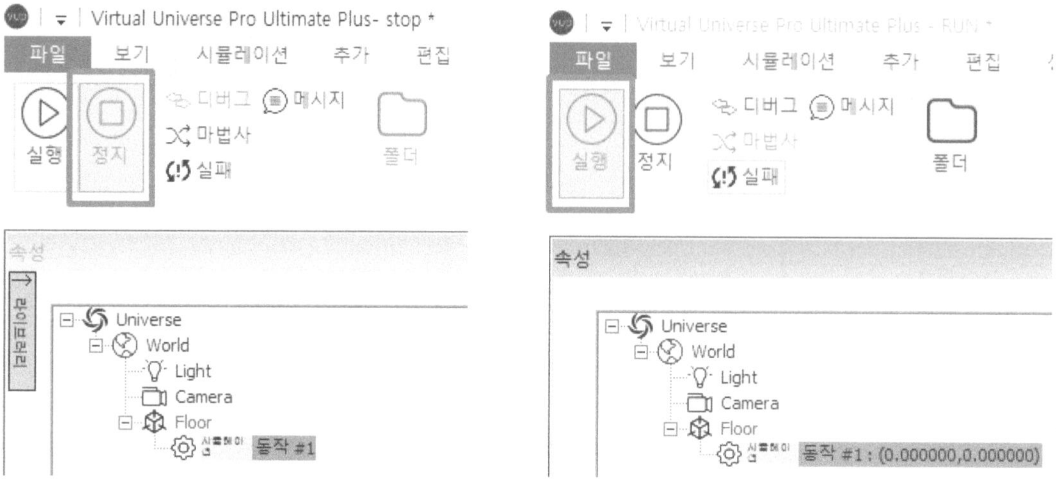

회로의 스위치를 ON하면 램프가 점등이 되는지 확인한다.

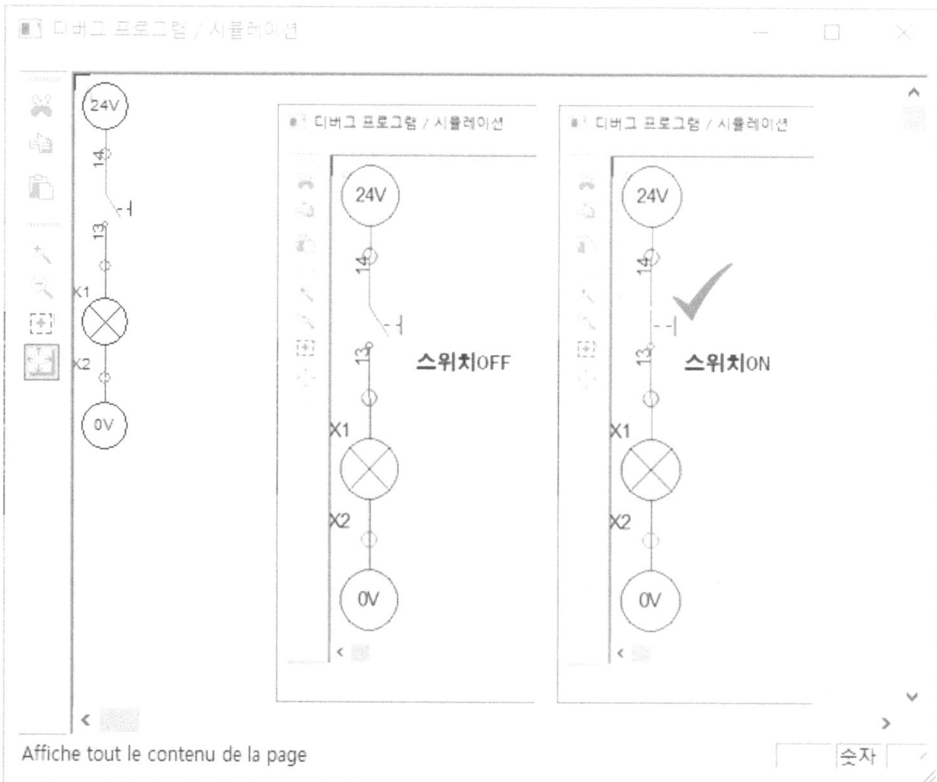

■ 전기 회로 응용 시뮬레이션 구성

아래의 전기 회로처럼 램프를 직렬로 구성하고, 동작 시뮬레이션을 해본다. 스위치를 ON시 램프 직렬 구성 회로, 병렬 구성 회로 및 직병렬 구성 회로의 차이점을 색깔로 구분이 가능하므로 시뮬레이션 동작 시 확인을 하여 차이점을 파악해 보도록 한다.

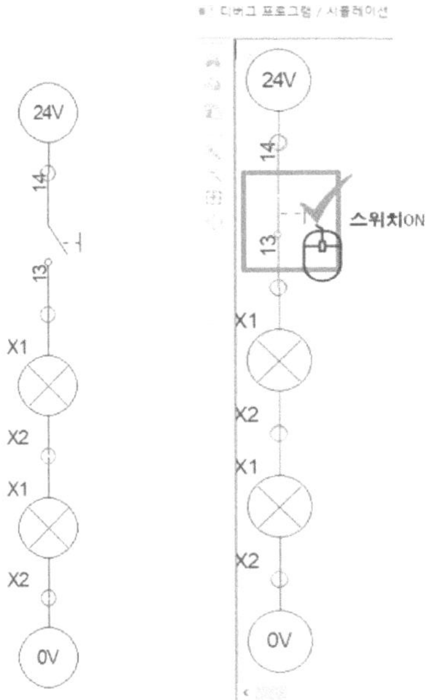

램프 직렬 구성 회로

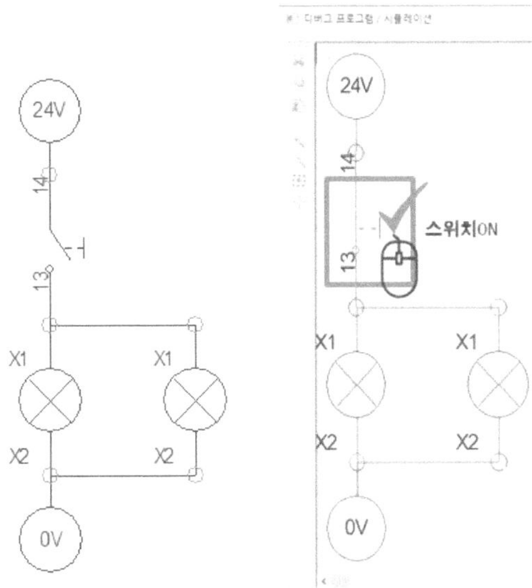

램프 병렬 구성 회로

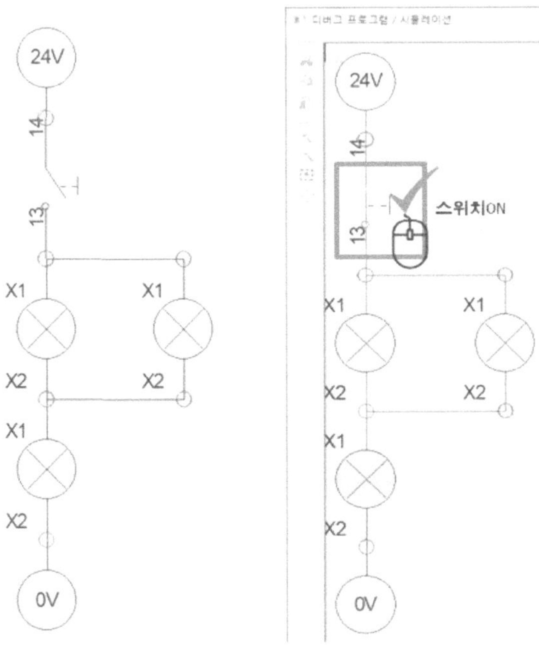

램프 직병렬 구성 회로

3-3 논리 회로

- 불대수 또는 디지털 논리를 구성하기 위해 2진 형태의 신호를 사용한다. 2진 형태의 신호로서는 디지털 신호 1일 경우에는 ON, 점등, 여자 등에 해당하며, 0일 경우에는 OFF, 소등, 소자 등이 해당된다. 이러한 신호로 기본적인 논리회로인 AND, OR, NAND, NOR, XOR, NOT 논리에 대한 논리표, 논리식 및 시퀀스 회로에 대한 등가 관계를 알아보자.

■ AND 회로

두 개의 입력신호가 직렬로 연결되었으며, 모든 입력이 "1"일 경우에만 출력이 "1"이 되는 회로이다.

AND		
입력 A	입력 B	출력 X
0	0	0
0	1	0
1	0	0
1	1	1

$A \cdot B = X$

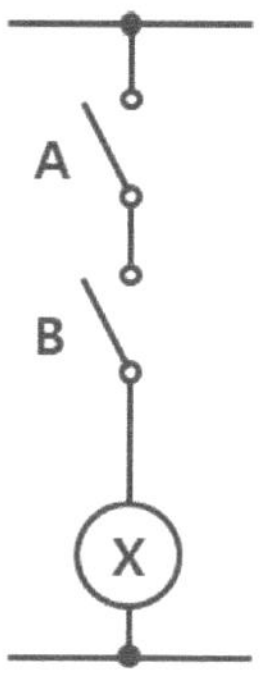

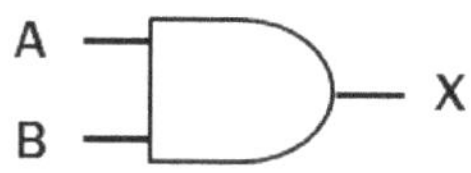

■ 시뮬레이션 하기

AND 회로를 구성하고, 스위치를 선택하여 우클릭한 후 속성을 선택한다. 이후 Symbol 창에서 스위치, 램프에 해당하는 변수명를 지정한다. 변수를 지정하여 같은 변수명으로 구성된 2D, 3D 요소, 외부 컨트롤러, HMI 등 다양한 형태의 제어를 구성할 수가 있다.

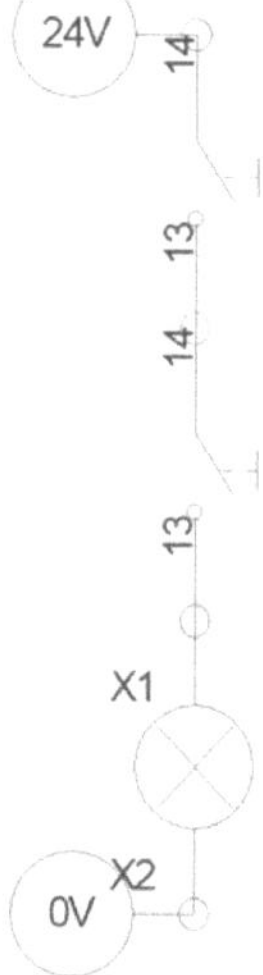

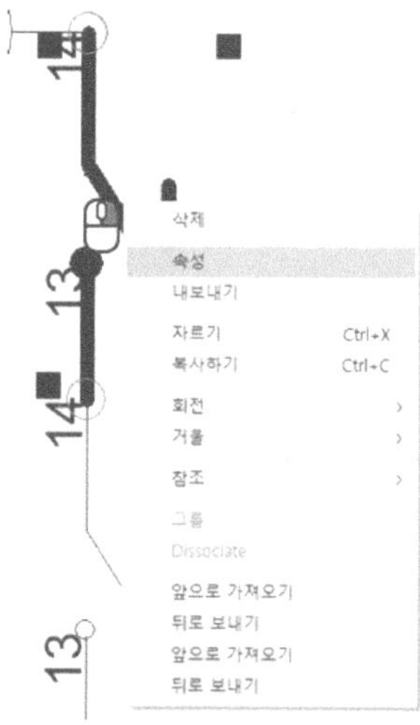

스위치의 변수명은 SW1, SW2로 입력한다.

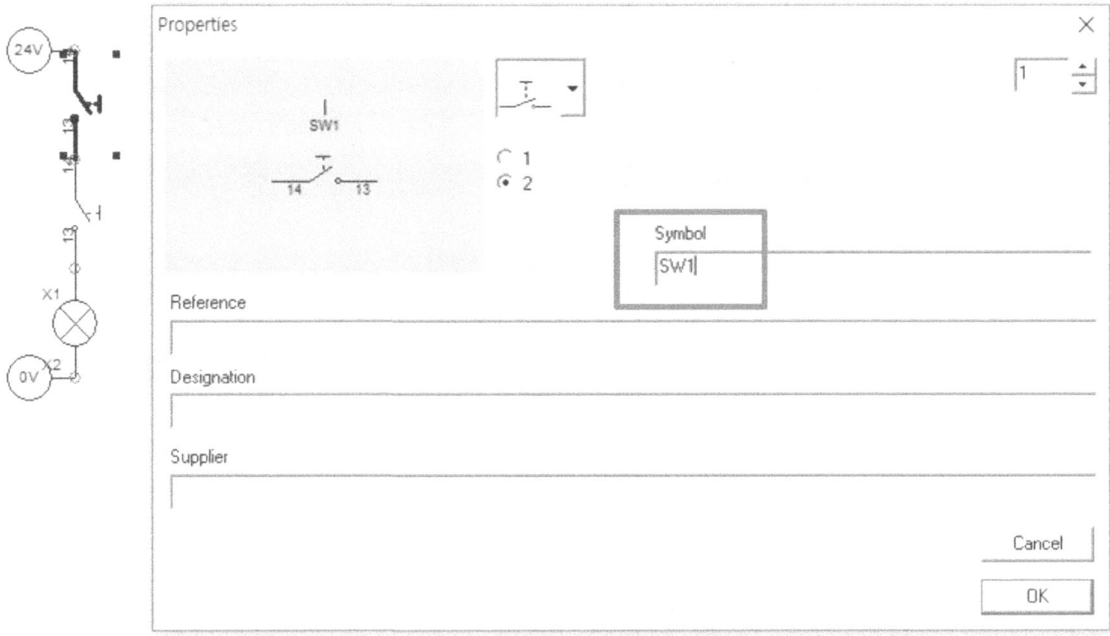

램프의 변수명은 LP1으로 입력한다.

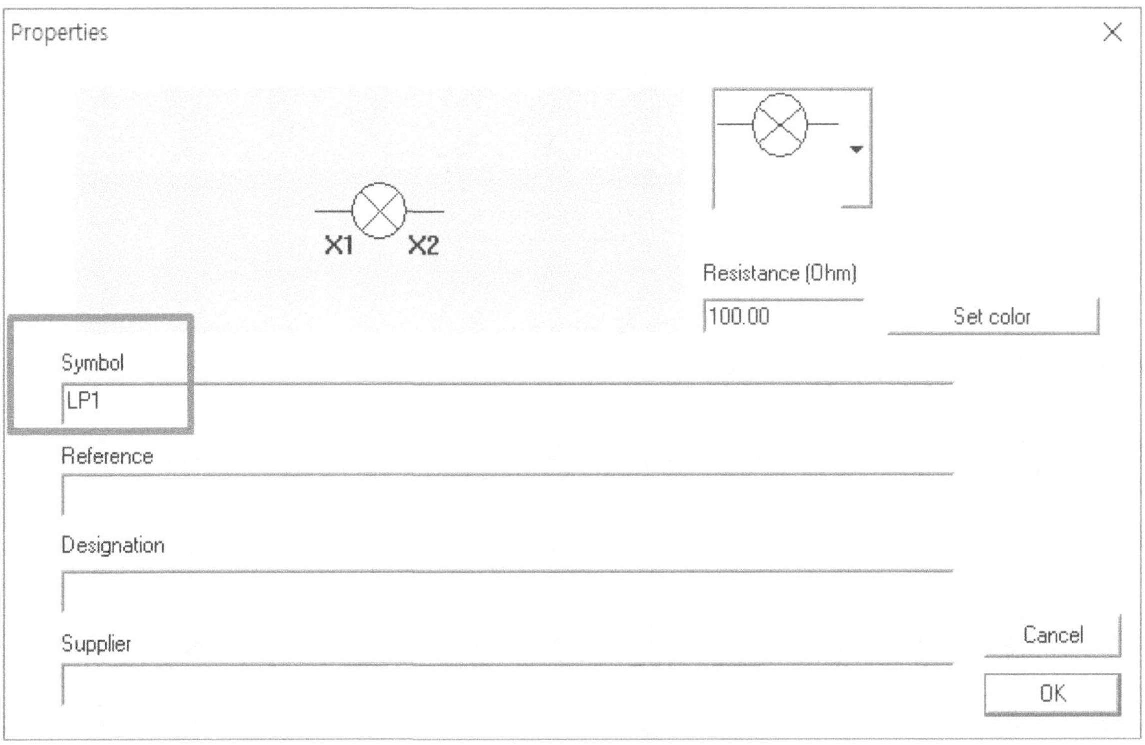

■ 시뮬레이션 동작 확인

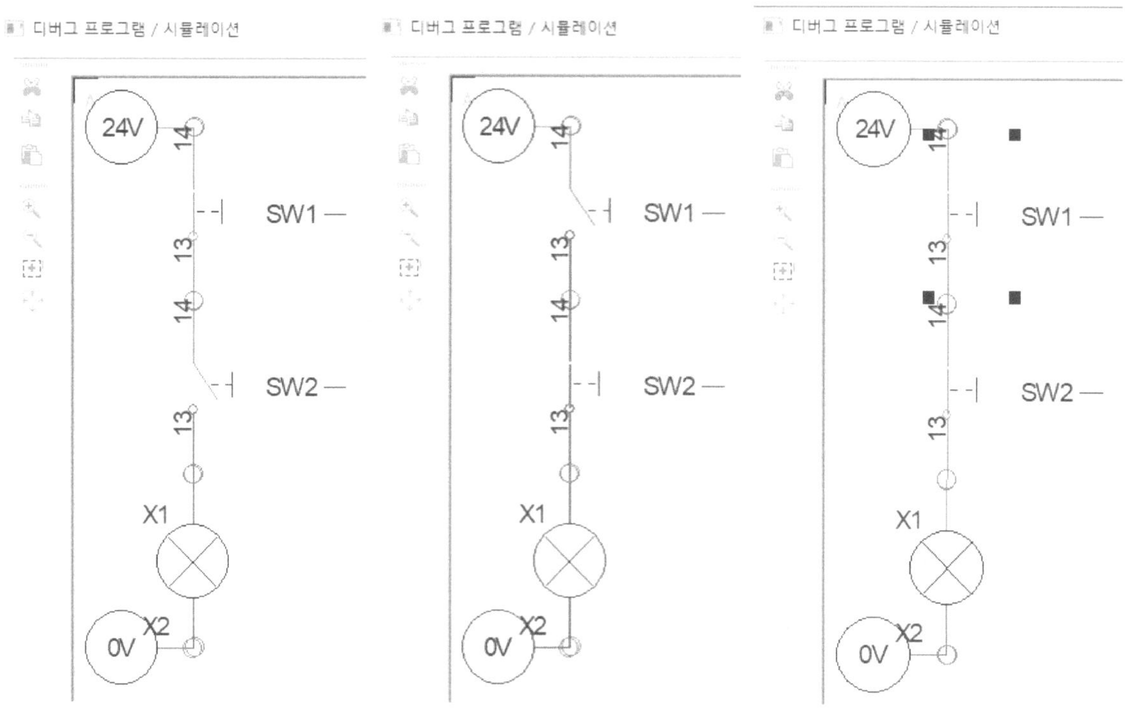

■ OR 회로

두 개의 입력신호가 병렬로 연결되었으며, 입력이 하나라도 "1"이면 출력이 "1"이 되는 회로이다.

OR		
입력 A	입력 B	출력 X
0	0	0
0	1	1
1	0	1
1	1	1

$A + B = X$

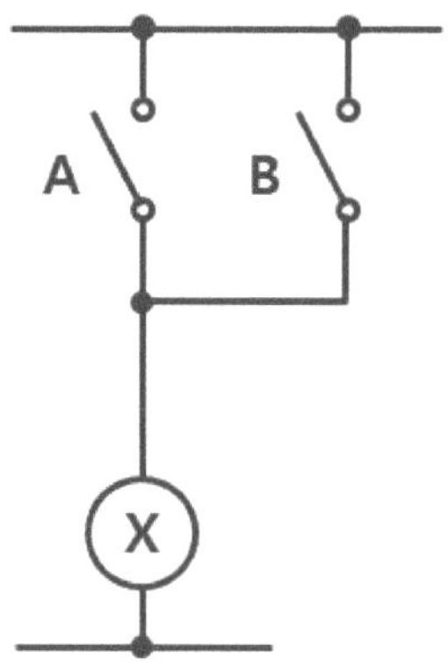

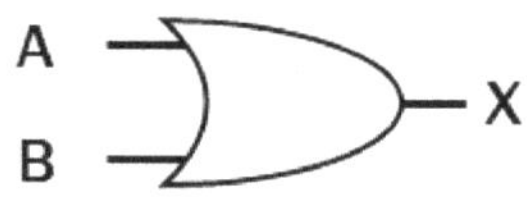

■ 시뮬레이션 하기

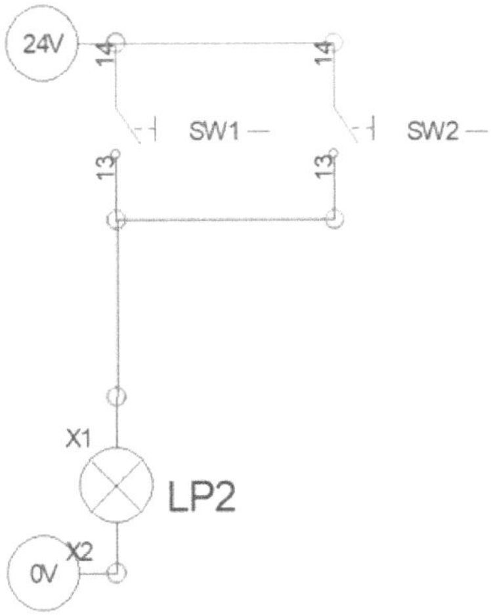

SW1 = 0, SW2 = 0 일 경우

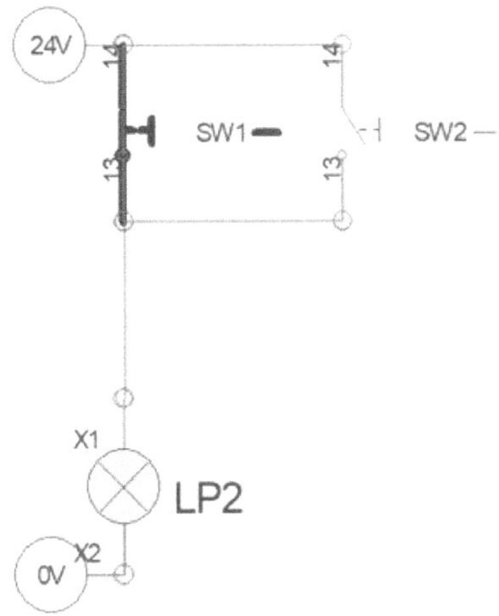

SW1 = 1, SW2 = 0 일 경우

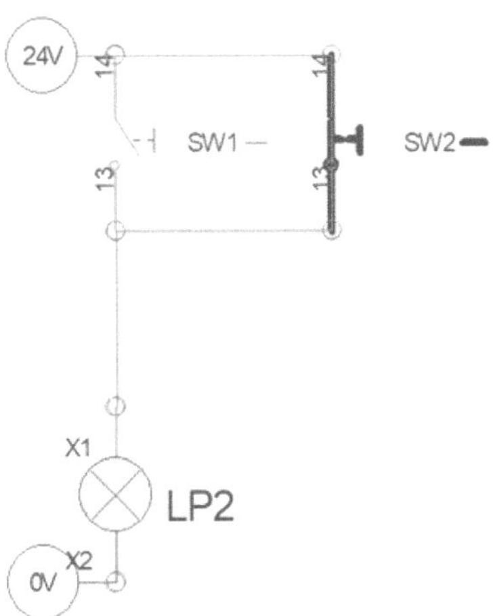

SW1 = 0, SW2 = 1 일 경우

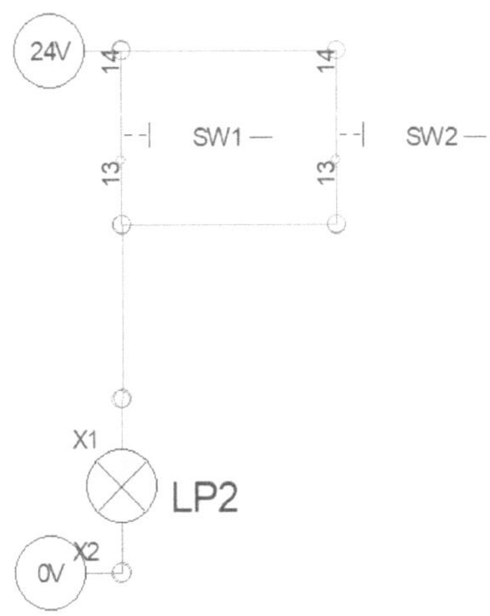

SW1 = 1, SW2 = 1 일 경우

■ NOT 회로

논리 부정 회로이다.

NOT	
입력 A	출력 X
0	1
1	0

$\overline{A} = X$

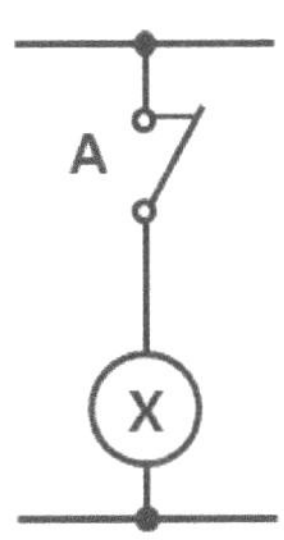

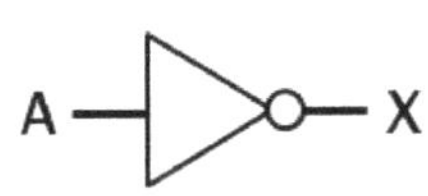

■ NAND 회로

AND 회로에 NOT 회로를 접속한 회로이다. 모든 입력이 “1”일 경우 출력은 “0”이 된다.

NAND		
입력 A	입력 B	출력 X
0	0	1
0	1	1
1	0	1
1	1	0

$\overline{A \cdot B} = X$

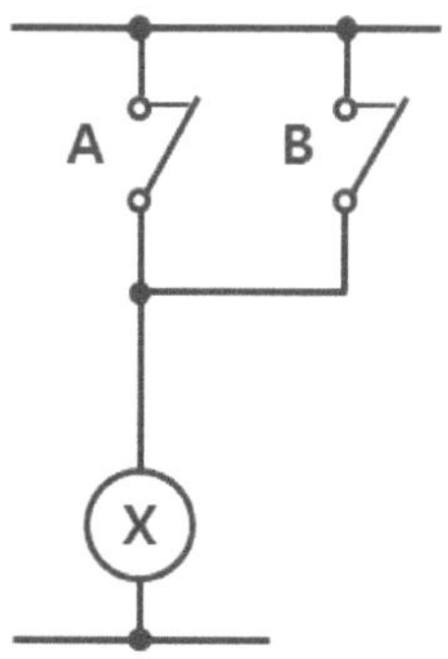

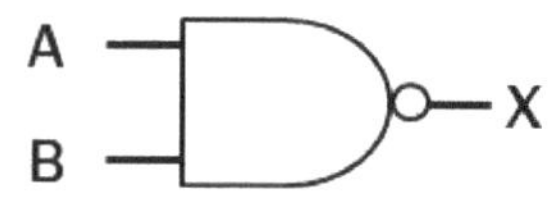

■ NOR 회로

OR 회로에 NOT 회로를 접속한 회로이다. 모든 입력이 “0”일 경우 출력은 “1”이 된다.

NOR		
입력 A	입력 B	출력 X
0	0	1
0	1	0
1	0	0
1	1	0

$\overline{A + B} = X$

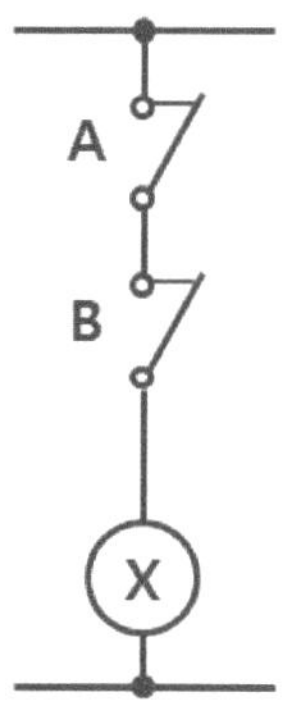

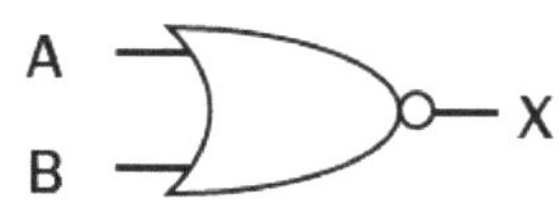

■ XOR 회로

배타적 논리합 회로라고 하며, 두 개의 입력이 서로 같지 않을 때만 출력이 “1”이 된다.

XOR		
입력 A	입력 B	출력 X
0	0	0
0	1	1
1	0	1
1	1	0

$(A \cdot \overline{B}) + (\overline{A} \cdot B) = X$

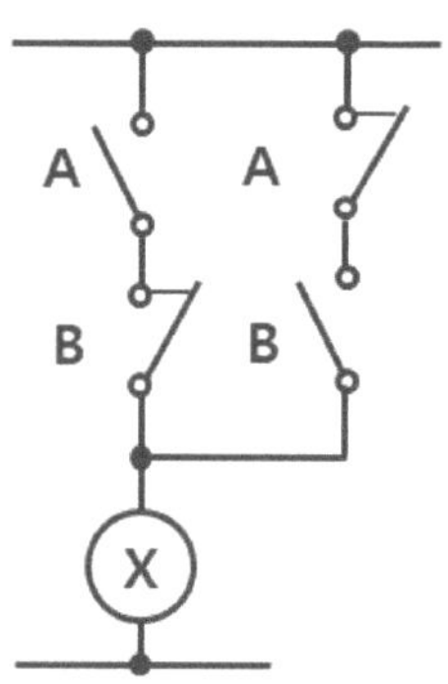

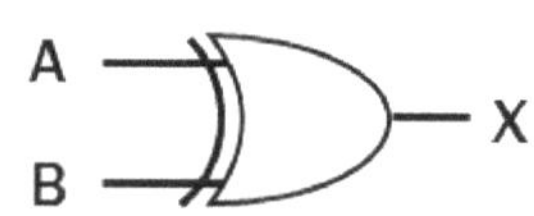

3-4 시퀀스 제어 회로

■ 릴레이 기본 회로 그리는 방법과 동작

많은 산업 시설의 자동화로 생산성 향상에 중요한 역할을 하고 있는 시퀀스 제어에 대한 기본 회로와 동작을 살펴보도록 하자.

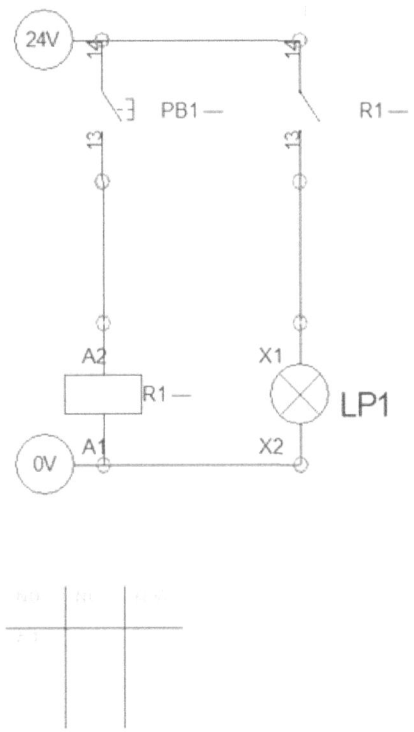

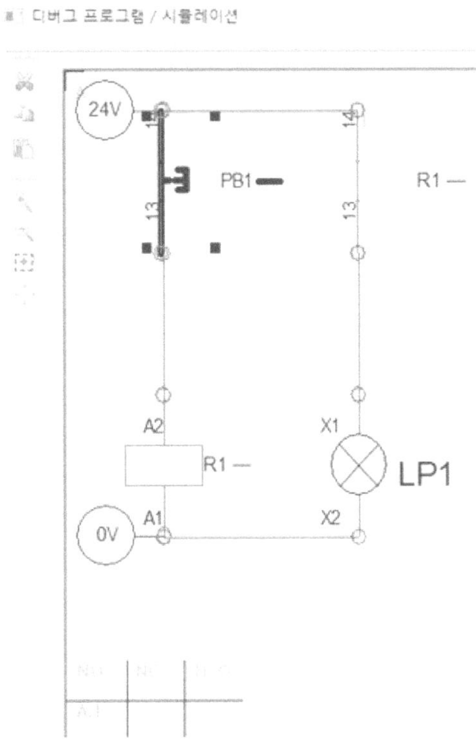

위 회로에서 R1은 릴레이의 코일이고, LP1은 램프 부하이다. 전기 회로의 밑부분에 표시된 내용은 접점이 회로의 어느 라인에 위치해 있는지 알려준다. 접점 위치와 개수를 잘 파악하면 동작 또는 오작시 전기회로를 쉽게 분석할 수가 있다.

① 먼저 푸시 버튼 스위치 PB1을 누르면 R1이 동작한다.
② 이후 릴레이 R1에 해당하는 접점이 동작한다. 접점 R1이 붙어 램프 LP1이 점등된다.
③ 동작 완료후 푸시 버튼 스위치 PB1을 놓으면 원래 상태로 돌아간다.

■ 릴레이 동작 실제 결선 방법

전기의 흐름은 물이 위에서 아래로 흐르듯이 동일하게 전원선 24V(+)인 위에서 0V(-)인 아래의 순서로 연결한다.

접점 연결시에는 먼저 COM 단자에서 NO / NC 단자로 연결하면, 보통 2중 접점이 생길 때 아래의 방향으로 연결하면 COM 단자에 연결이 되므로 결선 오류시 찾기가 쉽다.

각 라인은 좌에서 우로 작성 및 결선한다.

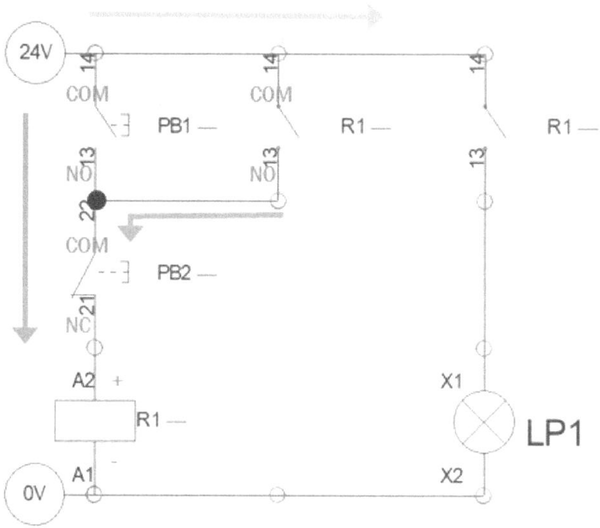

■ 개체 그룹 연결

램프의 Symbol명이 디스플레이로 나타나지 않으므로, 텍스트 개체를 추가하여 램프와 텍스트 개체를 마우스 우클릭하여 그룹으로 묶어서 사용하면 좋을 듯 하다. 개체의 선택은 Shift 키를 누른 상태에서 램프와 텍스트 개체를 선택하여 그룹으로 묶어준다. 이후 필요한 램프를 복사, 붙여넣기 하여 사용하도록 하자.

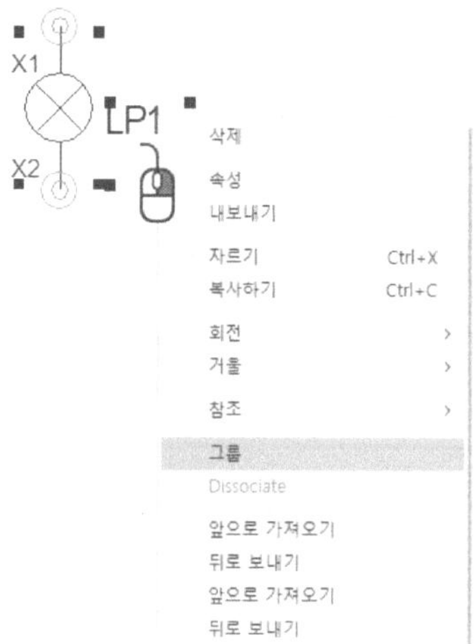

■ 자기유지회로

시퀀스 제어 회로의 기본적인 기억회로로서, ON / OFF 우선 동작에 따른 자기유지 회로는 다음과 같다.

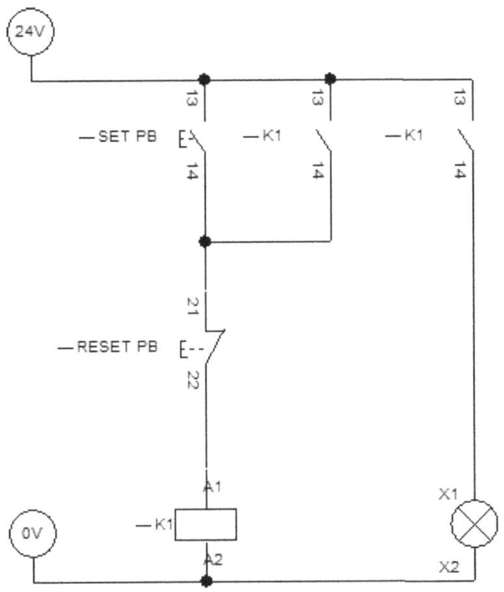

(a) OFF 우선 자기유지 회로

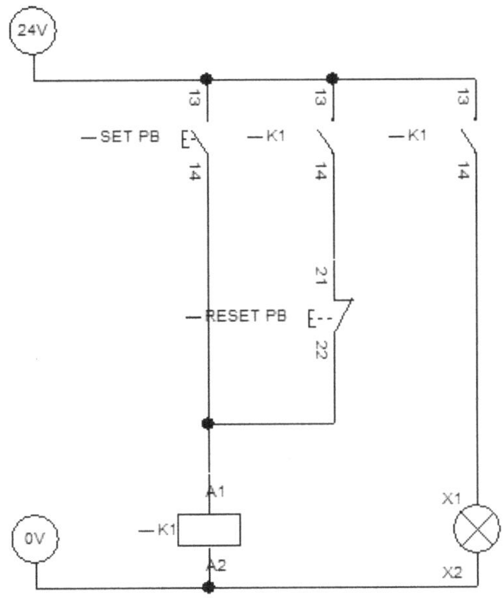

(b) ON 우선 자기유지 회로

자기유지 회로에 대한 접점 자리의 의미를 잘 이해하면 쉽게 기초 시퀀스 회로를 구성할 수가 있다.

■ OFF 우선 자기유지 회로 시뮬레이션 하기

순차 동작을 확인하기 위해 먼저 PB1 푸시버튼만 작성하여 자기 유지 회로를 구성한다.

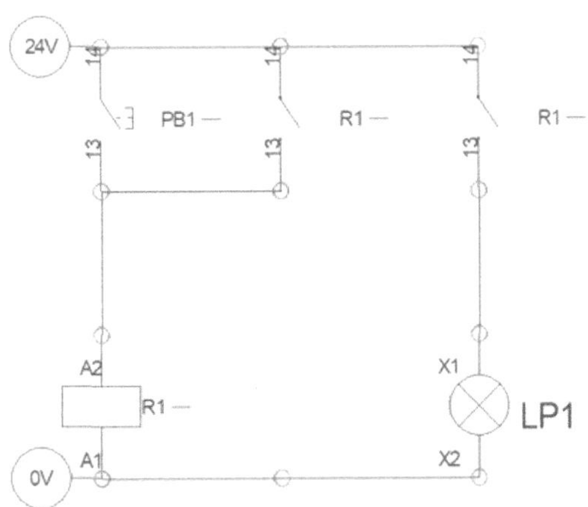

■ 시뮬레이션 동작 확인

PB1 ON시 램프가 점등이 됨을 알 수가 있다. 하지만 램프를 소등할 수는 없다.

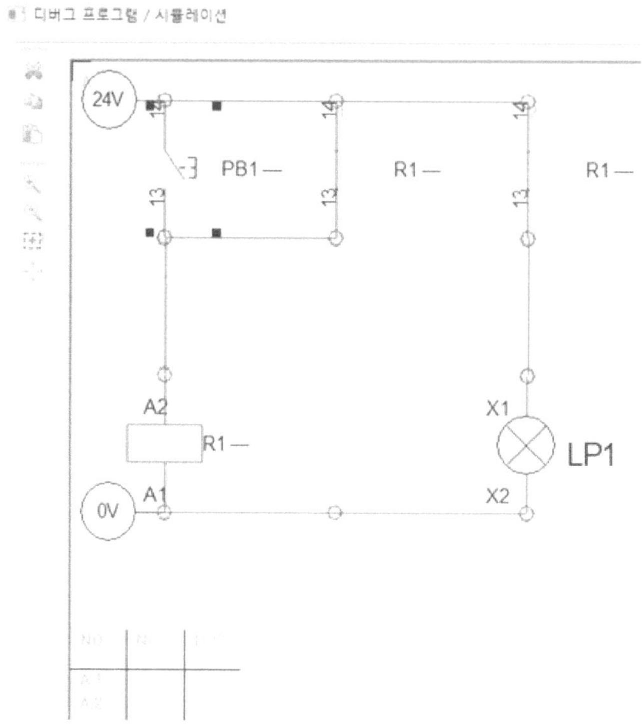

다음으로 PB2 정지 버튼을 추가하여 램프를 소등할 수 있는 회로를 완성하자.

■ 시뮬레이션 동작 확인

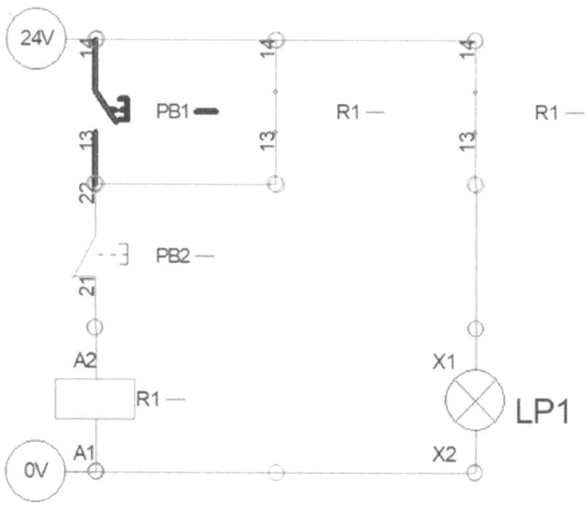

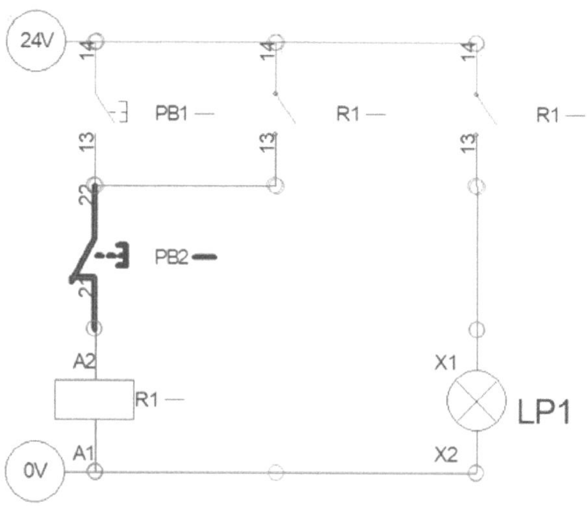

■ ON 우선 자기유지 회로 시뮬레이션 하기

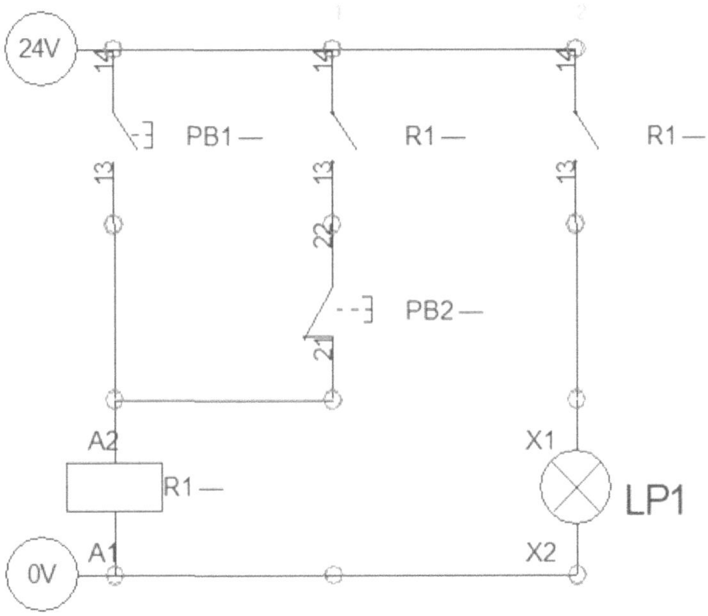

■ 시뮬레이션 동작 확인

푸시버튼 스위치 PB1과 PB2를 동시에 눌러 누구의 동작이 우선이 되는지 확인하고, ON 우선 자기유지 동작을 하는지 확인한다.

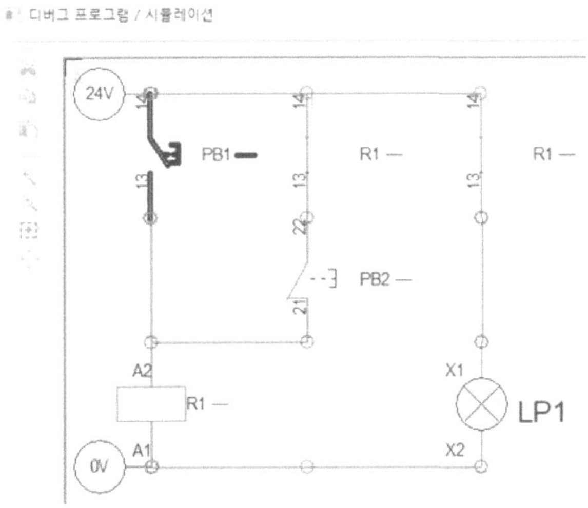

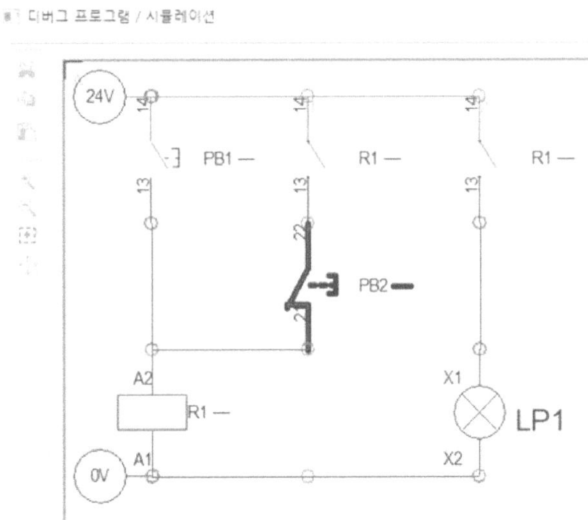

■ 인터록 회로

전기 기기의 보호나 작업자의 안전을 위해 전기기기의 동작 상태를 나타내는 접점을 사용하여 관련된 전기기기의 동작을 금지하는 회로를 구성해 보자.

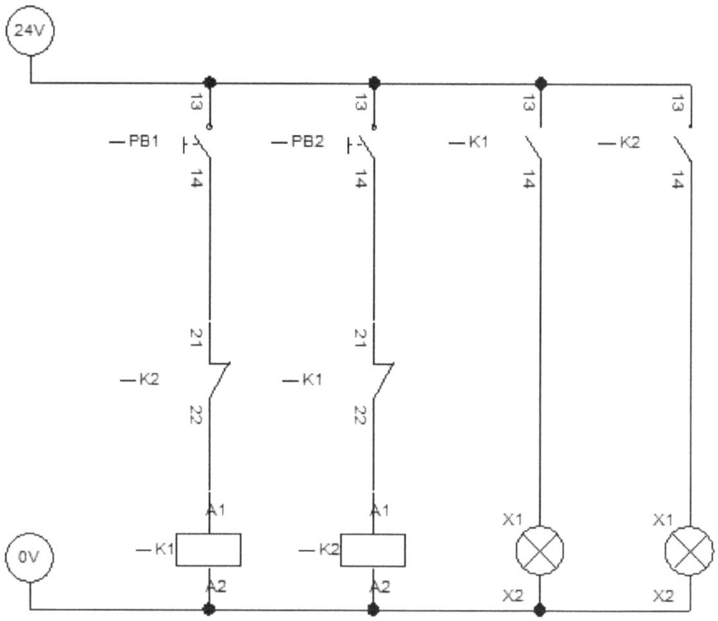

■ 시뮬레이션 하기

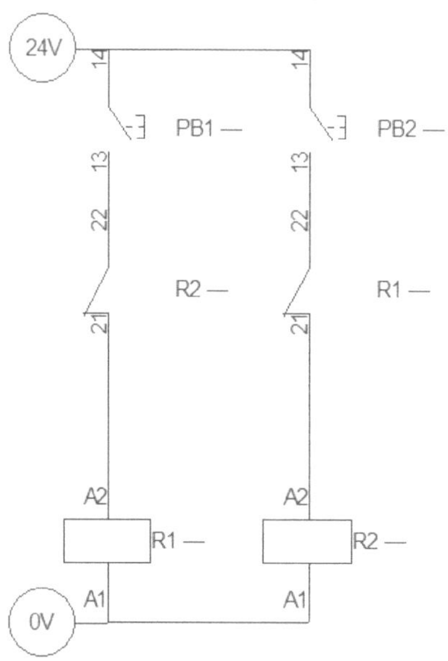

◧ 릴레이를 하나 더 추가하여 인터록 회로를 구성하시오.

■ 자기유지와 인터록 구성 시뮬레이션 하기

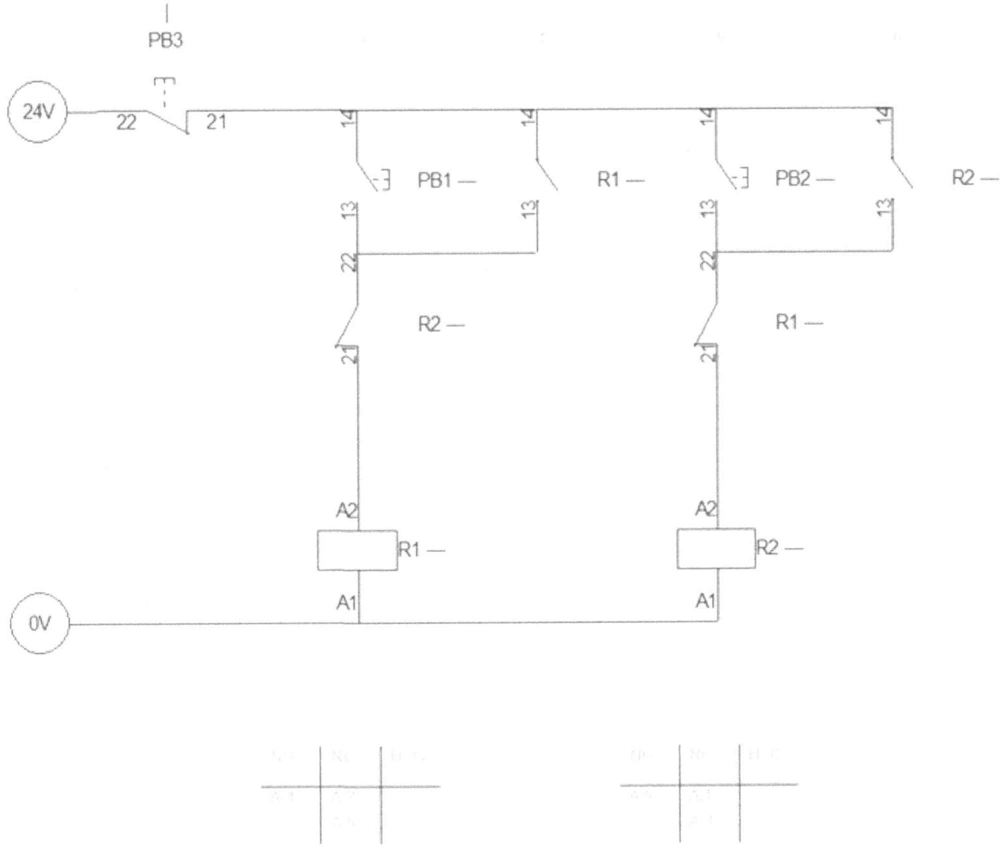

■ 드모르간의 정리(De Morgan's theorem)

드모르간의 정리 3가지 기본 함수를 이용하여 디지털 논리를 등가 회로로 만들어보자.

1. $\overline{\overline{X}} = X$
2. $\overline{X+Y} = \overline{X} \cdot \overline{Y}$
3. $\overline{X \cdot Y} = \overline{X} + \overline{Y}$

■ 타이머(Timer)

타이머는 전기적 또는 기계적 입력을 부여하면, 정해진 시한이 경과한 후에 그 접점이 폐로 또는 개로하는 것을 말한다. 타이머의 종류는 한시동작 순시복귀형(on delay timer)와 순시동작 한시복귀형(off delay timer)가 있다.

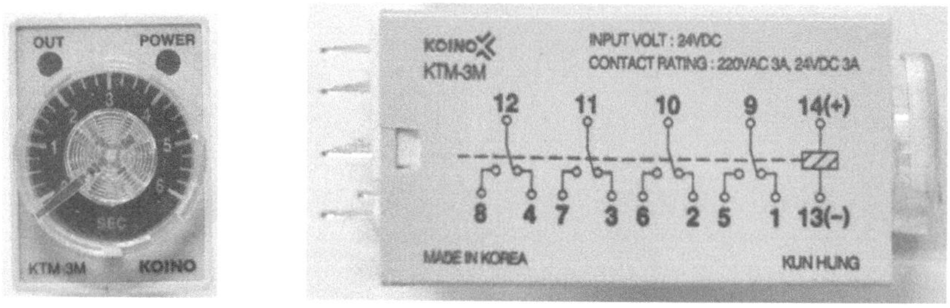

[그림 3-5] 타이머와 배선도

◧ 한시동작 순시복귀형(on delay timer)

동작 입력 신호가 들어오고 타이머 설정한 시간이 지난 후 접점이 동작하며, 동작 신호 차단시 접점이 순시 복귀되는 타이머이다.

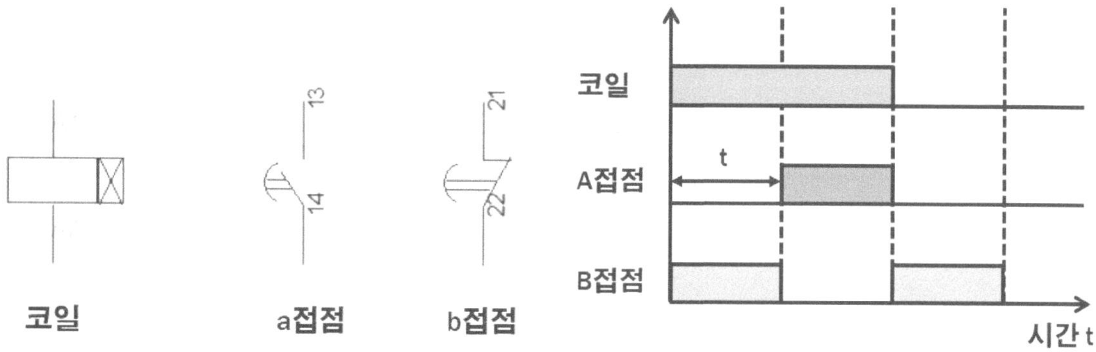

◧ 순시동작 한시복귀형(off delay timer)

동작 입력 신호가 들어오면 접점이 동작하며, 동작 입력 신호가 소자하면 접점이 설정시간 동작 후 차단되는 타이머이다.

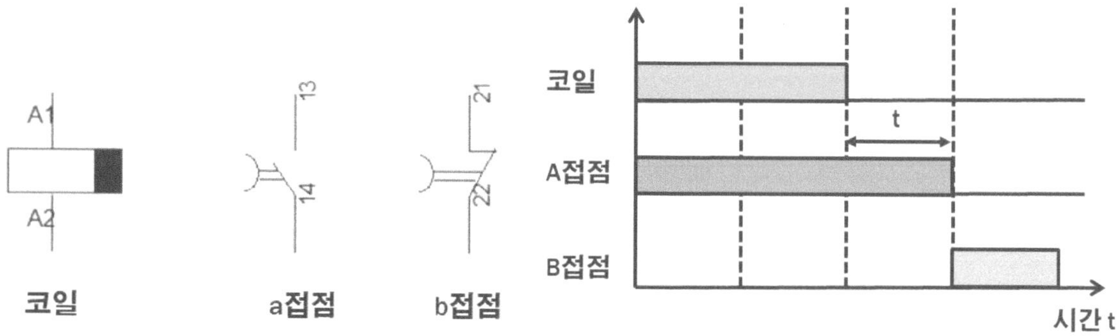

■ 타이머 시뮬레이션 : 플리커 회로

플리커 회로(Flicker Circuit)란 타이머 릴레이 2개를 이용하여 설정한 시간값에 따른 점등과 소등을 번갈아가며 동작하는 회로이며, 주기 동작 회로라고 한다. 2가지의 다른 회로를 구성해 보도록 하자.

◧ 플리커 타이머 회로1

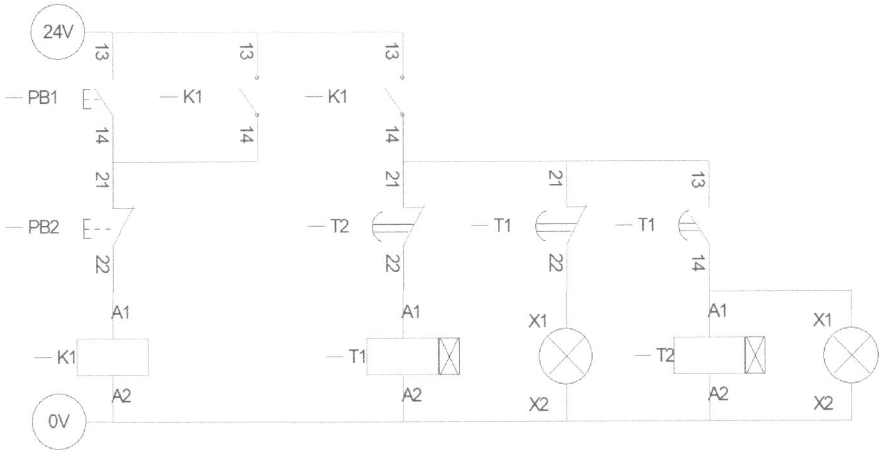

◧ 플리커 타이머 회로2

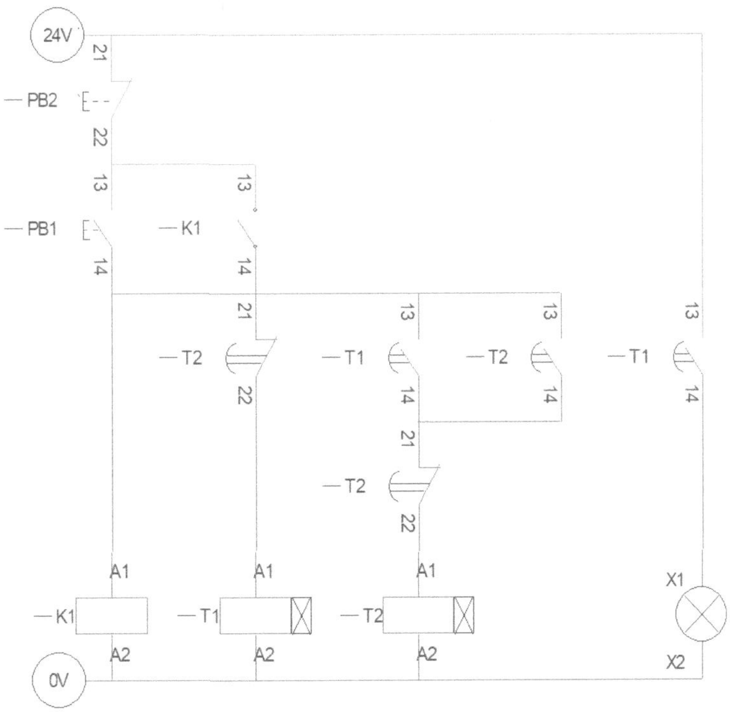

◧ ON지연 코일 : 한시동작 순시복귀형(on delay timer)

경로 : [객체기호] - [전기] - [출력 구성요소] - ON지연 코일

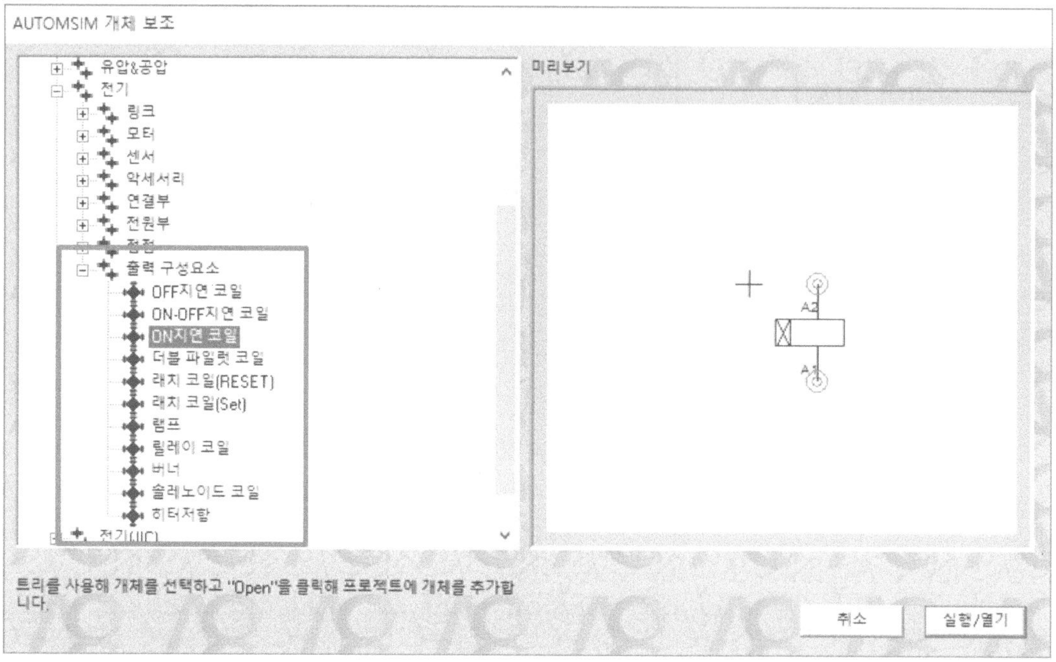

타이머의 지연 설정값을 지정하기 위해 추가한 개체를 더블클릭하여 Delay(s)값에 0.5초를 지정하여 플리커 회로를 구성하시오.

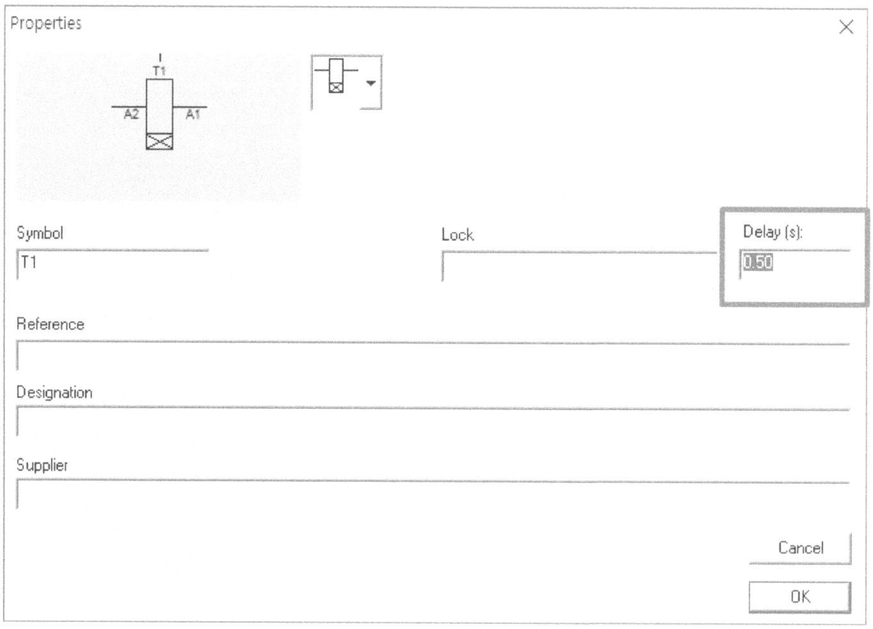

NO접점(On지연)

경로 : [객체기호] - [전기] - [접점] - NO접점(On지연)

※ 현재는 NO접점(off지연)으로 되어 있으나 수정이 필요함.

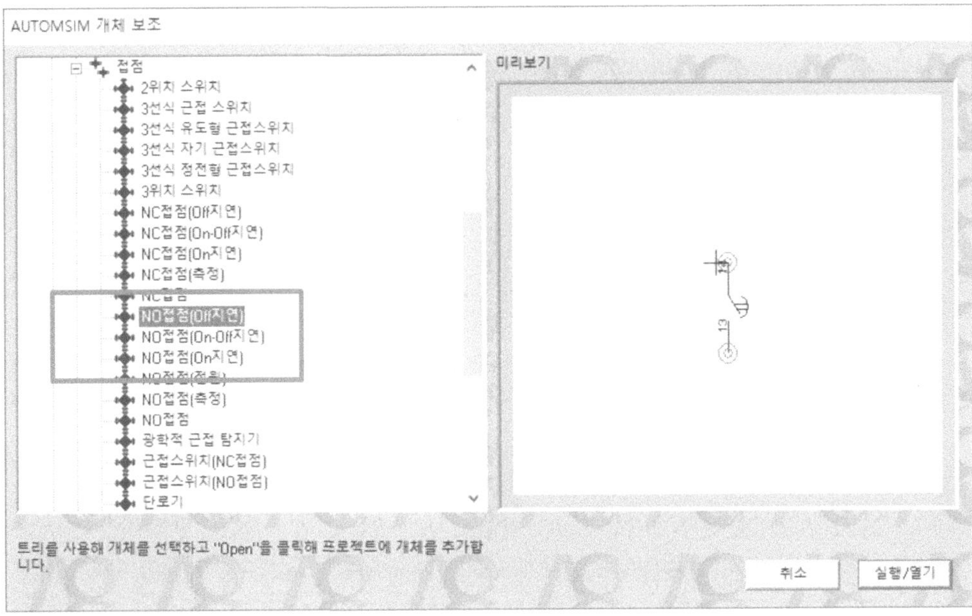

NC접점(On지연)

경로 : [객체기호] - [전기] - [접점] - NC접점(On지연)

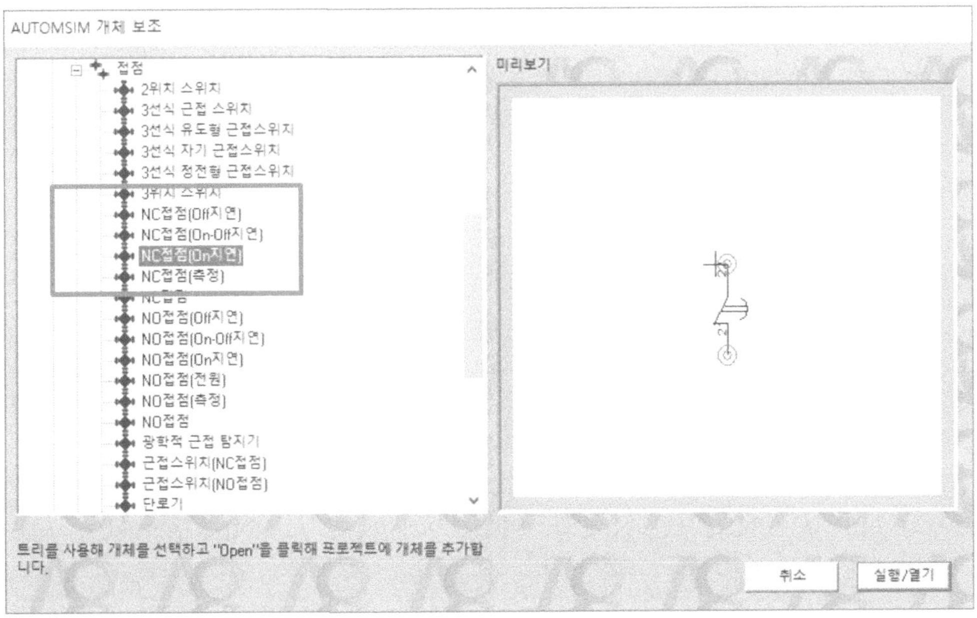

Chap 4 공압 시뮬레이션 구성

4-1 공압의 이해

가. 공압의 이해

1) 공압의 정의

공압(Pneumatic)이란 공기의 운동이나 현상에 대한 학문이란 뜻이며, 그리스어인 Pneuma(호흡, 바람의 의미)에서 유래되었습니다. 공압의 이용'이라는 것은 쉽게 말해 이 교육장 내의 공기를 작게 압축시켰을 때 이 압축된 공기가 원 상태로 복귀하려는 힘을 이용하는 것을 의미합니다. 그리고 대기압(1 bar) 보다 높은 압력의 압축 공기이며, 압력 에너지를 운동(기계) 에너지로 변환됩니다.

일반적으로 1.5 bar 이상의 압력의 공기를 공압이라고 합니다.

가) 공압의 장·단점

(1) 장점

- 양(Amount): 사용할 수 있는 공기의 양은 무한하다.
- 이송(Transport): 압축공기는 파이프라인을 통하여 아주 먼 거리까지 이송할 수 있으며, 이를 회수할 필요가 없다.
- 저장성(Storage): 압축공기는 저장탱크에 저장할 수 있고 필요에 따라 사용할 수 있기 때문에 압축기를 계속 운전할 필요가 없다. 또한, 압축 공기는 탱크 또는 실린더들 사이에서도 저장될 수 있다.
- 온도(Temperature): 압축공기는 온도변동에 둔감하기 때문에 비록 극한 온도 상황 하에서도 믿을 만한 운전을 보장한다.
- 안전성(Explosion proof): 압축공기는 화재나 폭발의 위험이 없다. 그러므로 값비싼 설비가 필요없다.
- 청결성(Cleanness): 압축공기는 청결하기 때문에 비록 압축공기가 파이프나 부품의 틈으로 누출되어도 오염의 원인이 되지 않는다. 이러한 높은 청결도는 식품가공업, 전자산업 등의 산업분야에서특히중요하게요구되는조건이다.
- 구조(Construction): 작동요소가 간단한 기구이므로 가격이 저렴하다.
- 속도(Speed): 압축공기는 매우 빠른 작업 매체여서 매우 빠른 작업속도를 얻을 수 있다. (공압실린더의 경우1~2 m/sec)
- 조절(Adjustable): 힘과 속도를 얼마든지 무단으로 조정할 수 있다.
- 안정성(Overload safe): 과부하 상태에서의 압축공기를 이용하여 작동되는 부품과 공구들은 그 성능의 제한 범위 이상에서도 작동되며 능력 이상에서도 파괴 소실 등의 위험이 없다.
- 탄력성(resilience): 압축된 공기는 충격을 받으면 완충작용을 한다.

(2) 단점

- 준비(Preparation): 압축공기를 만드는 데는 많은 주의를 필요로 한다. 먼지나 습기가 있어서는 안 된다.
- 압축성(Compressible): 압축성 때문에균일한피스톤속도를얻는것이불가능하다.
- 역학적 사용 한계: 압축공기는 어떤 기준 이상의 힘이 요구될 때는 비경제적이다. 보통작업압력은 700 kPa(7 bar)가 한계이고, 힘은 이송 길이와 속도에 달려있지만, 일반적으로 20,000~30,000 N이 한계이다.
- 배기(Exhaust air): 배기의 소음이 크다. 이 문제는 현재 소음 흡수 재료의 개발로 크게 개선되었다.
- 운전비용(Cost): 압축공기는 힘을 전달하는 것으로는 비교적 비싼 편이다. 높은 에너지 비용은 현재 값싼 요소와 높은 성능으로 많이 상쇄되었다.

나) 공·유압 및 전기 시스템 특성 비교

[표 4-1] 공·유압 및 전기 시스템 특성 비교

특 성		공압(Pneumatic)	유압(Hydraulic)	전기(Electric)
작동원 생성		고정식 압축기 모터 구동, 중/대형 이동식 압축기 모터나 내연기관 구동, 소형, 비상용	고정식 펌프 모터 구동, 중/대형 이동식 펌프 모터나 내연기관 구동, 소형, 비상용	수력, 화력, 원자력
작동원 보관		공기의 압축성으로 탱크에 많은 양을 저장	축압기를 사용하여 오일을 소량 저장 가능	배터리로 소량 저장 가능
작동원 이송		거의 손실이 없음 보통 1000 m 정도까지 이송 가능	일부 손실이 발생 하나 보통 10 m정도 까지 이송 가능	일부 손실이 발생 하나 이송거리에 제한이 없음
누설 영향		에너지 손실	에너지 손실, 주변 환경오염, 화재의 위험, 작업자 사고의 위험	누전에 따른 위험, 화재의 위험
에너지원의 생성비용		전원에 비해 고가	고가	저렴
환경	온도	100℃정도 까지 사용가능	70℃정도까지 사용가능 (점도변화)	주의를 요함
	습도	Drain에 주의(동결)	보통	주의를 요함
	부식성	산화에 주의를 요함	보통	주의를 요함
	진동	큰 영향을 안 받음	보통	주의를 요함
직선운동		실린더 사용 - 가/감속 효과 우수 - stroke, 2000 mm까지 사용 가능	실린더 사용 저속 제어성이 우수	solenoid 또는 linear 모터로 직선운동 - 속도 제어성 우수 - stroke이 짧음 모터와 동력 전달기구 (예: 볼 스크류,..)
각도운동		실린더와 랙-피니언 사용	실린더와 랙-피니언 사용	기계적 연결 장치를 사용하여 회전 운동을 분할하여 각도운동

특 성	유압(Hydraulic)	공압(Pneumatic)	전기(Electric)
회전운동	공압모터 사용 - 고속회전 - 저 토크 - 제어성 다소 불량	유압모터 사용 - 저속회전 - 큰 토크 - 저속 제어성 우수	전기모터 사용 - 중/고속회전 - 제어성 우수
조작력	작음	아주 큼	작음
직선운동속도	보통 10 m/s정도 까지 가능	보통 1 m/s정도 까지 가능	저속에서 고속까지 가능
부하변화에 따른 제어특성	특성변화가 큼	특성변화가 약간 있음	특성변화가 약간 있음
조작력	아주 큼	작음	작음
직선운동속도	보통 1 m/s정도 까지 가능	보통 10 m/s정도 까지 가능	저속에서 고속까지 가능
부하변화에 따른 제어특성	특성변화가 약간 있음	특성변화가 큼	특성변화가 약간 있음
제어능력	압력제어: 힘, 토크 제어 유량제어: 속도제어	압력제어: 힘, 토크 제어 유량제어: 속도제어	제어 알고리즘으로 제어
시스템의 구조	복잡	간단	복잡
배선/배관	복잡	간단	간단
유지보수	복잡	간단	복잡
시스템 가격	고가	저렴	고가
설치	공압보다 복잡 - 고압에서의 안전에 주의 - 누유에 주의	설치가 쉬움	간단
소음발생	고압에서 펌프 소음발생	소음기 설치로 어느 정도 제거 가능	적음

2) 공압 액추에이터

액추에이터란 에너지를 사용하여 기계적인 일을 하는 기구를 말한다.

가) 공압 실린더 구조

실린더는 압축 공기의 압력 에너지를 기계적인 에너지로 변환하여 직선운동, 회전운동 등의 기계적인 일을 하는 기기라고 합니다.

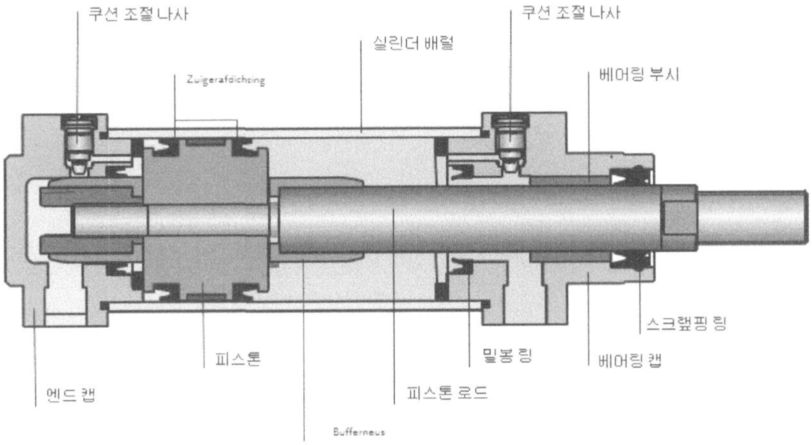

[그림 4-1] 공압 실린더 구조

[표 4-2] 공압 실린더 구조 특징

명칭	특징
실린더 튜브	• 실린더의 외곽을 이루는 부분이다. • 피스톤의 미끄럼 운동 및 내압이 걸려 내압성과 내마모성이 요구한다. • 기계적 성능을 높이기 위해 튜브에는 20[μm]정도의 경질 크롬도금 하고 그 표면을 1.6S 이하의 표면 거칠기로 다듬질 한다. • 재질: 고력 알루미늄관, 기계구조용 압연강관, 황동관 등 (최근에는 소형 실린더에 스테인리스관 또는 플라스틱 튜브도 사용)
피스톤	• 피스톤은 공기 압력을 받는 실린더 튜브 내에서 미끄럼 운동을 한다. • 헤드 커버에 충돌하여 충분한 강도와 내마모성이 요구된다. • 피스톤 외주에는 피스톤과 튜브 사이에 누설을 방지하기 위해 패킹이 조립된다. • 재질 : 부하의 정도에 따라 강, 회주철, 알루미늄 합금 등이 사용.
피스톤 로드	• 피스톤과 연결되어 피스톤의 출력을 외부에 전하는 로드이다. • 피스톤 로드는 작용하는 부하에 따라 인장, 압축, 굽힘, 진동 등의 하중에 견딜 수 있는 충분한 강도와 내마모성이 요구된다. • 재질 : S45C 정도의 기계구조용 탄소강에 내식성, 내마모성을 향상시키기 위해 경질 크롬 도금한 것이 많음. 특수한 용도로는 스테인리스계를 사용.
헤드 커버 / 로드 커버	• 실린더 튜브의 양 끝에 설치되어 피스톤의 행정거리를 결정한다. • 급배기 포트, 피스톤 로드 부싱, 쿠션기구 등을 내장하는 부품이다. • 재질 : 부하에 따라 아연, 주철, 알루미늄 합금, 합금강 등이 사용.

나) 공압 실린더 종류

(1) 단동 실린더

한 방향 운동에만 공기압이 사용되며 반대 방향의 운동은 스프링 또는 외력으로 복귀된다.

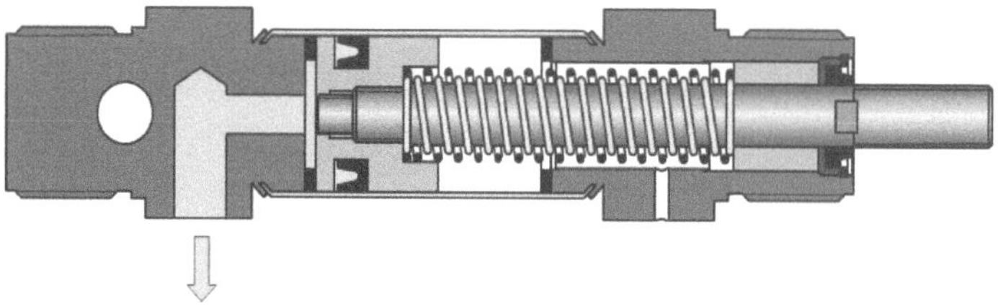

[그림 4-2] 단동 실린더

(2) 복동 실린더

전·후진운동이 모두 압축공기에 의하여 동작한다. 단동 실린더와 달리 원칙적으로 실린더의 행정 거리에 제한을 크게 받지 않는다.

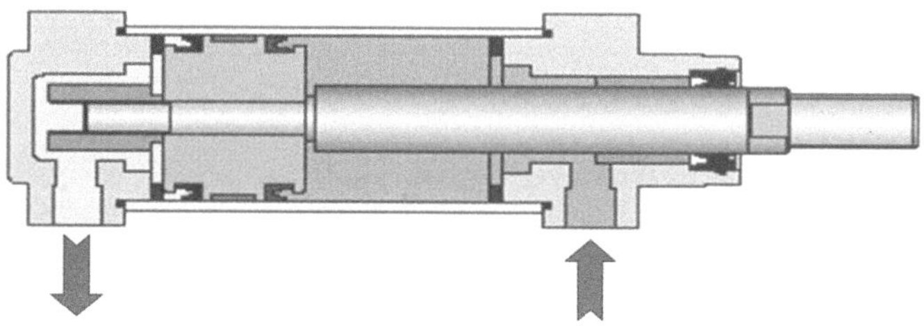

[그림 4-3] 복동 실린더

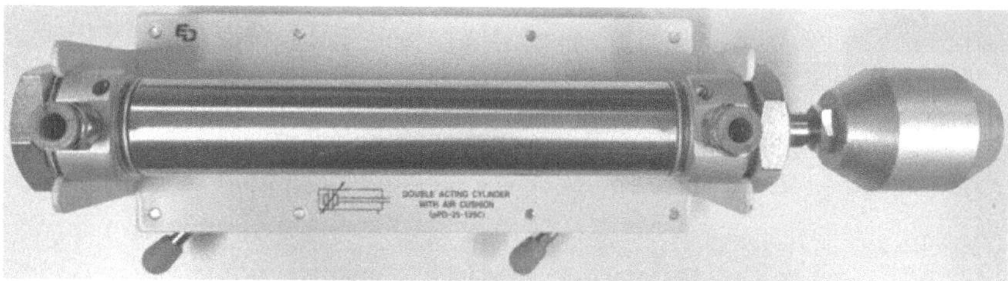

[그림 4-4] 실제 복동 실린더

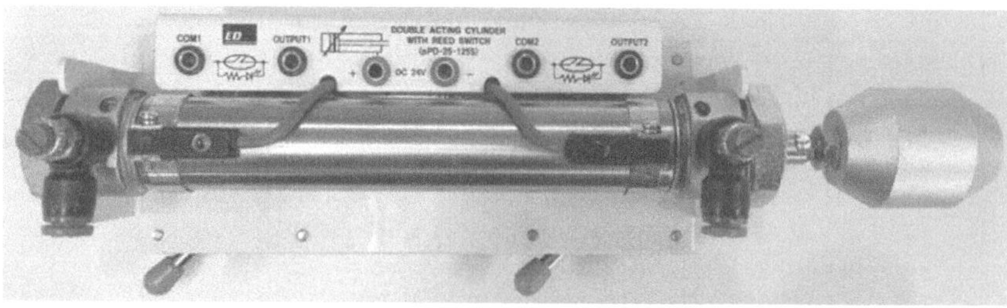

[그림 4-5] 센서 부착 복동 실린더

3) 공압 밸브

공압 제어 시스템은 신호 감지 요소, 제어요소 및 액추에이터로 구성되어 있으며, 신호 감지 요소와 제어요소들은 액추에이터의 작업 순서 및 작동 상태에 영향을 끼치게 되며 이들을 밸브라 한다.

가) 방향 제어 밸브

(1) 방향 제어 밸브의 기호 및 의미

기호	설명
	밸브의 스위치 전환 위치(switching position)는 4각형으로 나타낸다.
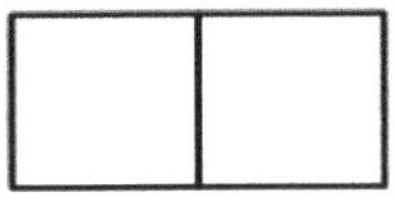	겹쳐져 있는 4각형의 개수는 밸브 전환 위치의 개수를 나타낸다. 즉, 4각형이 2개인 밸브는 2개의 제어위치를 가진 밸브를 의미한다.
	밸브의 기능과 작동 원리는 4각형 안에 표시된다. 직선은 유로를 나타내며 화살표는 흐르는 방향을 나타낸다.
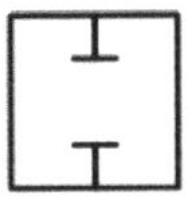	유체의 흐름이 차단되는 위치는 4각형 안에 직각으로 나타낸다.
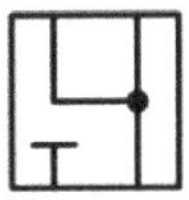	유로의 접점은 점으로 나타낸다.
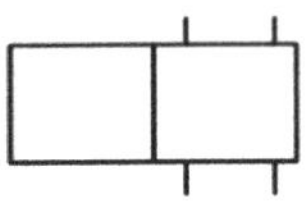	출구와 입구의 연결구는 4각형 밖에 직선으로 나타낸다.
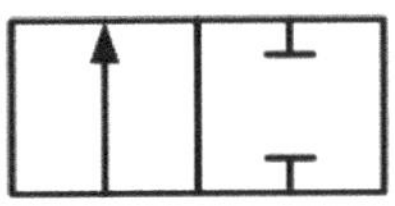	밸브의 다른 제어 위치는 4각형을 옆으로 움직이면 얻을 수 있다.
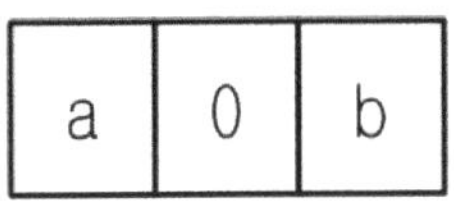	3개의 전환 위치를 가지는 밸브에서 중간 위치는 중립을 나타낸다.

(2) 방향 제어 밸브의 종류별 기호

기호	명칭	설명
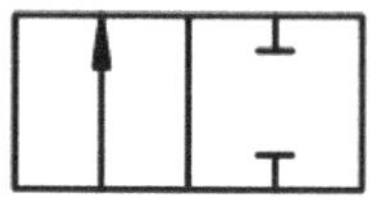	2/2 방향 제어 밸브	정상 상태에서 닫힌 상태에 있다. (N.C형)
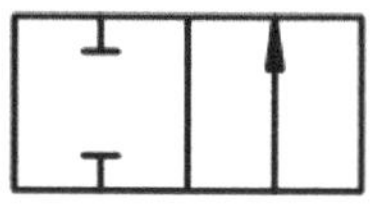		정상 상태에서 열린 상태에 있다. (N.O형)
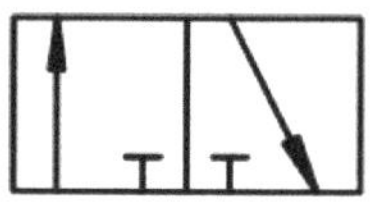	3/2 방향 제어 밸브	정상 상태에서는 P는 외부와 차단된 상태이다. A는 R로 배기된다. (N.C형)
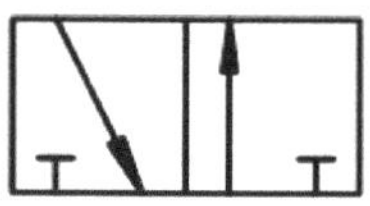		정상상태에서 P와 A가 연결된다. (N.O형)
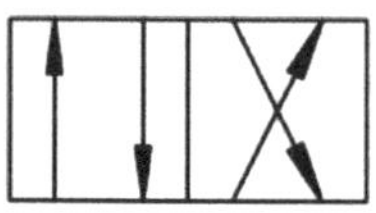	4/2 방향 제어 밸브	2개의 작업라인이 있어 복동 실린더 제어에 사용된다.
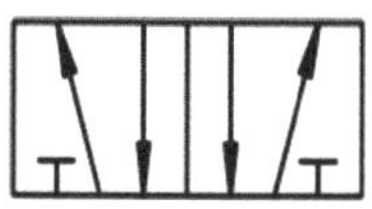	5/2 방향 제어 밸브	2개의 작업라인이 있다. 각각의 배기공을 가지고 있다. 복동 실린더 제어에 사용된다.
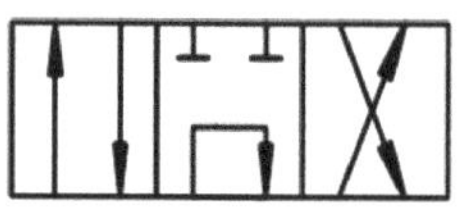	4/3 방향 제어 밸브	중립 위치에서 P가 배출된다. (주로 유압에서 사용된다.)
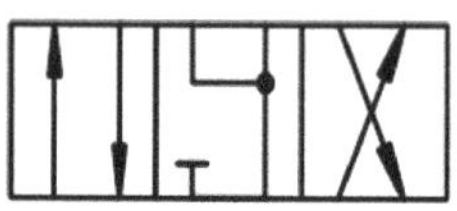		작업 라인 A, B가 모두 배기되는 중립 위치를 가지고 있다.
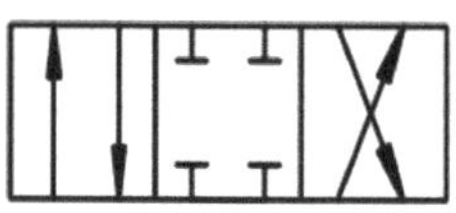		모든 연결구가 차단되어 있다. 실린더를 임의 위치에서 정지시킬 수 있다.
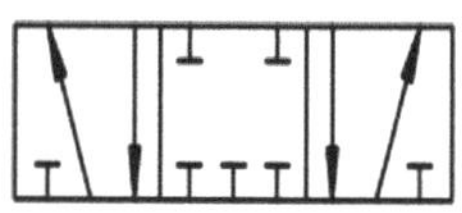	5/3 방향 제어 밸브	중립 위치에서 모든 라인이 닫혀 있다.

(3) 방향 제어 밸브의 작동 방법

작동방법	기호	의미
수동	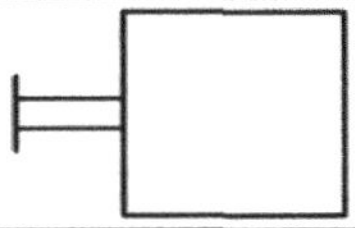	일반 수동 작동
	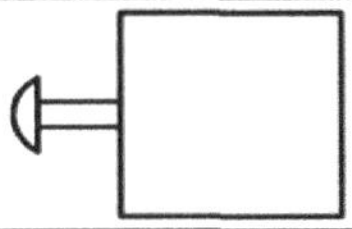	누름 버튼 작동
	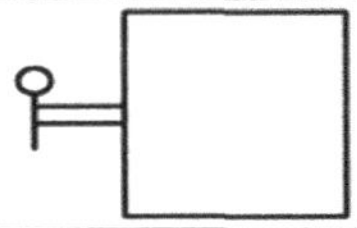	레버 작동
	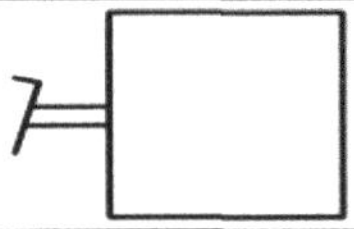	페달 작동
기계적	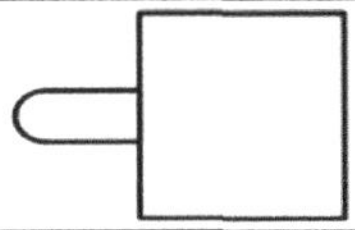	플런저 작동
	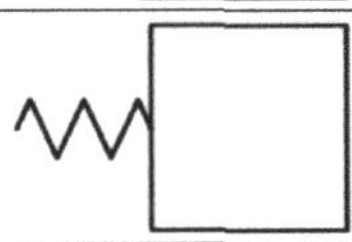	스프링 작동
	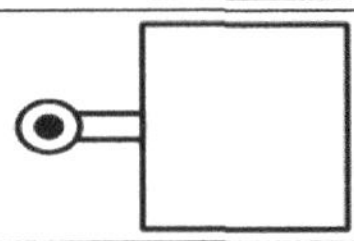	롤러레버 작동
	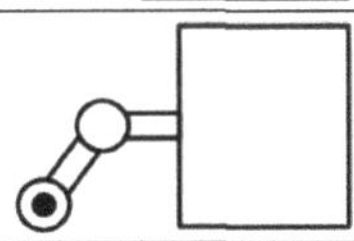	방향성 롤러-레버 작동
공기압	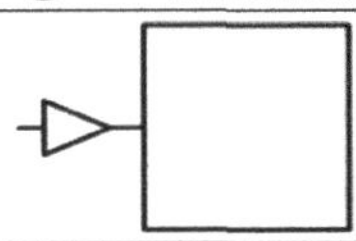	압력을 가하는 작동
	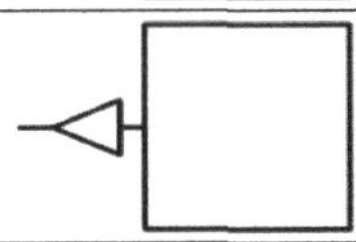	압력을 제거하는 작동
전기적	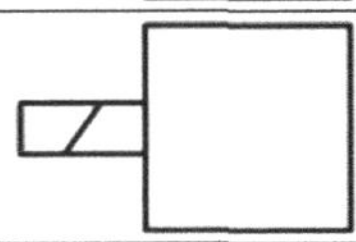	직동성 솔레노이드
	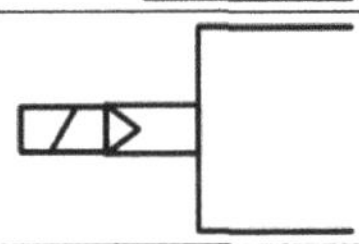	간접 작동형 솔레노이드

(4) 방향 제어 밸브 연결구 표시 규정

[표 4-3] 연결구 표시 규정

구분	ISO-5599 규정(숫자로 표기)	ISO-1219 규정(문자로 표기)
작업 라인	2, 4, 6, …	A, B, C, …
에너지 공급 구	1	P
배출 구	3, 5, 7	R, S, T
누출 라인	9	L
제어 라인	10, 12, 14, …	Z, X, Y, …

(5) 방향 제어 밸브 표시 방법

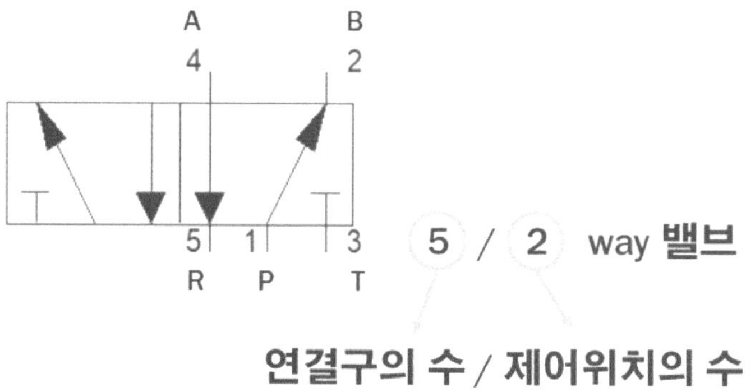

[그림 4-6] 방향제어 밸브 표시 방법 설명

(6) 5/2 way 편솔레노이드 밸브와 양솔레노이드를 이용한 복동실린더 공압회로도

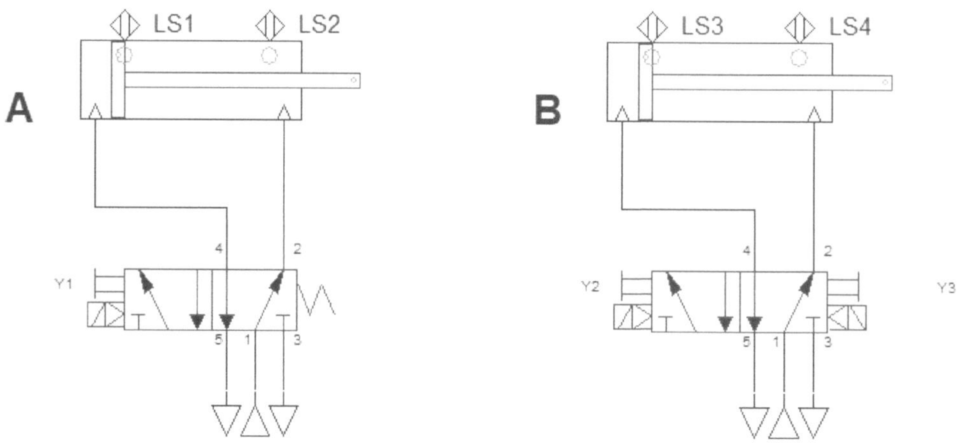

[그림 4-7] 공압회로도

4-2 공압 시뮬레이션

자동화를 구성하기 위해서는 제어부, 구동부, 검출부가 필요하다. 제어부는 전기, 구동부는 공유압기기, 검출부는 전기와 공기 또는 유압을 사용하여 전기 공압 제어방식을 시뮬레이션을 통해 익히도록 하자.

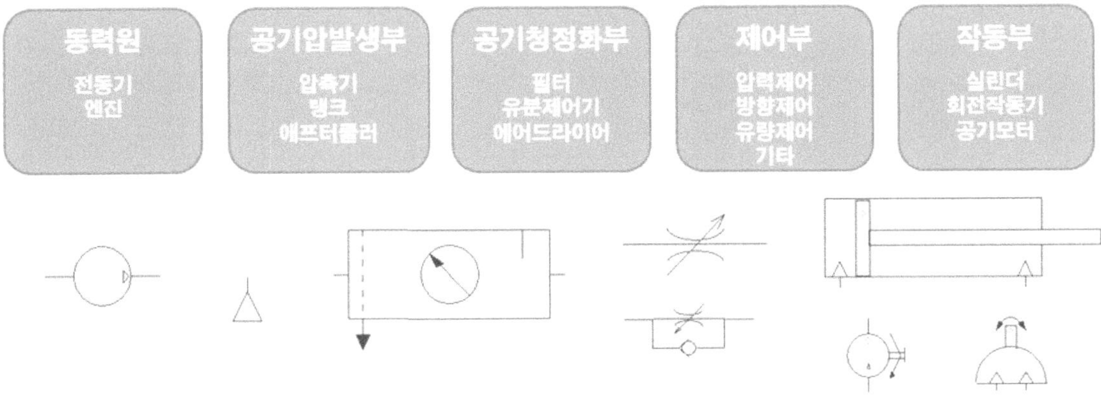

[그림 4-8] 공기압 시스템 구성

공압 객체 : 방향밸브, 액추에이터, 유량제어, 유선 등으로 구성되어 있다.

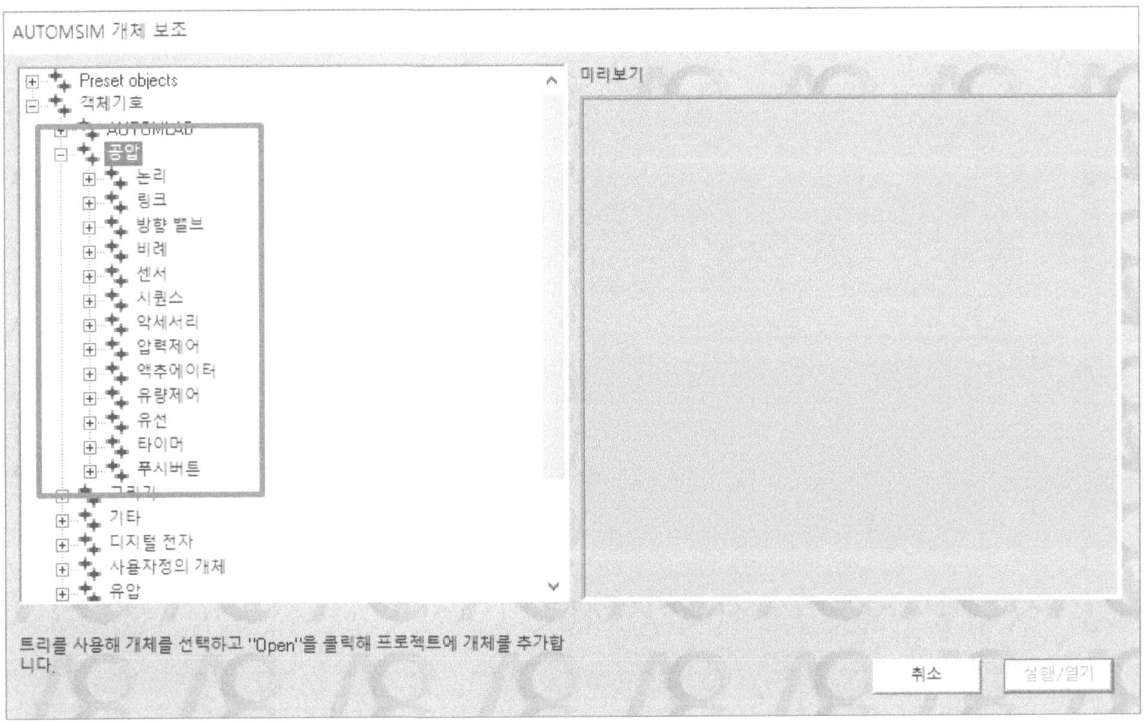

■ 전기 공압 회로도 구성

복동실린더와 4/2 편솔레노이드 밸브 제어 회로를 자기 유지 회로로 구성하시오.

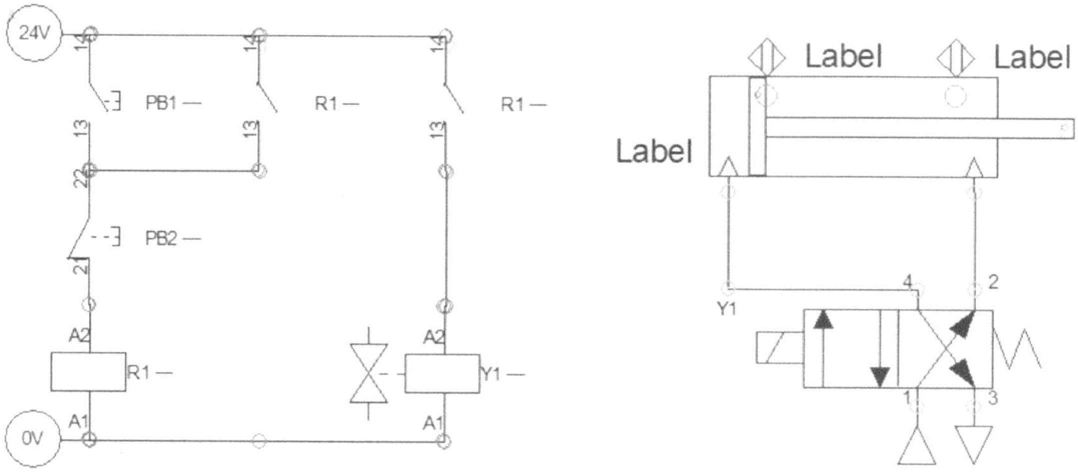

◧ 복동실린더(센서부착)

실런더는 단동과 복동 실린더로 구성되어 있으며, 여기에서는 복동실린더만 사용하기로 한다. 시뮬레이션시 편리성을 위하여 센서부착형을 사용한다.

경로 : [객체기호] - [공압] - [액추에이터] - [실린더] - 복동실린더(센서부착)

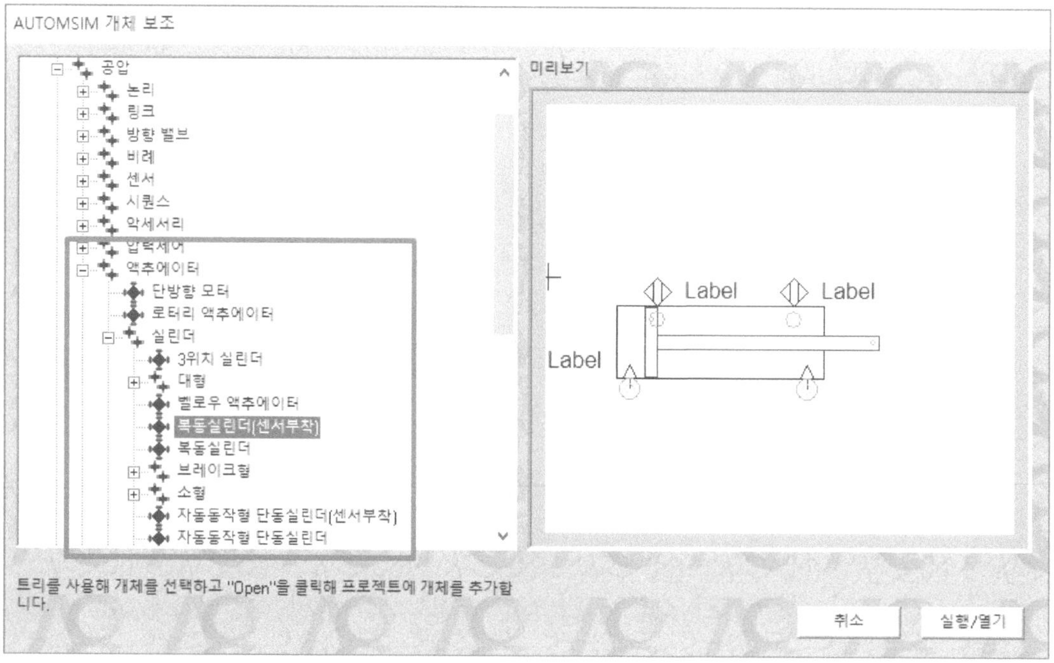

◧ 전자 조작 스프링 복귀형

복동실린더의 피스톤을 전진시키기 위해서는 4포트 이상의 방향 제어 밸브가 필요하다.
경로 : [객체기호] - [공압] - [방향 밸브] - [4포트 2위치] - 전자 조작 스프링 복귀형

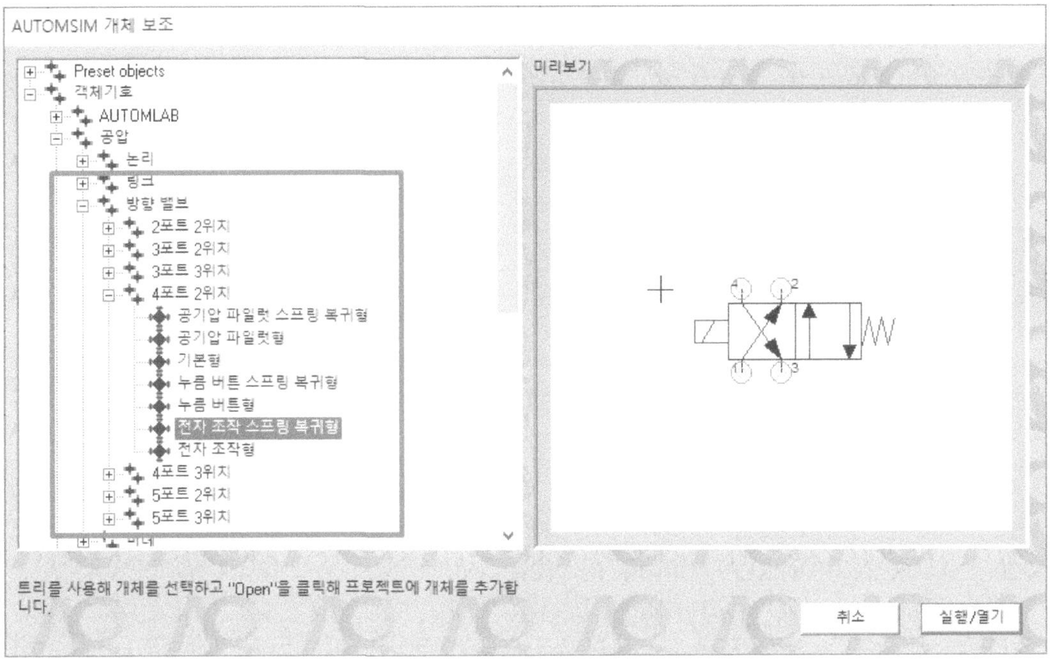

4포트 2위치 전자 조작 스프링 복귀형 밸브를 객체 추가한 후 더블클릭하여 속성을 살펴본다.

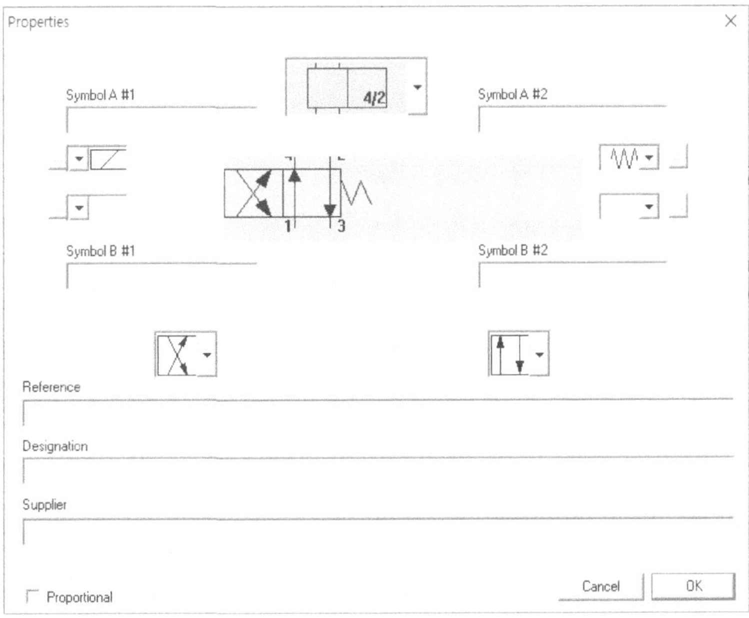

밸브의 속성 중 유로의 방향이 보통 설계된 방향과 반대로 되어 있음을 알 수 있다. 이에 도면과 맞는 유로의 방향을 아래 위로 스크롤하여 알맞은 유로를 선택하도록 한다.

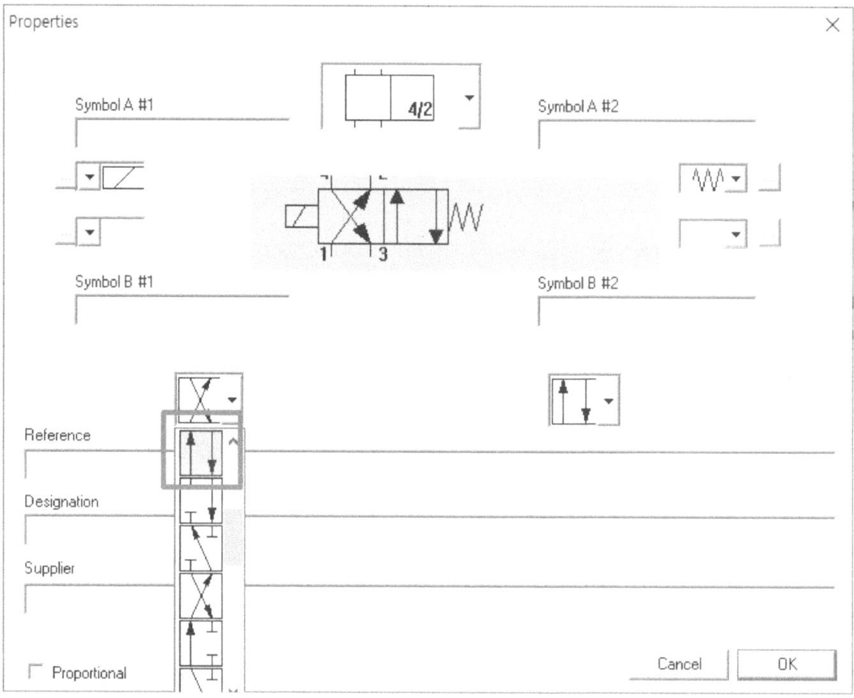

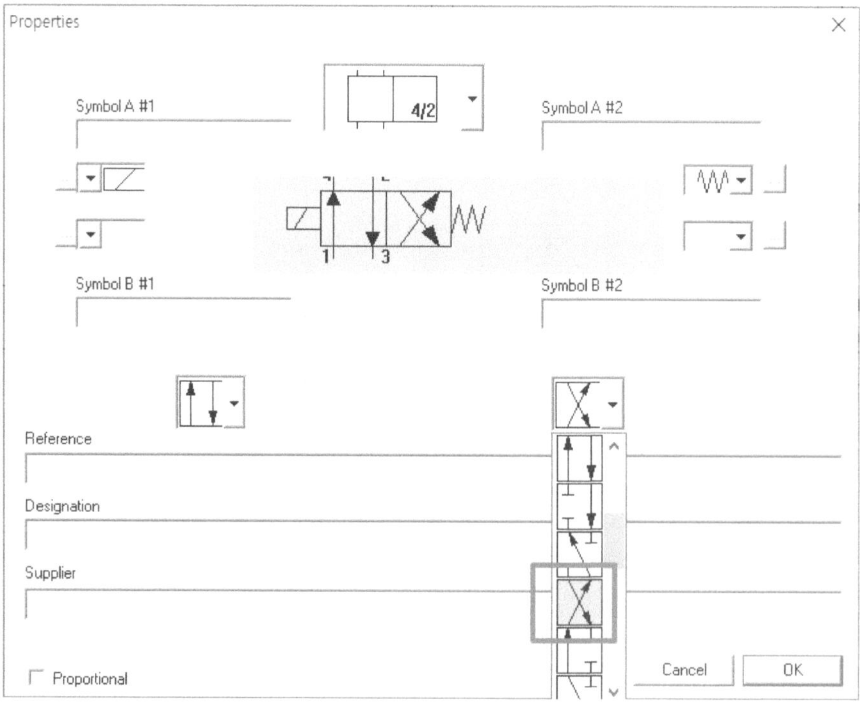

주의할 점은 유로의 방향을 선택 후 아래의 도면과 같이 기본 유로의 제어 위치가 왼쪽에 왔을 때 [OK] 버튼을 클릭하여 설정을 완료한다. 왼쪽 유로의 제어 위치가 선택되었다면 방향 제어 밸브를 더블 클릭하여 재지정한 후 올바르게 다시 설정하도록 한다.

방향 제어 밸브를 더블클릭하여 속성에서 Symbol A #1에는 [Y1] 이라고 작성한다.

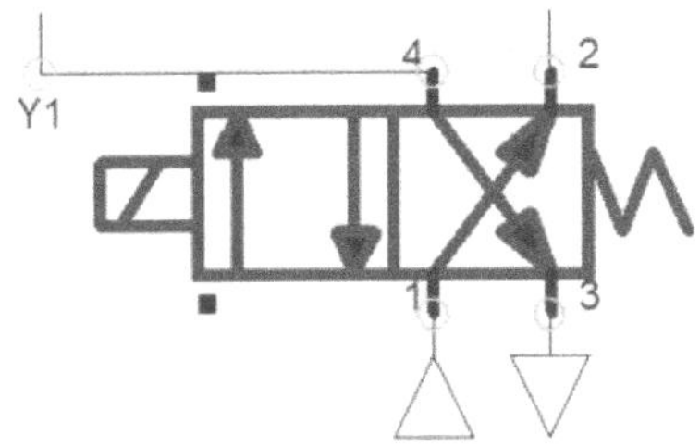

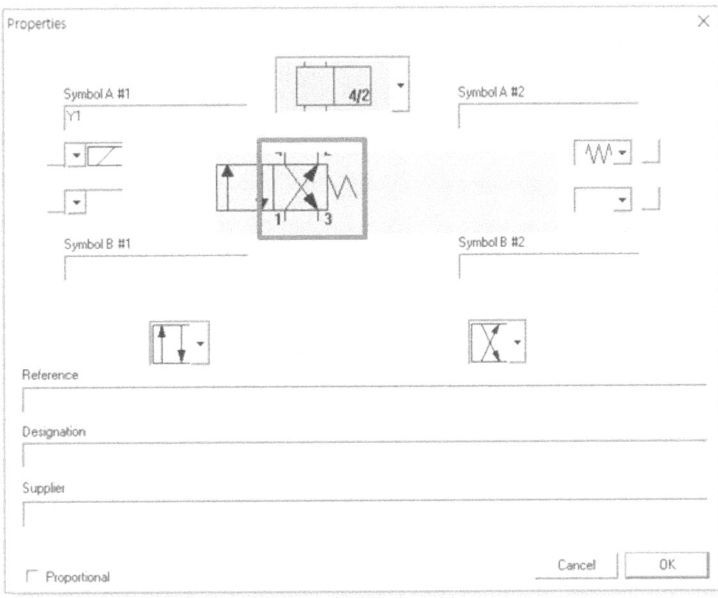

◧ 공압원

일반적인 공압 발생장치는 공기를 압축하는 공기 압축기, 압축된 공기를 냉각하여 수분을 제거하는 냉각기, 압축 공기를 저장하는 공기 탱크 등으로 구성되어 있다. 공기를 압축한 이후 공기필터, 압축공기 조정기, 윤활기, 압력계로 구성된 에어 서비스 유닛을 통해 제어하고자 하는 공압원을 공급한다.

경로 : [객체기호] - [공압] - [유선] - 공압원

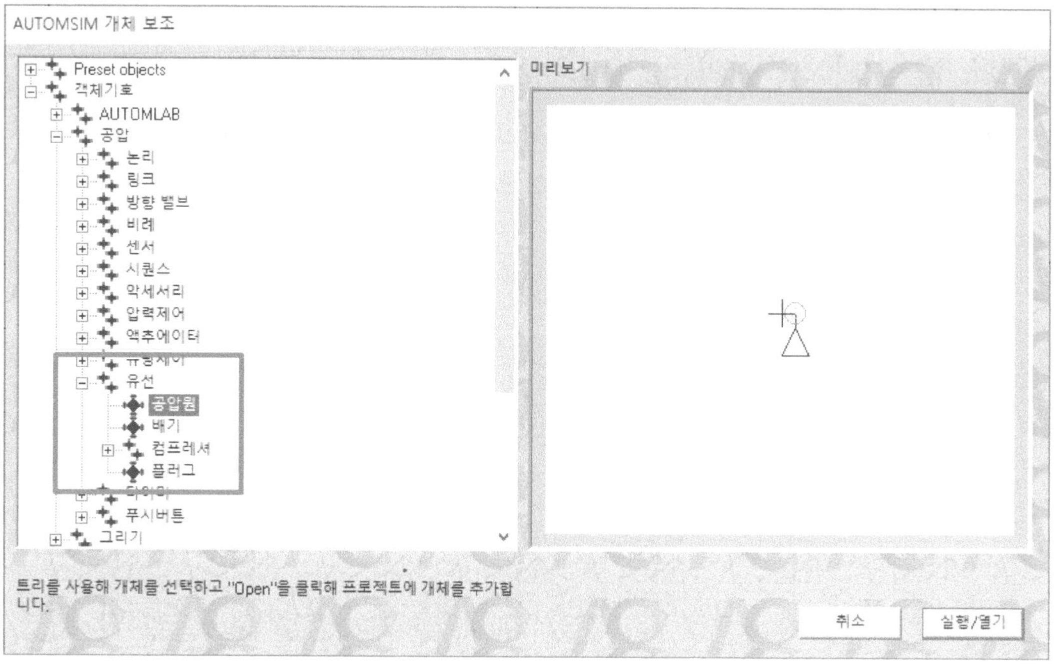

◧ 배기

경로 : [객체기호] - [공압] - [유선] - 배기

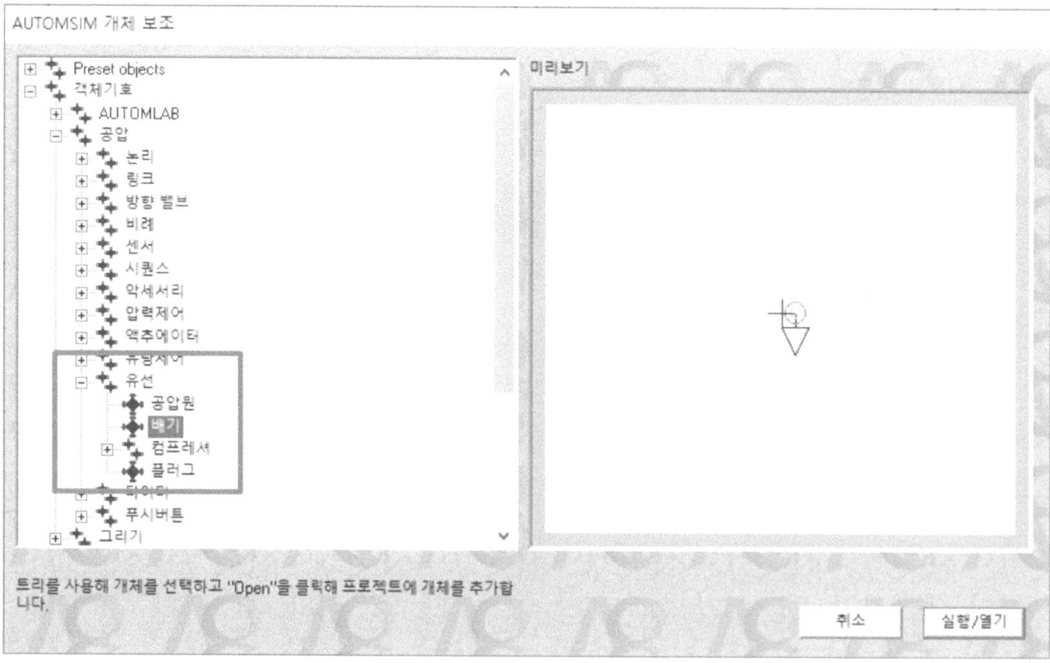

■ 시뮬레이션 동작 확인

푸시 버튼 스위치 PB1을 누르면 R1 릴레이는 여자되며, 릴레이는 R1 자기유지 접점에 의해 자기유지가 된다. 솔레노이드 동작 R1 접점에 의해 솔레노이드 Y1은 여자되며 밸브의 제어 위치가 전환되어, 복동실린더는 전진을 하게 된다.

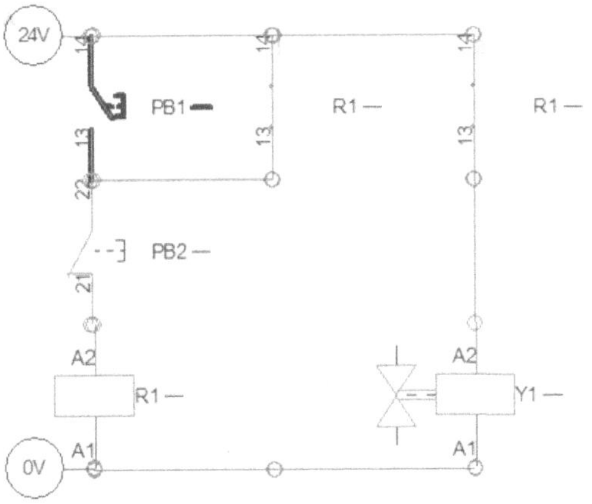

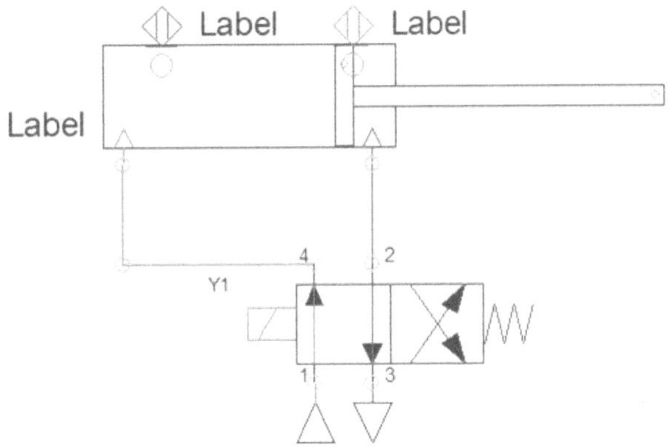

푸시 버튼 스위치 PB2를 누르면 R1 릴레이는 소자되며, R1 접점이 열리면서 솔레노이드 Y1은 소자되어, 복동실린더는 후진을 하게 된다.

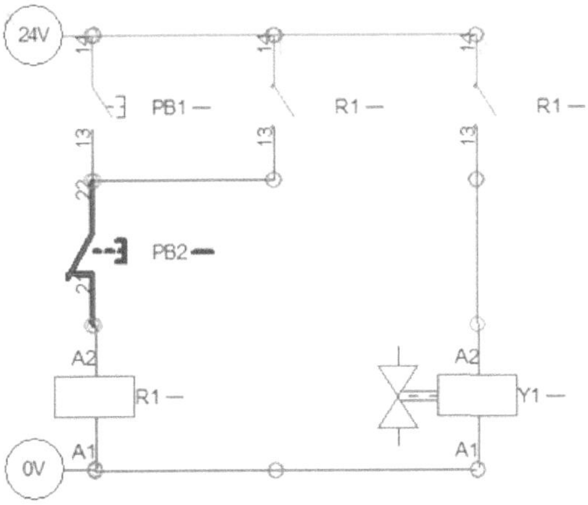

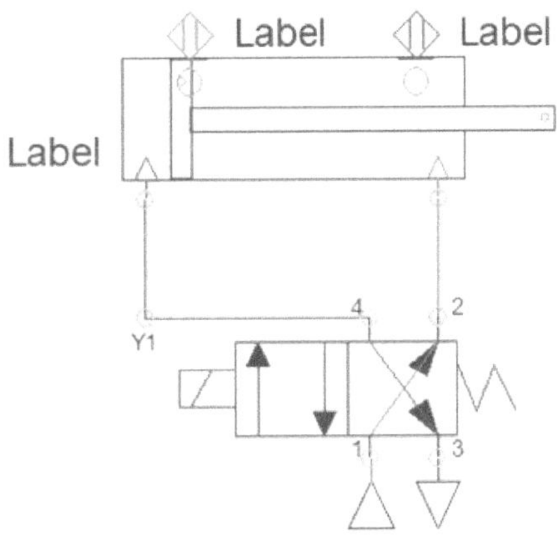

시뮬레이션 동작을 추가하기 위해 [Floor]에 작성된 시뮬레이션을 선택한 후 마우스 우클릭하여 [복사] 메뉴를 선택하여 기존 작성한 시뮬레이션 동작을 복사한다.

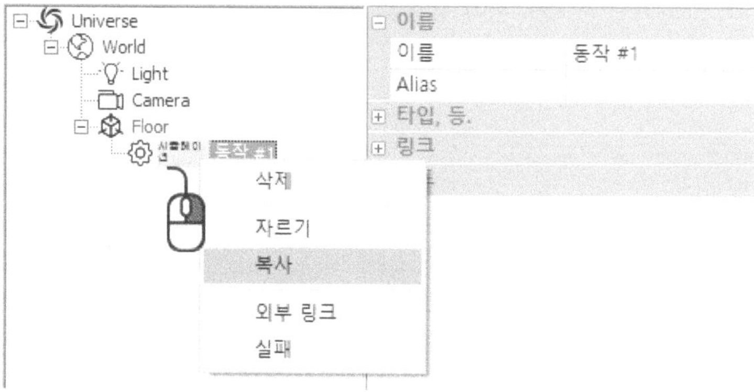

[Floor]를 선택한 후 마우스 우클릭하여 복사한 시뮬레이션 동작을 [붙여넣기] 한다.

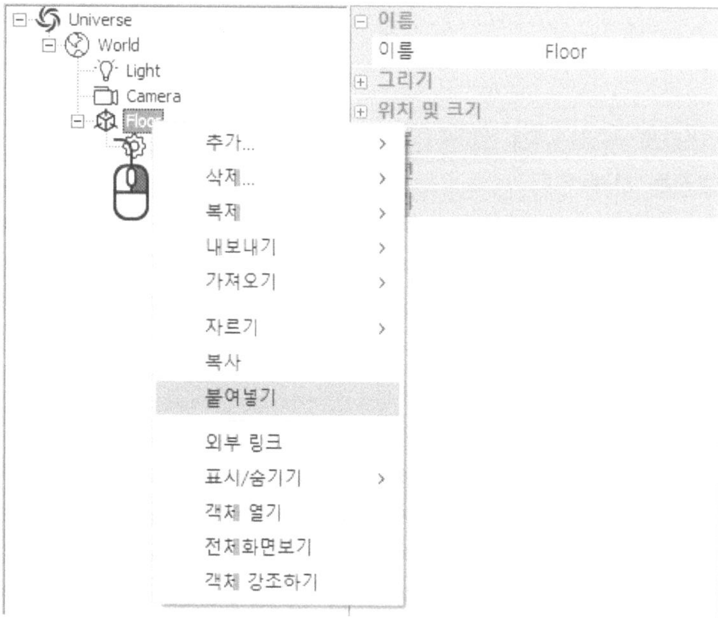

동작이 추가된 것을 확인한다. 다음처럼 추가된 동작에 작성하여도 되고 새파일을 열어서 새 프로젝트를 진행해도 된다.

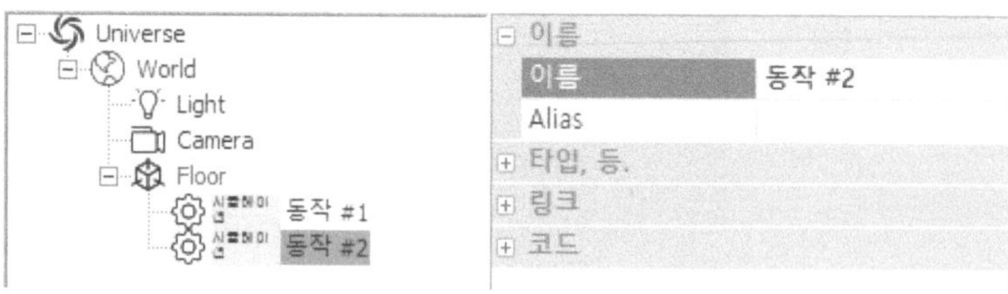

■ 전기 공압 회로도 구성

복동실린더와 4/2 양솔레노이드 밸브 제어 회로를 구성하고, 푸시 버튼 스위치 PB1을 누르면 R1 릴레이는 여자되어 자기유지되고, R1 접점에 의해 솔레노이드 Y1은 여자되어 복동실린더는 전진을 하게 된다. 피스톤이 전진된 후 LS2 접점 센서 스위치가 ON 되어 전진 위치를 확인시켜 준다. LS2 접점에 의해 R2 릴레이는 여자되고, R1 릴레이는 소자가 될 것이다. 또한 R2 접점에 의해 솔레노이드 Y2는 여자된다. 그러면 실린더는 Y2 솔레노이드에 의해 후진을 하게 된다.

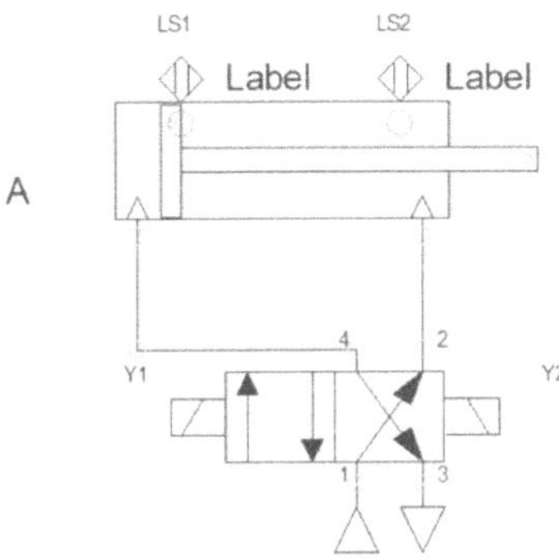

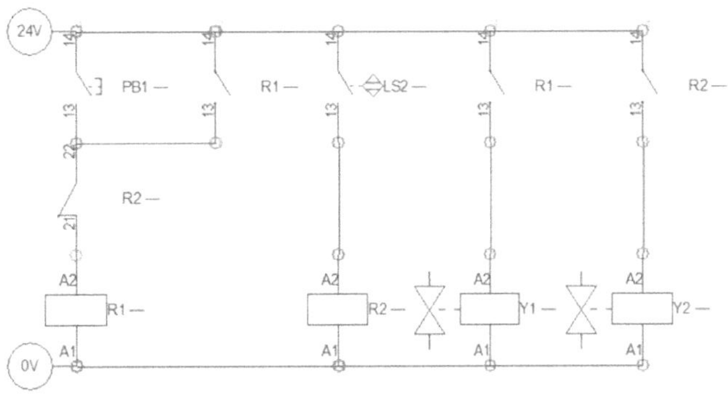

기존 작성한 회로를 수정하기 위해 방향 제어 밸브를 더블클릭하여 속성에서 Symbol A #2에는 [Y2] 라고 작성하고, 동작 기구부는 솔레노이드 기호를 선택하도록 한다.

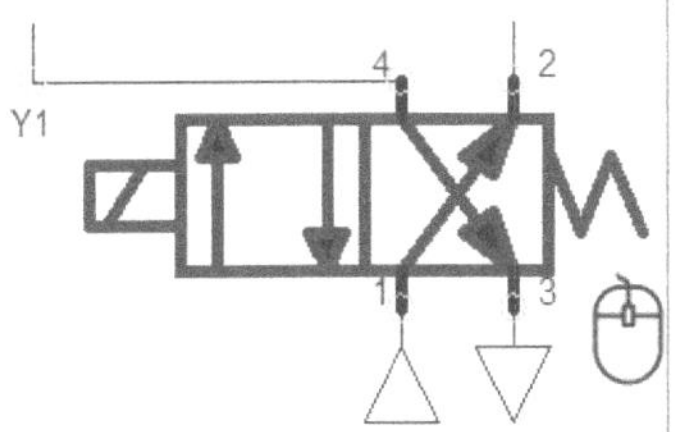

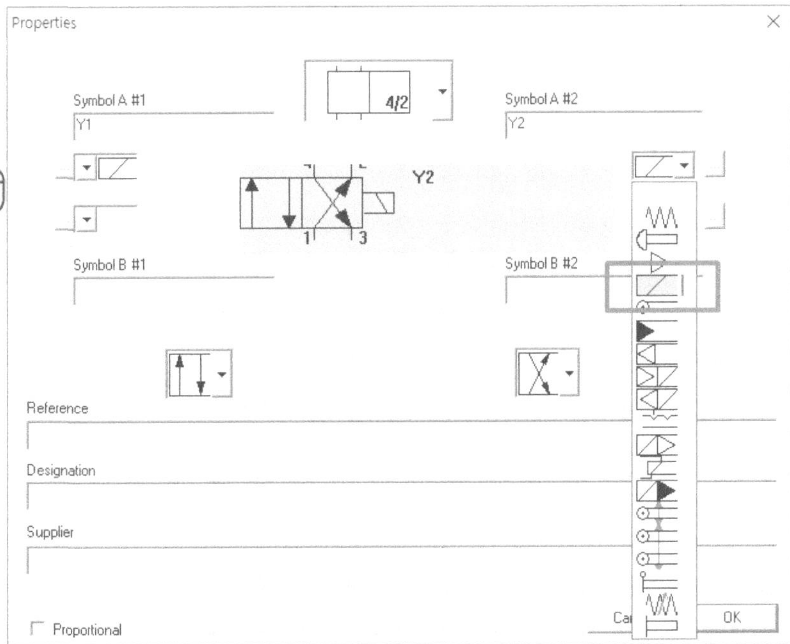

센서의 변수명을 지정하기 위해, 후진단 센서를 더블클릭하여 Symbol 란에 [LS1] 이라고 작성하고, 또한 전진단 센서를 더블클릭하여 Symbol 란에 [LS2] 라고 작성하라.

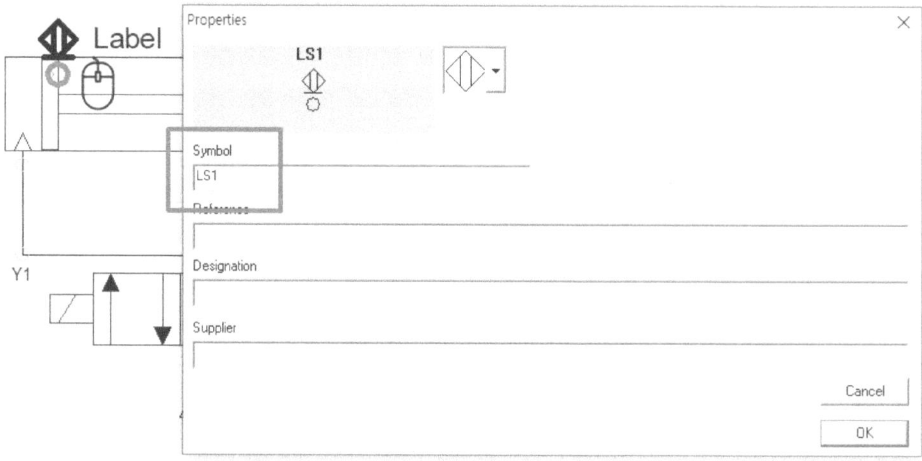

동작 실린더명을 주기 위해, 실린더 오른쪽에 있는 Label을 선택한 후 Text 란에 [A] 라고 입력한다.

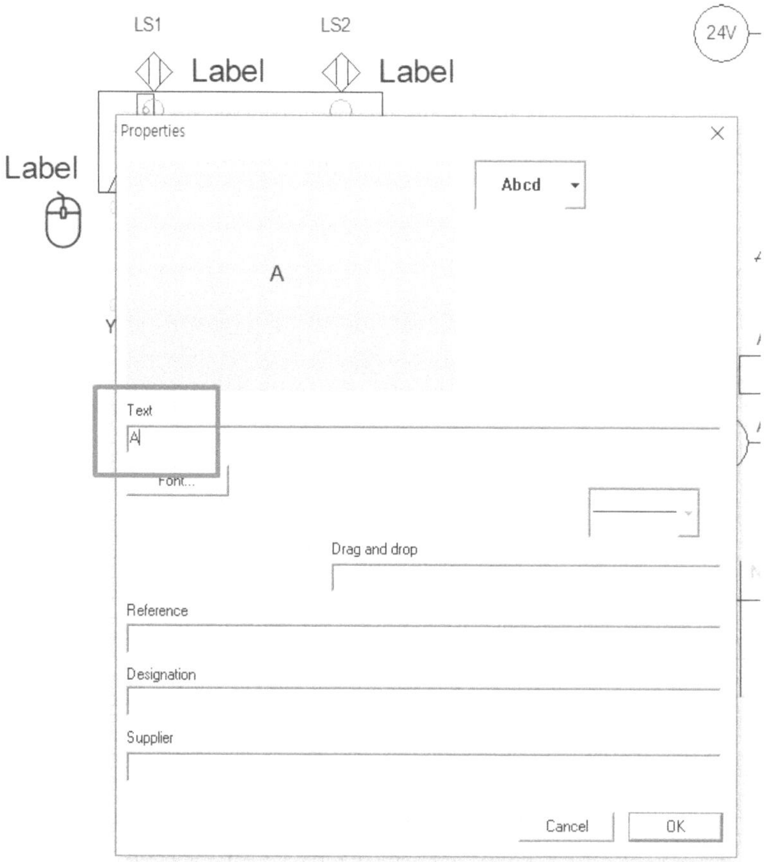

센서와 전기회로의 센서 접점과 서로 연결 동작시키기 위해 똑같은 변수명을 작성해야 한다. R1 접점을 복사하여 붙여넣기 한 후 접점을 더블클릭하여 속성창에서 Symbol 란에는 [LS2] 라고 입력하고, 접점 기호는 아래와 같은 센서 접점 기호를 선택한다.

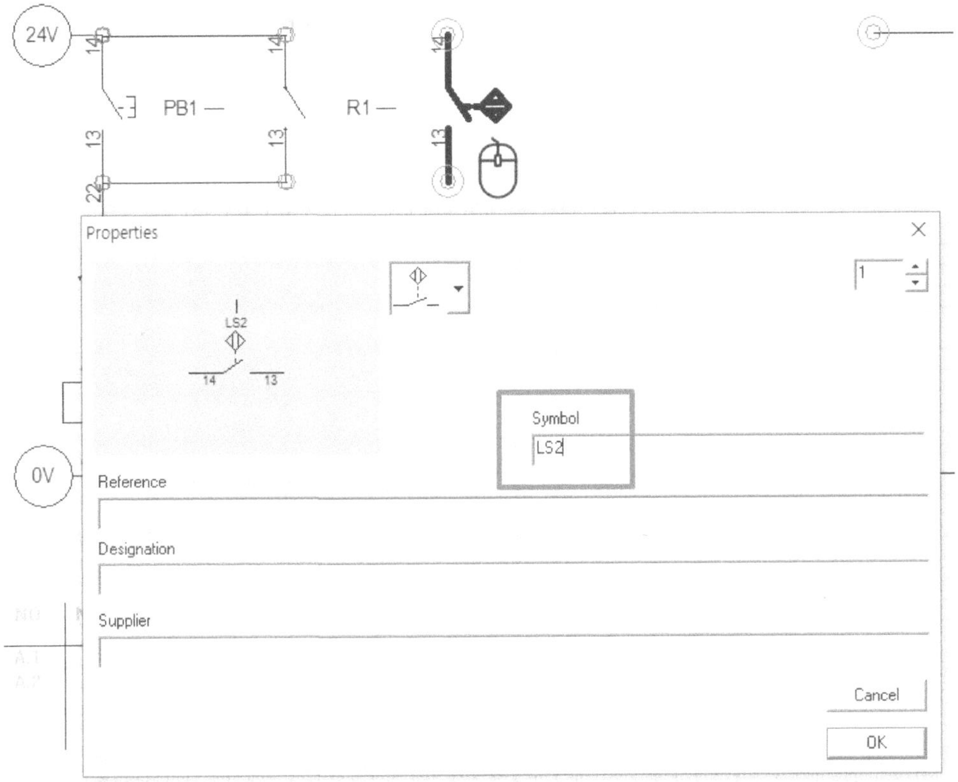

■ 전기 공압 회로도 구성

앞 회로는 릴레이 R2를 이용하여 복동실린더 전후진을 시켰는데, 이번에는 LS1 센서 접점을 이용하여 아래와 같은 회로도를 구성하도록 하자.

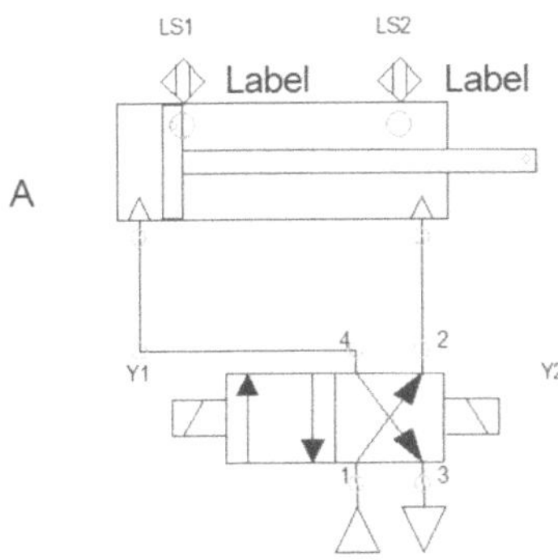

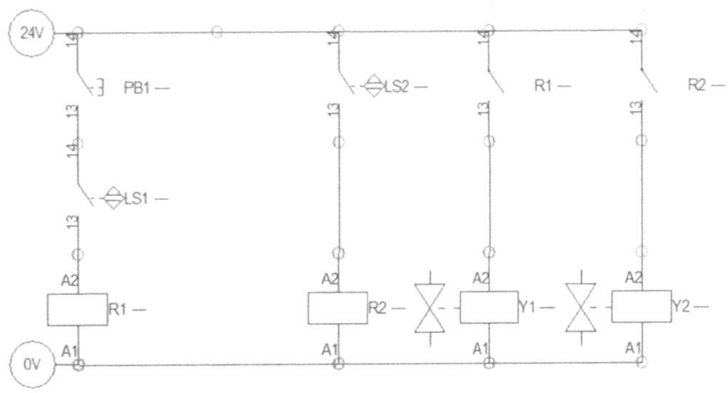

4-3 생산자동화 시스템

생산자동화 시스템 구성도와 공압 실린더 회로도를 보여준다.

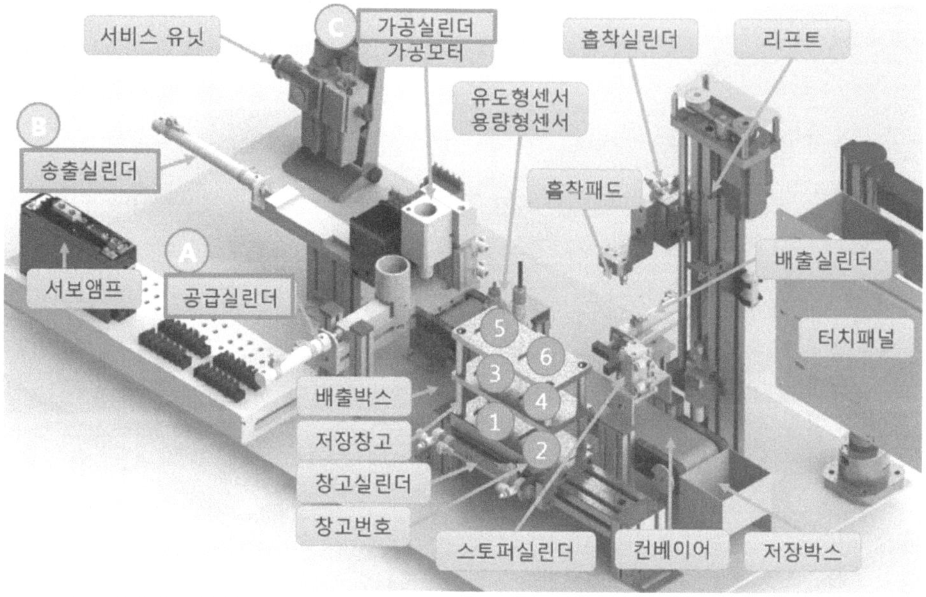

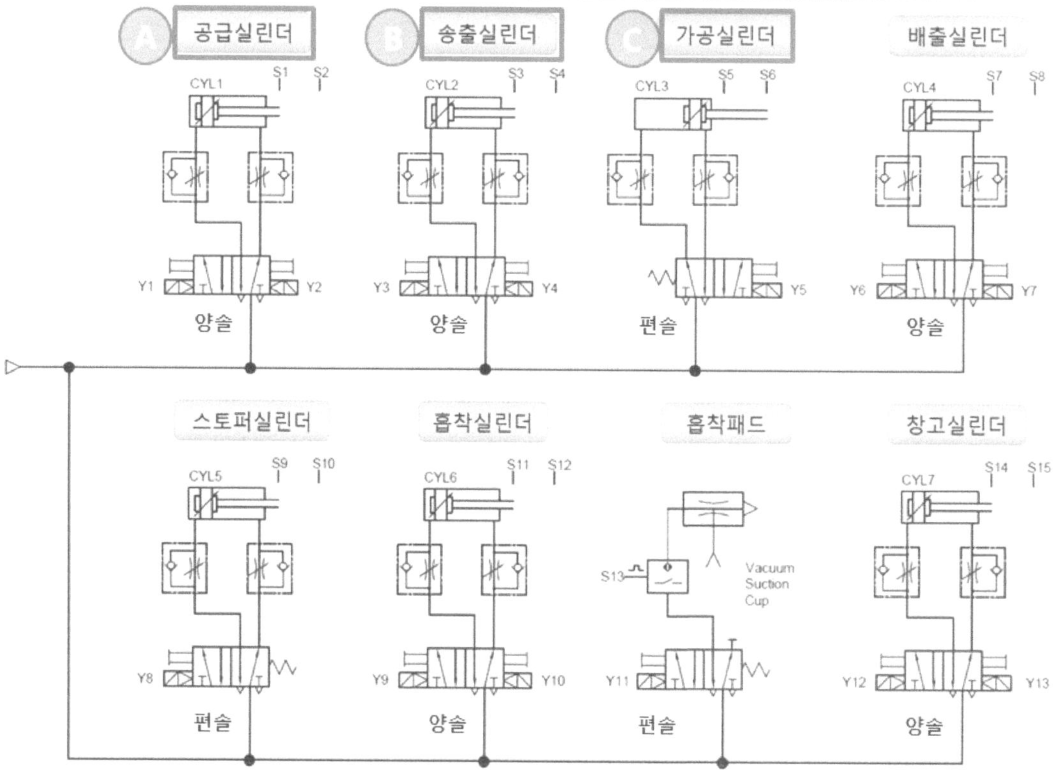

다음은 생산자동화 시스템의 여러 공정 순서도 중 하나의 예를 보여준다. 공정 순서도에서 공급실린더(양솔), 가공실린더(편솔), 송출실린더(양솔) 3부분에 대한 기본적인 제어 설계를 기준으로 공압 시스템에 적용하여 보도록 하자.

A : 공급실린더, B : 송출실린더, C : 가공실린더, + : 전진, - 후진

동작 순서 : A + C - C + A - B + B -

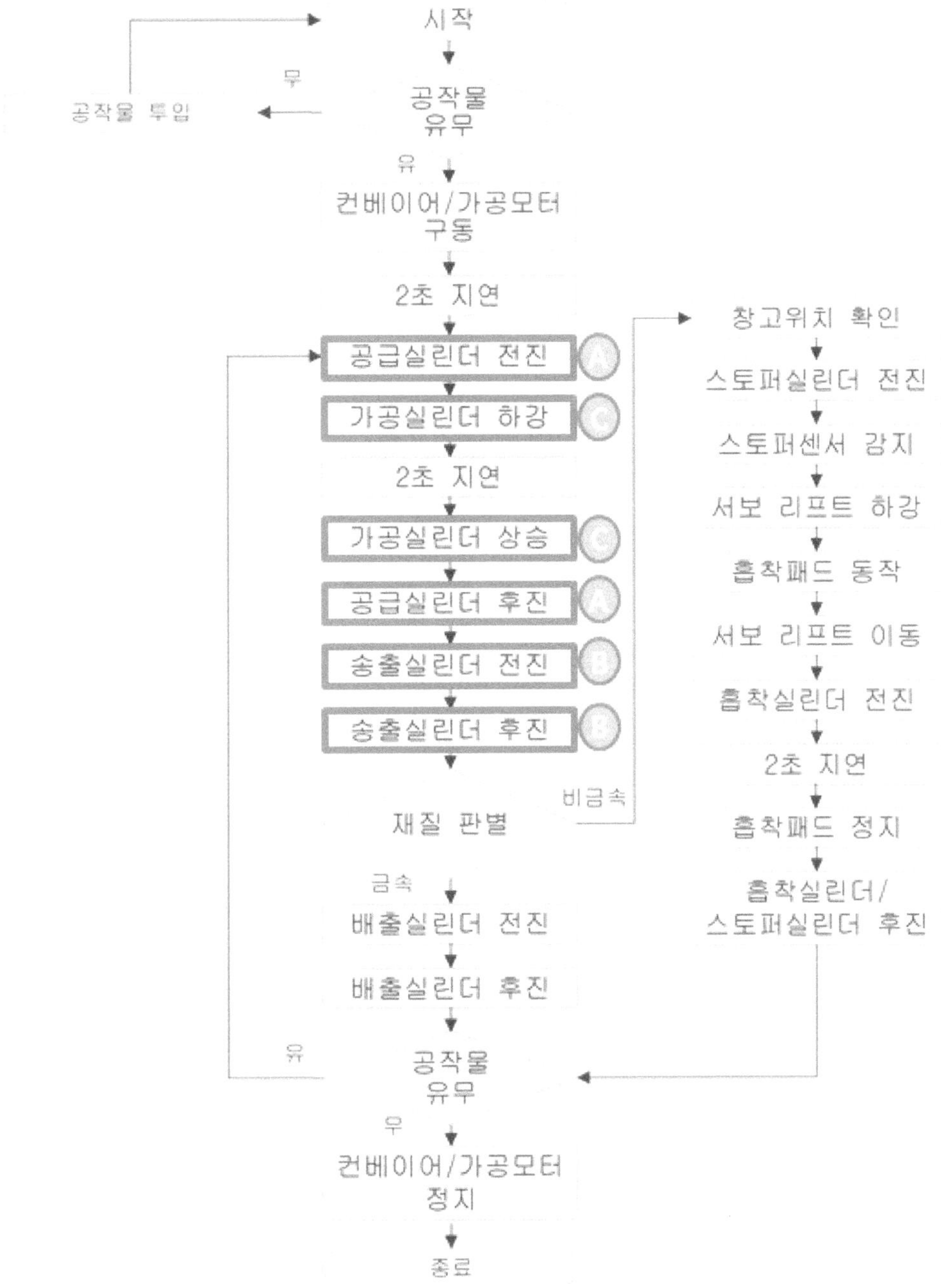

생산자동화 시스템 구성도를 살펴보면 공급실린더, 가공실린더, 송출실린더 3부분에 대한 기본적인 제어를 스테프 방식을 적용하여 프로그램을 작성할 수 있다면 기본적인 공압을 이용한 시스템 제어는 가능하다고 볼 수가 있을 것이다. 이에 전기 공압 제어에서 주로 사용하고 있는 스테프 방식에 대하여 2개의 실린더를 사용해 알아보도록 하자.

스테프 설계 기법이란 각각의 제어 단계를 하나의 제어그룹으로 나누어 설계하는 방법이다.

4-3-1. 편 솔레노이드 밸브 사용 시 회로 구성 방법

$$K_{start} = [(start\text{신호} \cdot Check\ back\text{신호}) + K_n] \cdot \overline{K_n - 1}$$

$$K_n = (Check\ back\text{신호} + K_n) \cdot K_n - 1$$

$$K_{end} = Check\ back\text{신호} \cdot K_n - 1$$

■ 공식 설명

- Kstart : 전기 시퀀스 회로를 시작하는 제어부 첫번째 릴레이 코일
- Kend : 전기 시퀀스 회로가 끝나는 제어부 마지막 릴레이 코일
- Kn : 첫번째와 마지막 릴레이 코일을 제외한 나머지 제어부 릴레이 코일
- · : 전기 배선을 할 때 전기기기를 직렬(AND 논리)로 연결한다.
- \+ : 전기 배선을 할 때 전기기기를 병렬(OR 논리)로 연결한다.
- K : 릴레이 코일
- Start 신호 : 작업 시작 신호(대부분 푸시버튼 스위치 신호)
- Check back 신호 : 바로 앞 단계의 작업이 완료되었다는 신호

공식을 쉽게 적용하기 위해 래더 방식으로 표기하여 나타내었다.

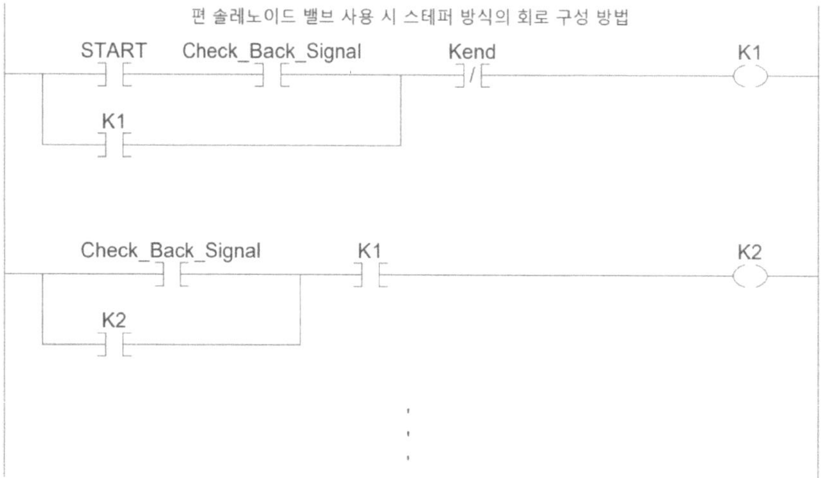

■ 실린더 순차 동작 : A + A – B + B –

◧ + 는 전진 의미, - 는 후진 의미

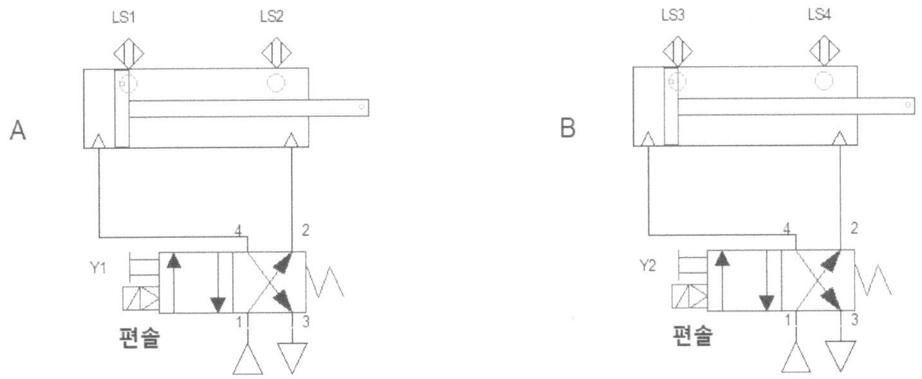

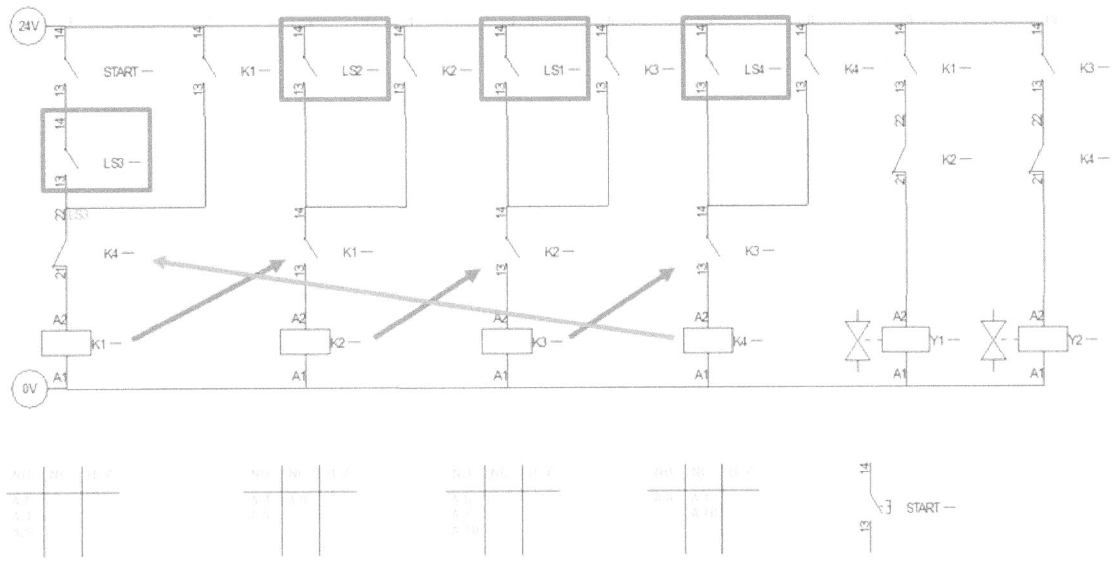

◧ 공압 변위 단계 선도

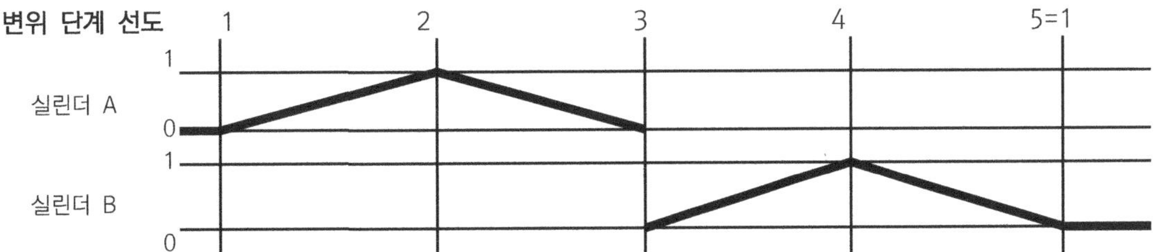

릴레이 동작	K1	K2	K3	K4
솔레노이드밸브 동작	Y1 ON	Y1 OFF	Y2 ON	Y2 OFF
리밋스위치 동작	LS2	LS1	LS4	LS3
	↑ 반복 시작			

마지막 LS3가 ON이 될 때 재시작해야 하므로 전기회로도 첫 번째 줄의 CBS는 LS3가 되어야 한다.

■ 실린더 순차 동작 : A + B + A – B –

회로 구성 방법을 생각하면서 실린더 순차 동작에 맞도록 회로를 구성하고, 공압 변위 단계 선도를 작성해 보자.

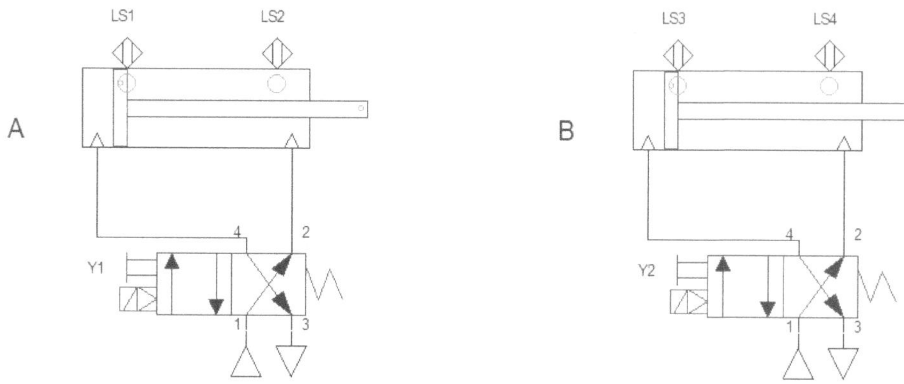

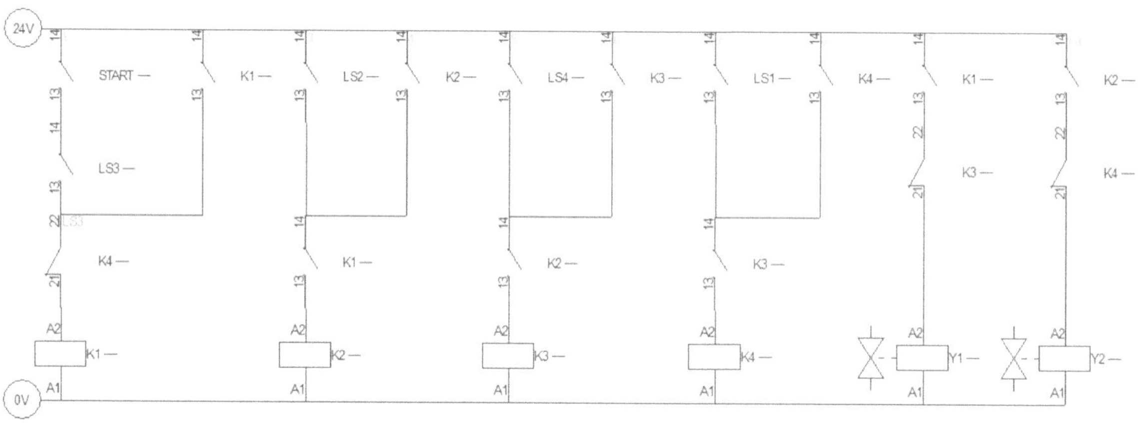

◧ 공압 변위 단계 선도

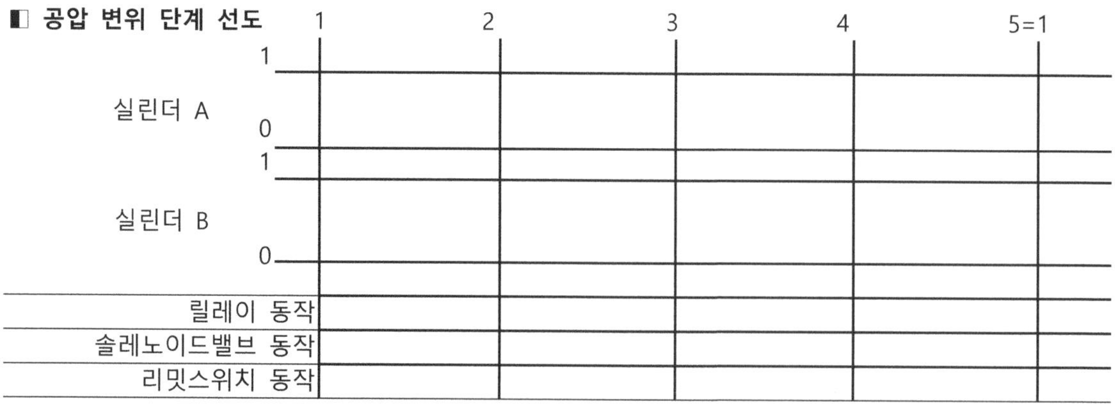

■ 실린더 순차 동작 : A + B + B – A –

회로 구성 방법을 생각하면서 실린더 순차 동작에 맞도록 회로를 구성하고, 공압 변위 단계 선도를 작성해 보자.

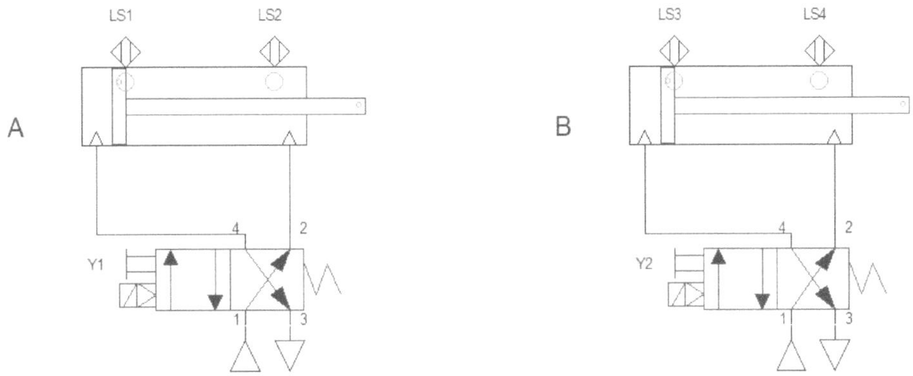

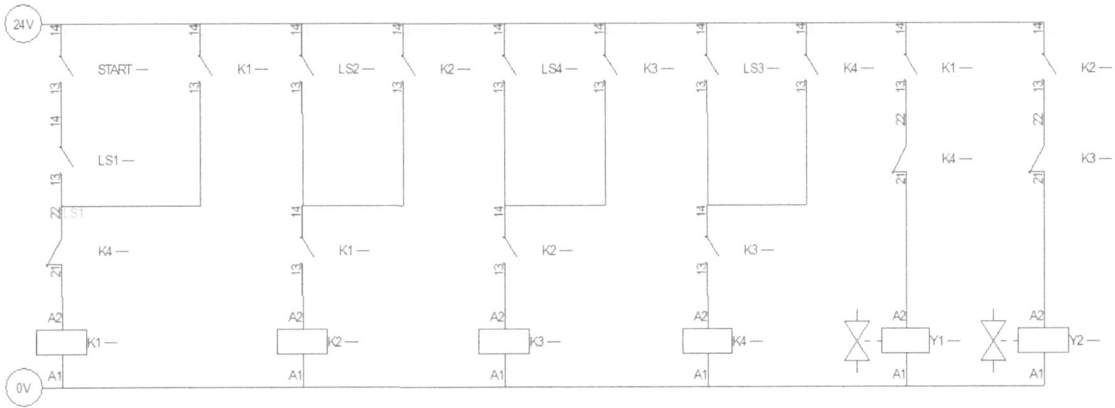

◧ 공압 변위 단계 선도

		1	2	3	4	5=1
실린더 A	1					
	0					
실린더 B	1					
	0					
릴레이 동작						
솔레노이드밸브 동작						
리밋스위치 동작						

■ 도면 작성용 동작 회로도

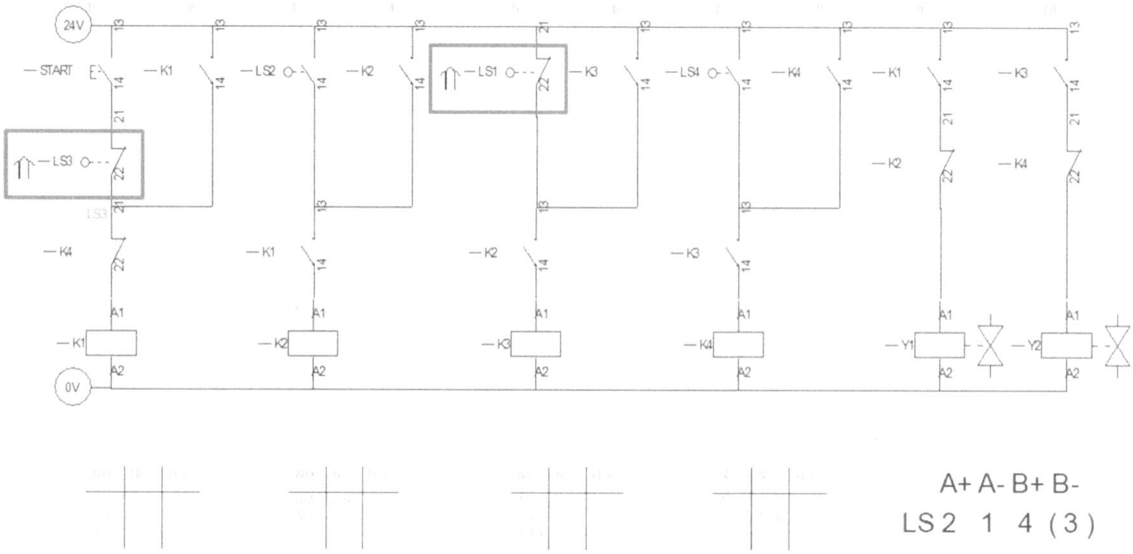

■ 시뮬레이션시 동작 회로도

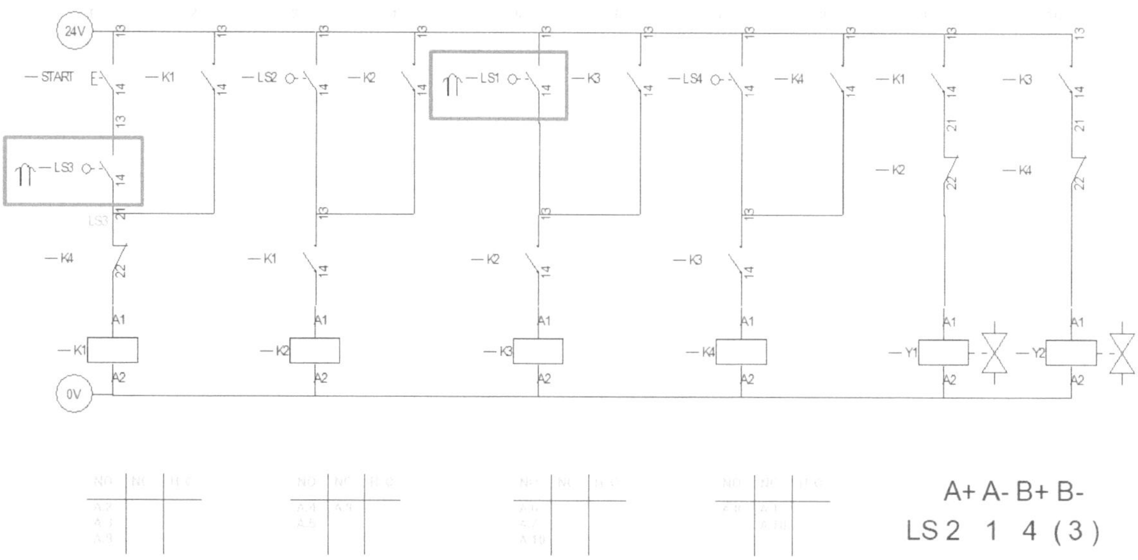

주의사항은 실제 도면 작성과 시뮬레이션 동작 작성시 차이점은 위 회로에서 볼 수 있듯이 LS3, LS1 리밋 스위치의 동작에 대한 회로가 다르다는 것이다. 실제 도면에서는 리밋 스위치가 NC 접점으로 옆에 화살표 표시가 되어 있다. 이것은 LS3 리밋 스위치는 B실린더의 후진 위치 센서이므로 “동작중”이라는 의미를 가지고 있다. 실제 연결은 NO 접점으로 연결해야 정상적인 동작을 할 수가 있다는 것이다.

■ 시뮬레이션 동작 확인

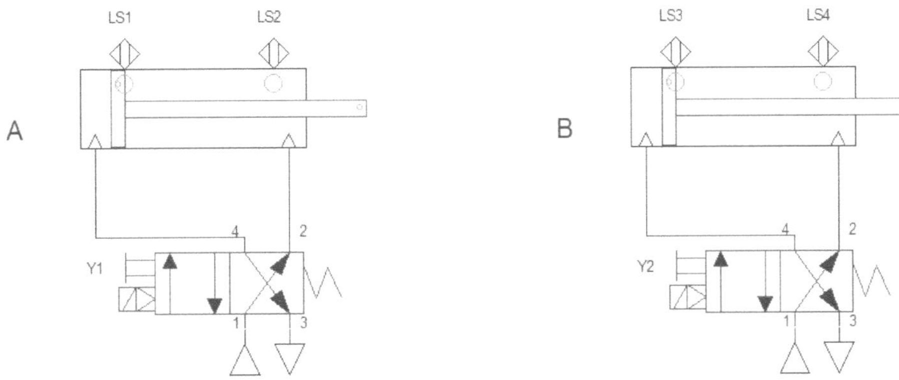

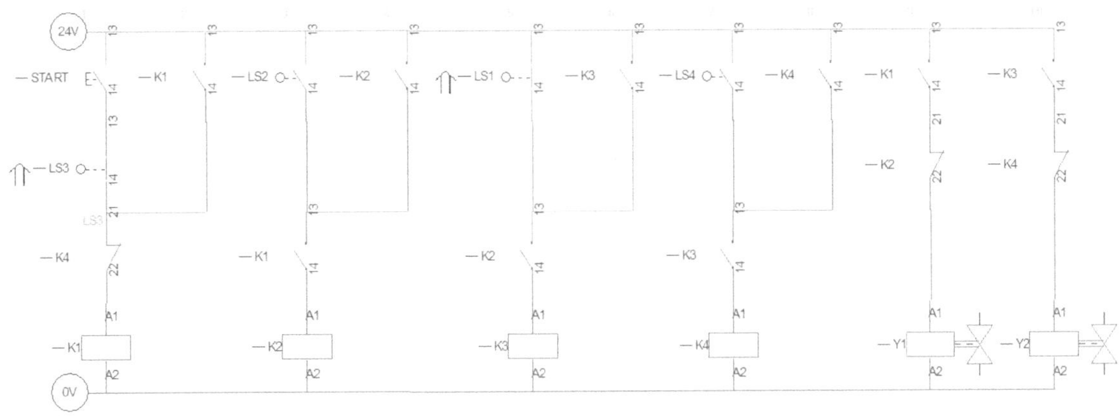

A+ A- B+ B-
LS 2 1 4 (3)

■ 실린더 순차 동작 : A + B + A – B –

회로 구성 방법을 생각하면서 실린더 순차 동작에 맞도록 회로를 구성해 보자.

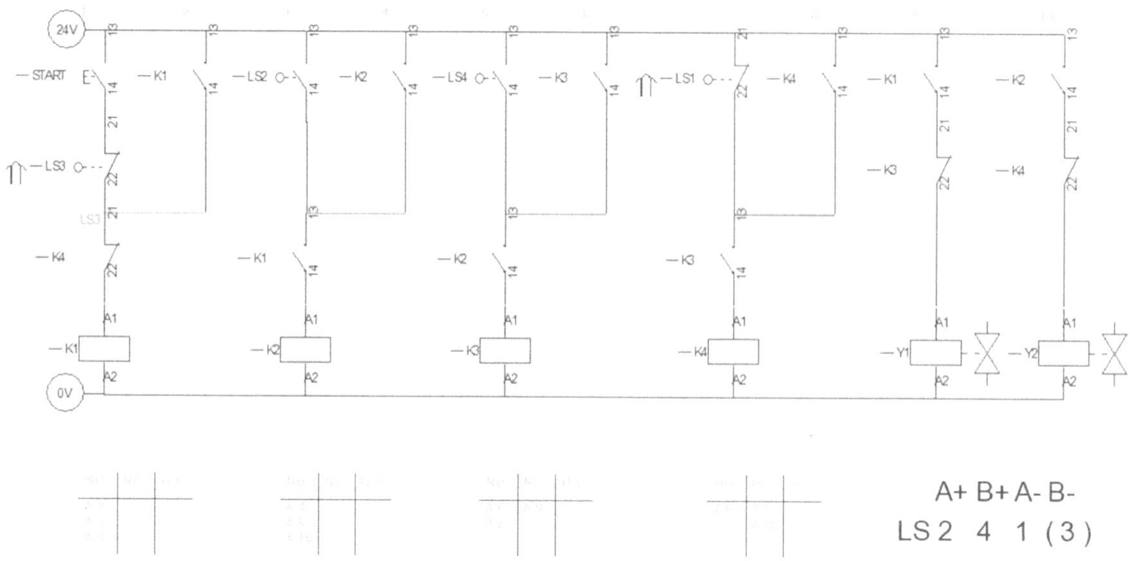

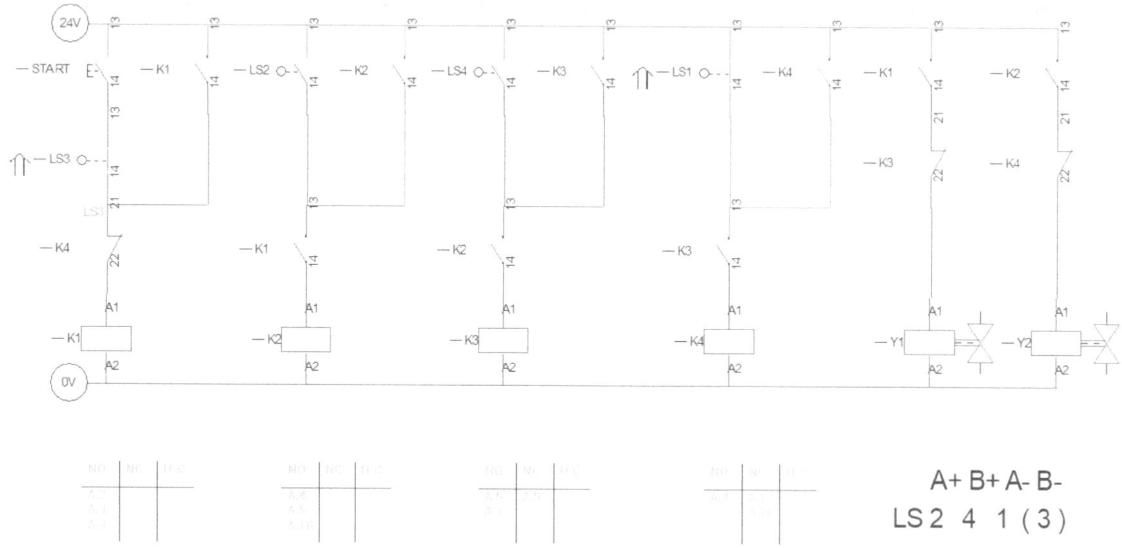

■ 실린더 순차 동작 : A + B + B – A –

회로 구성 방법을 생각하면서 실린더 순차 동작에 맞도록 회로를 구성해 보자.

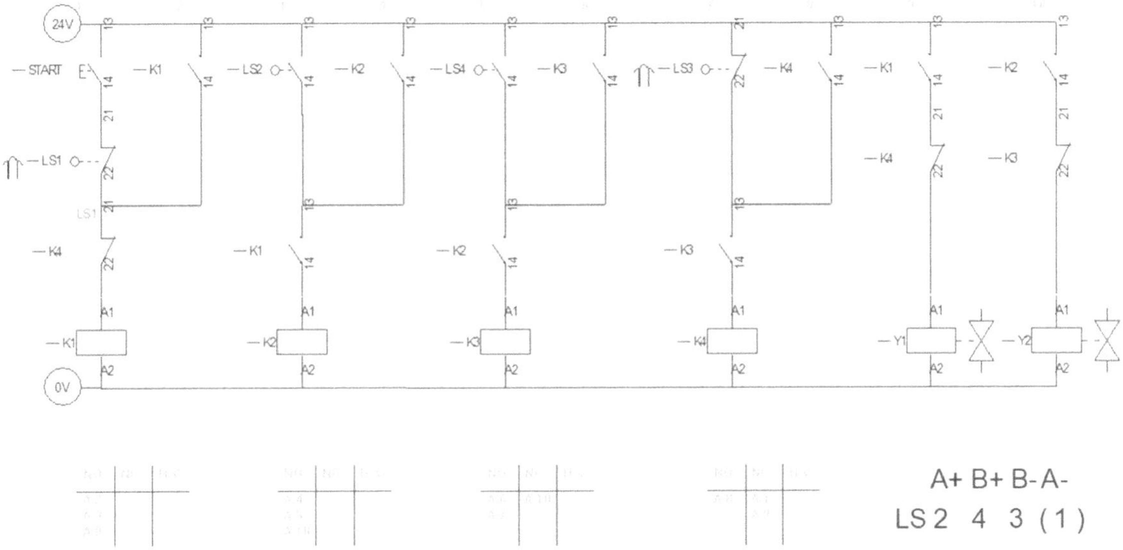

A+ B+ B- A-
LS 2 4 3 (1)

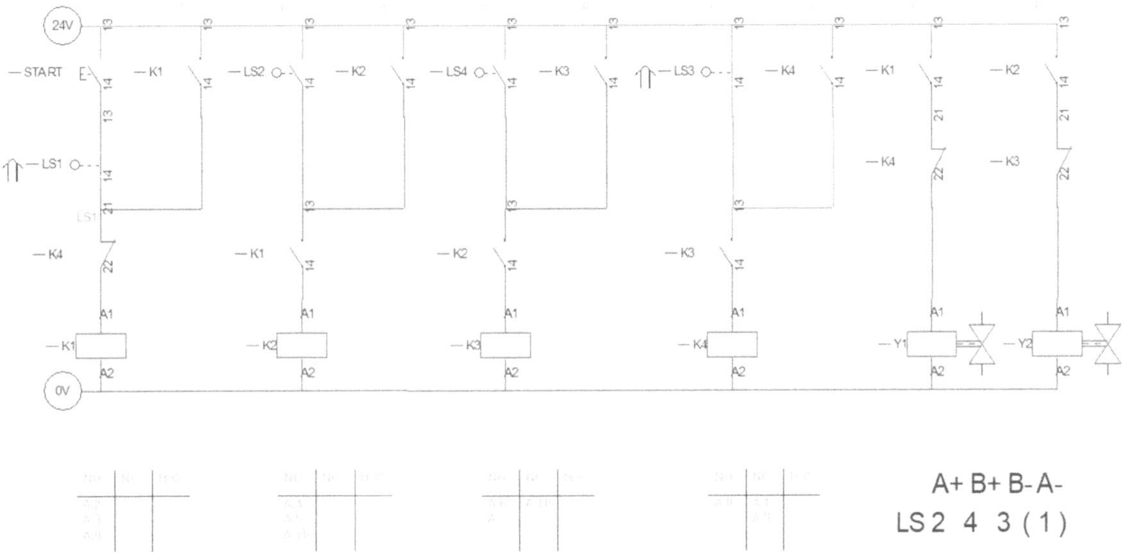

A+ B+ B- A-
LS 2 4 3 (1)

4-3-2. 양 솔레노이드 밸브 사용 시 회로 구성 방법

$$K_{start} = [\,(start\text{신호} \cdot Check\ back\text{신호} \cdot K_n - 1) + K_n\,] \cdot \overline{K_n + 1}$$

$$K_n = [\,(Check\ back\text{신호} \cdot K_n - 1) + K_n\,] \cdot \overline{K_n + 1}$$

$$K_{end} = [\,(\,(Check\ back\text{신호} \cdot K_n - 1) + K_n\,) + Reset\text{신호}\,] \cdot \overline{K_n + 1}$$

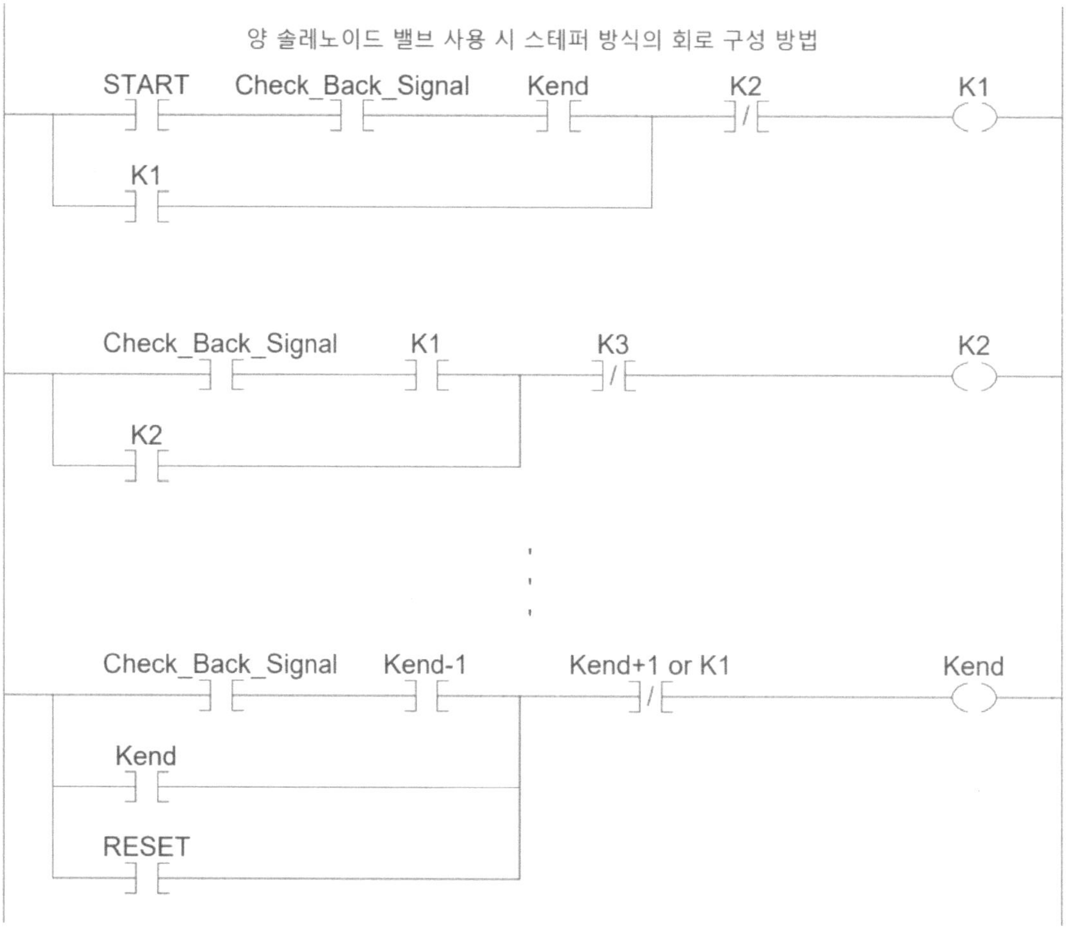

■ 실린더 순차 동작 : A + A – B + B –

회로 구성 방법을 생각하면서 실린더 순차 동작에 맞도록 회로를 구성하고, 공압 변위 단계 선도를 작성해 보자.

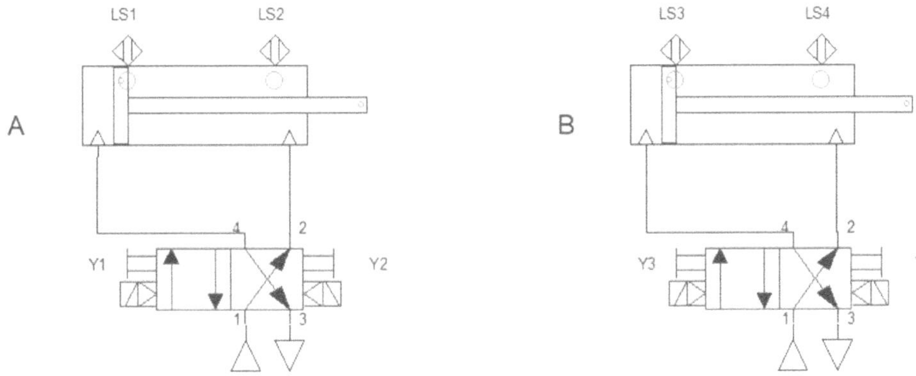

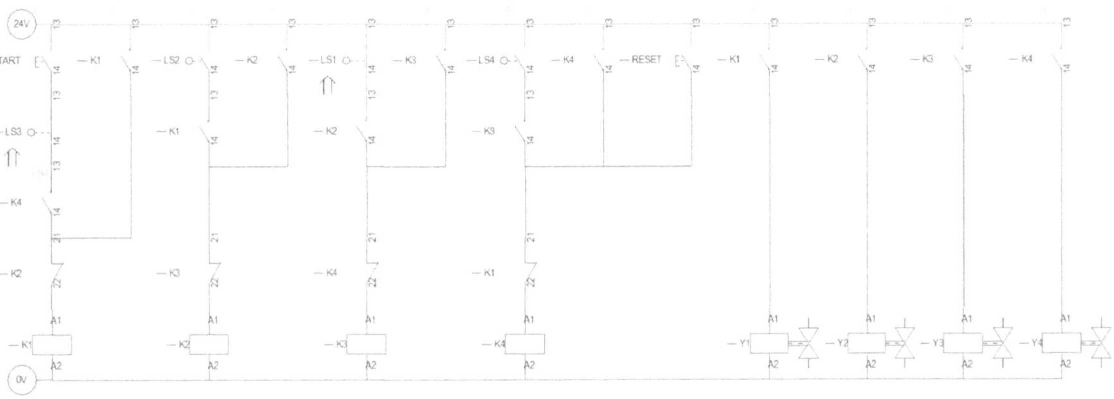

A+ A- B+ B-
LS 2 1 4 (3)

◧ **공압 변위 단계 선도**

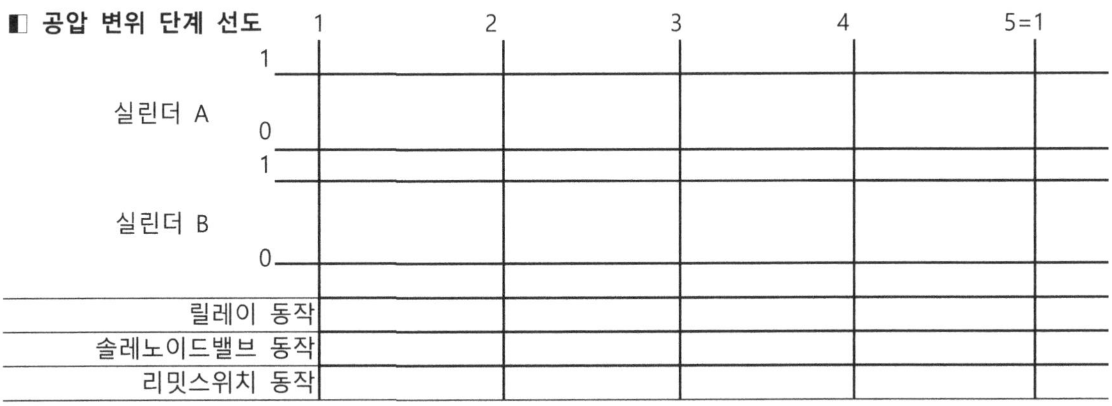

◧ 실린더 순차 동작 : A + B + A – B – , A + B + B – A – 동작에 대해서도 작성해 보자.

4-3-3. 편/양 솔레노이드 밸브 사용 시 회로 구성 방법

$$K_{start} = [\,(start\text{신호} \cdot Check\ back\text{ 신호}) + K_n\,] \cdot \overline{K_n - 1}$$

$$K_n = (Check\ back\text{ 신호} + K_n) \cdot K_n - 1$$

$$K_{end} = (Check\ back\text{ 신호} \cdot K_n - 1) + (K_n \cdot \overline{\text{동작완료확인신호}})$$

※ 혼합 사용시 마지막 동작 밸브가 양쪽 솔레노이드 밸브인 경우에만 마지막 조건에 자기유지를 한다.

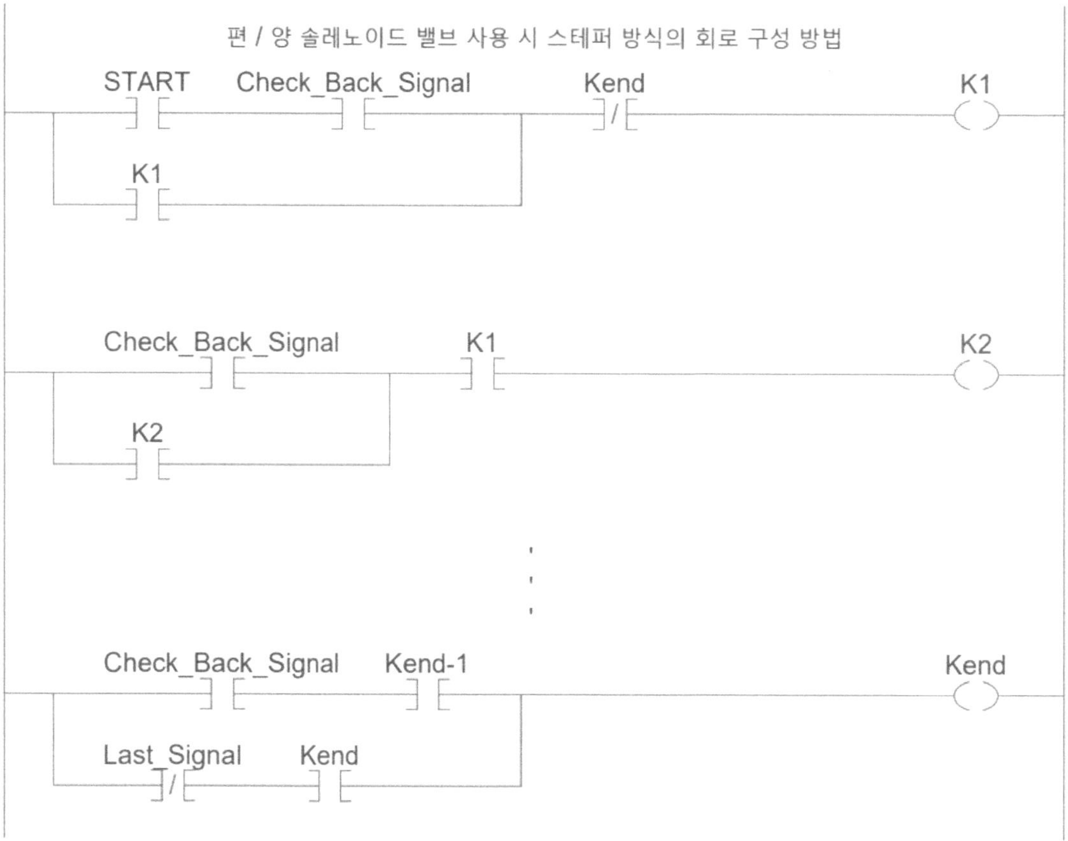

■ 실린더 순차 동작 : A + A – B + B –

회로 구성 방법을 생각하면서 실린더 순차 동작에 맞도록 회로를 구성하고, 공압 변위 단계 선도를 작성해 보자.

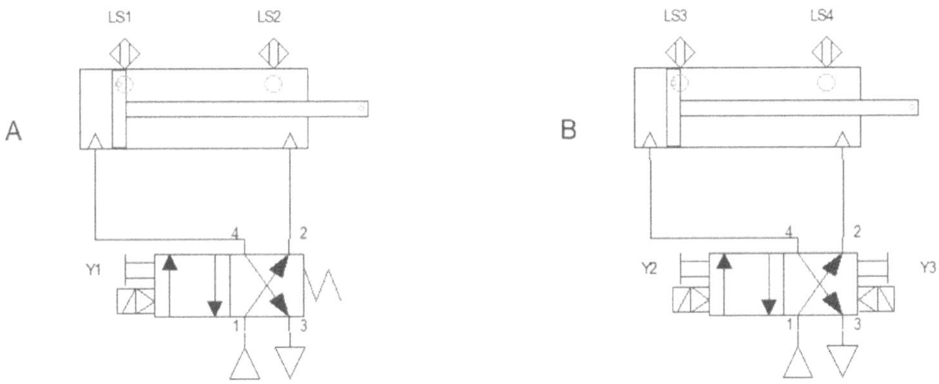

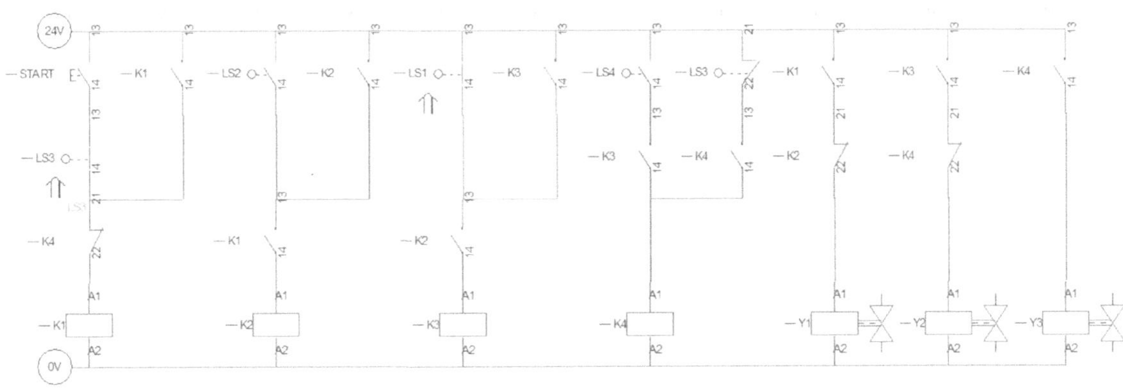

A+ A- B+ B-
LS 2 1 4 (3)

◧ 공압 변위 단계 선도

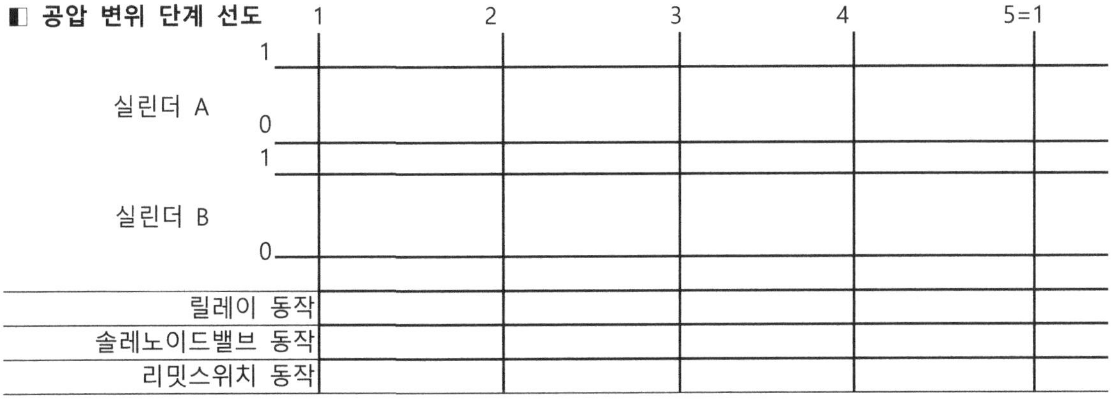

◧ 실린더 순차 동작 : A + B + A – B – , A + B + B – A – 동작에 대해서도 작성해 보자.

◧ 기계적 스위치

LS로 표기 되어 있는 리밋 스위치에 적용하기 위한 기계적 스위치이다.

경로 : [객체기호] - [전기] - [센서] - 기계적 스위치

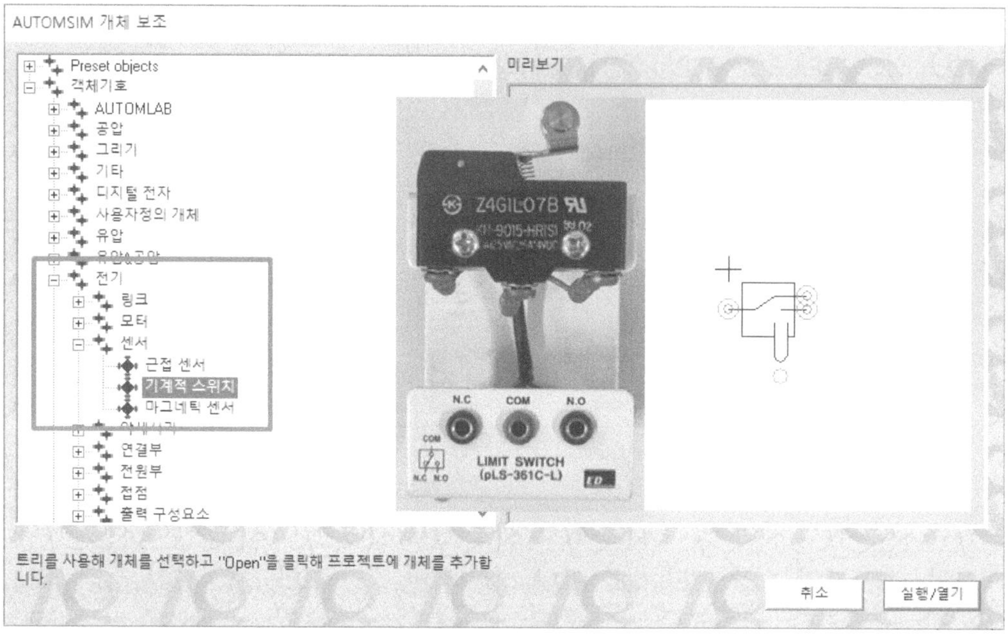

◧ 단방향 스로틀밸브 : 일방향 유량 조절 밸브

경로 : [객체기호] - [공압] - [유량제어] - 단방향 스로틀밸브

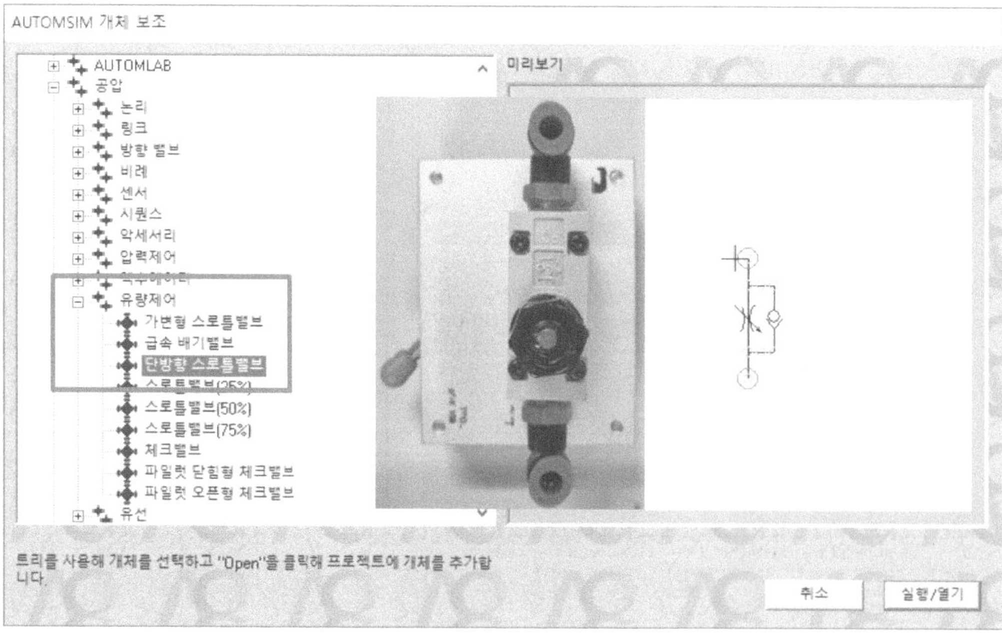

■ 유량제어 밸브의 사용 예

유량 속도의 조절은 공급되는 공기와 배기되는 공기의 양을 조정함으로써 실린더의 전진과 후진의 속도를 조절할 수 있는 방법이다.

미터-인 회로는 공급되는 공기를 조정하여 실린더의 속도를 조절하는 방법이다. 공급되는 공기는 스로틀 밸브에 의하여 조정되며, 이때 배기공기는 체크 밸브를 통하여 자유공기가 된다.

미터-아웃 회로는 실린더의 전진과 후진시의 배기공기를 조정하여 속도를 조절하는 방법이다. 실린더의 이동 도중에 부하가 증가되어도 속도에의 영향이 적다. 또한 배출 쪽의 압력이 필요 이상으로 저하되지 않아 안정된 압력이 얻어지고, 이에 따라 이동도중에 부하가 감소되어도 속도에의 영향이 적게 된다. 이와 같이 미터-아웃 회로는 부하의 변동이 있어도 비교적 안정된 속도가 얻어진다.

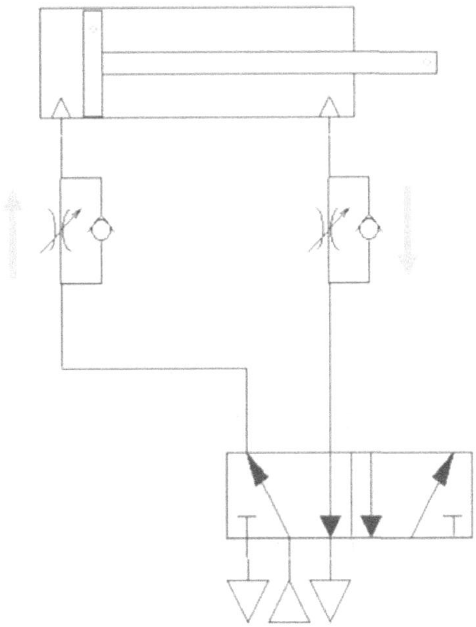

미터-인 회로

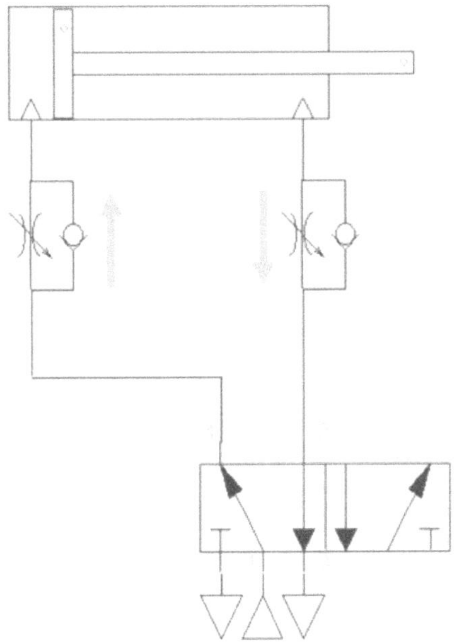

미터-아웃 회로

4-4 기계정비 공기압 회로 구성작업

기계정비 작업중 공기압회로 구성작업은 공기압회로 구성하기 전, 제어조건에 따른 변위단계선도를 작성할 수 있어야 한다. 변위단계선도를 작성할 수 있다는 것은 전기 공기압 회로에 대한 분석 및 파악을 할 수 있다는 것과 같다. 예제로 사용하는 공기압회로에 변위 단계 선도 및 릴레이, 솔레노이드밸브, 리밋스위치의 동작 위치를 작성하여 회로를 분석하도록 하자.

전기 회로도 연결선의 적색은 +, 청색은 -로 연결 구분하여 실제 결선하도록 하자. 공기압 작업압력(서비스 유닛)을 0.5 MPa(오차 ±50 kPa)로 설정하자.

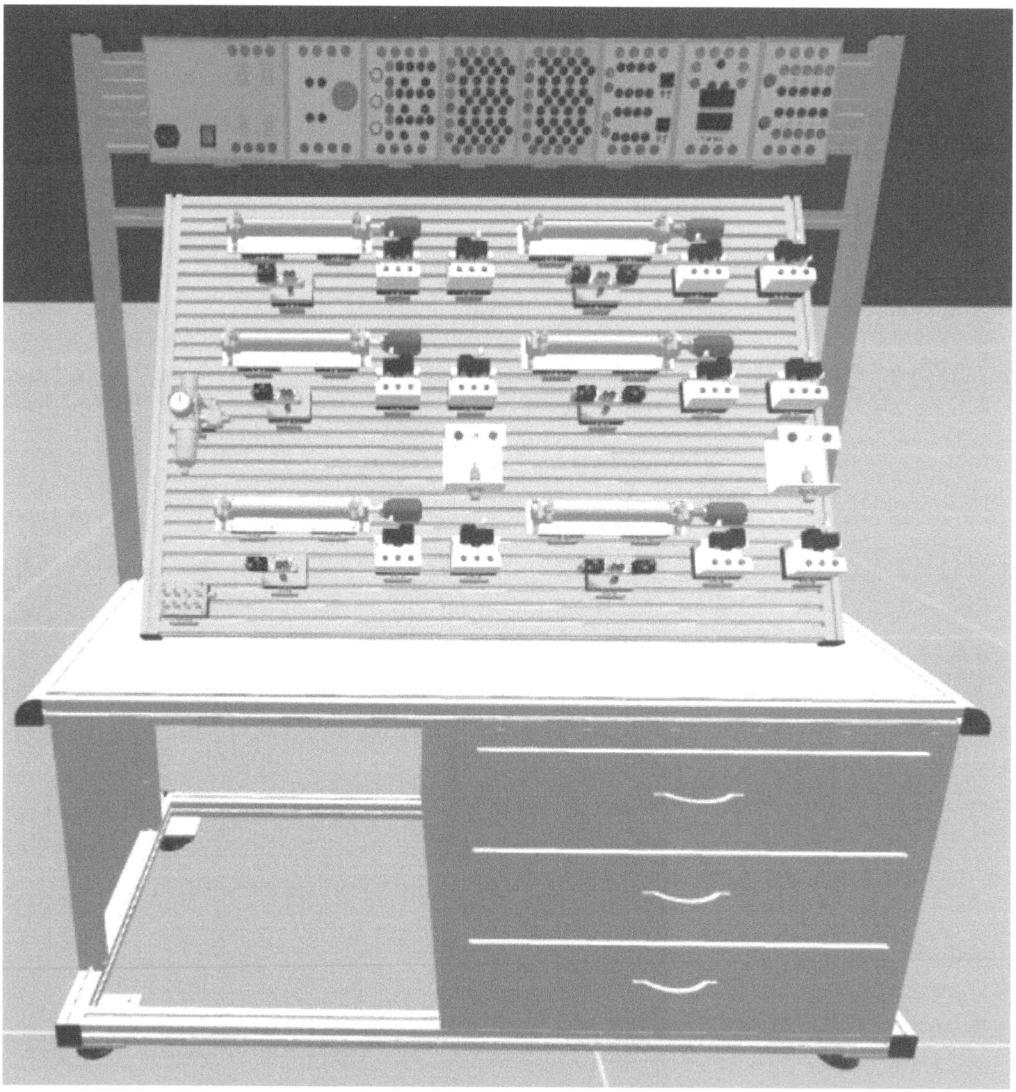

[그림 4-9] 공압실린더 실습 장치 시뮬레이터

■ 1번 기계정비 공기압회로 구성작업

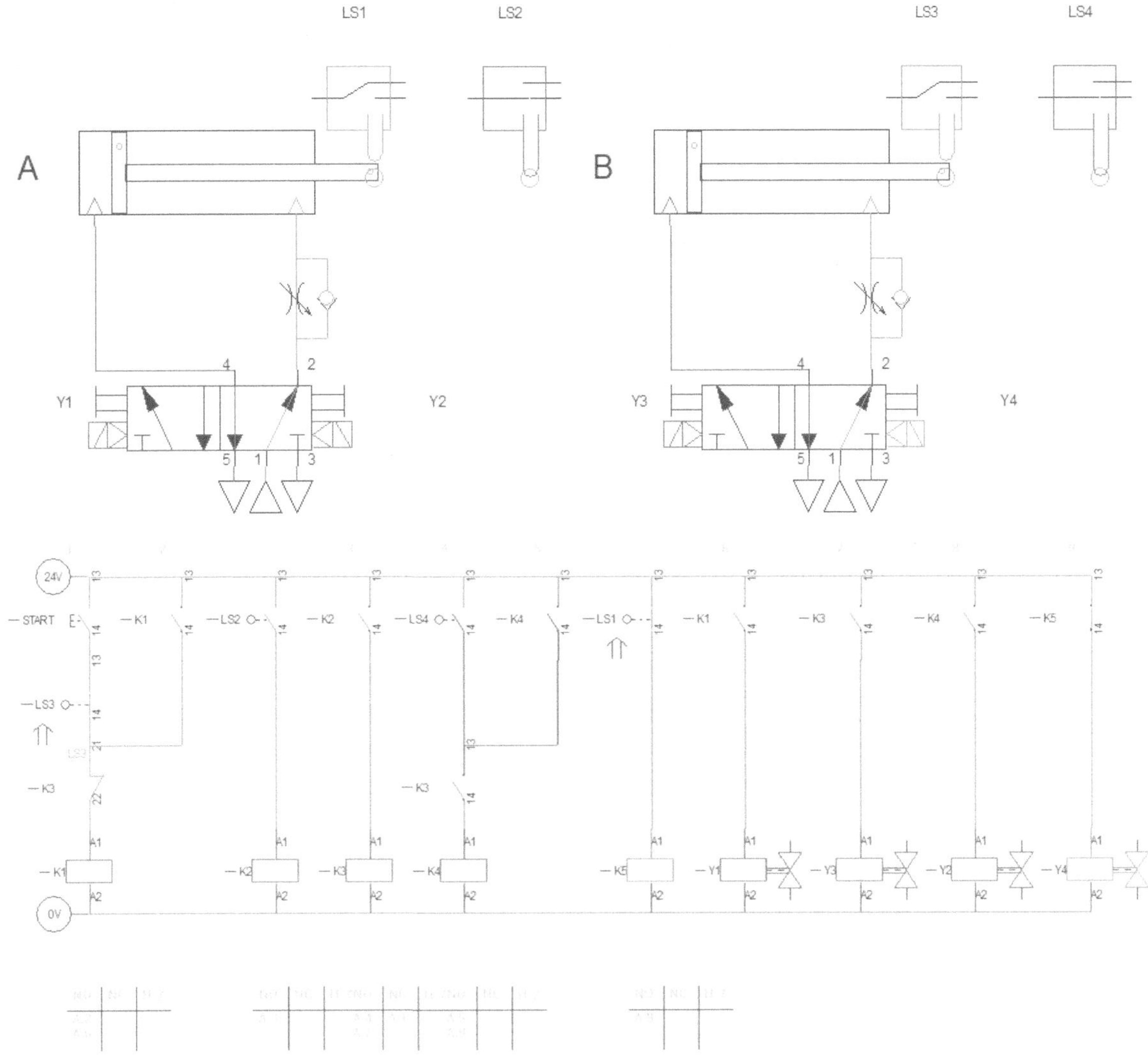

◧ 공압 변위 단계 선도

		1	2	3	4	5=1
실린더 A	1					
	0					
실린더 B	1					
	0					
릴레이 동작						
솔레노이드밸브 동작						
리밋스위치 동작						

■ 2번 기계정비 공기압회로 구성작업

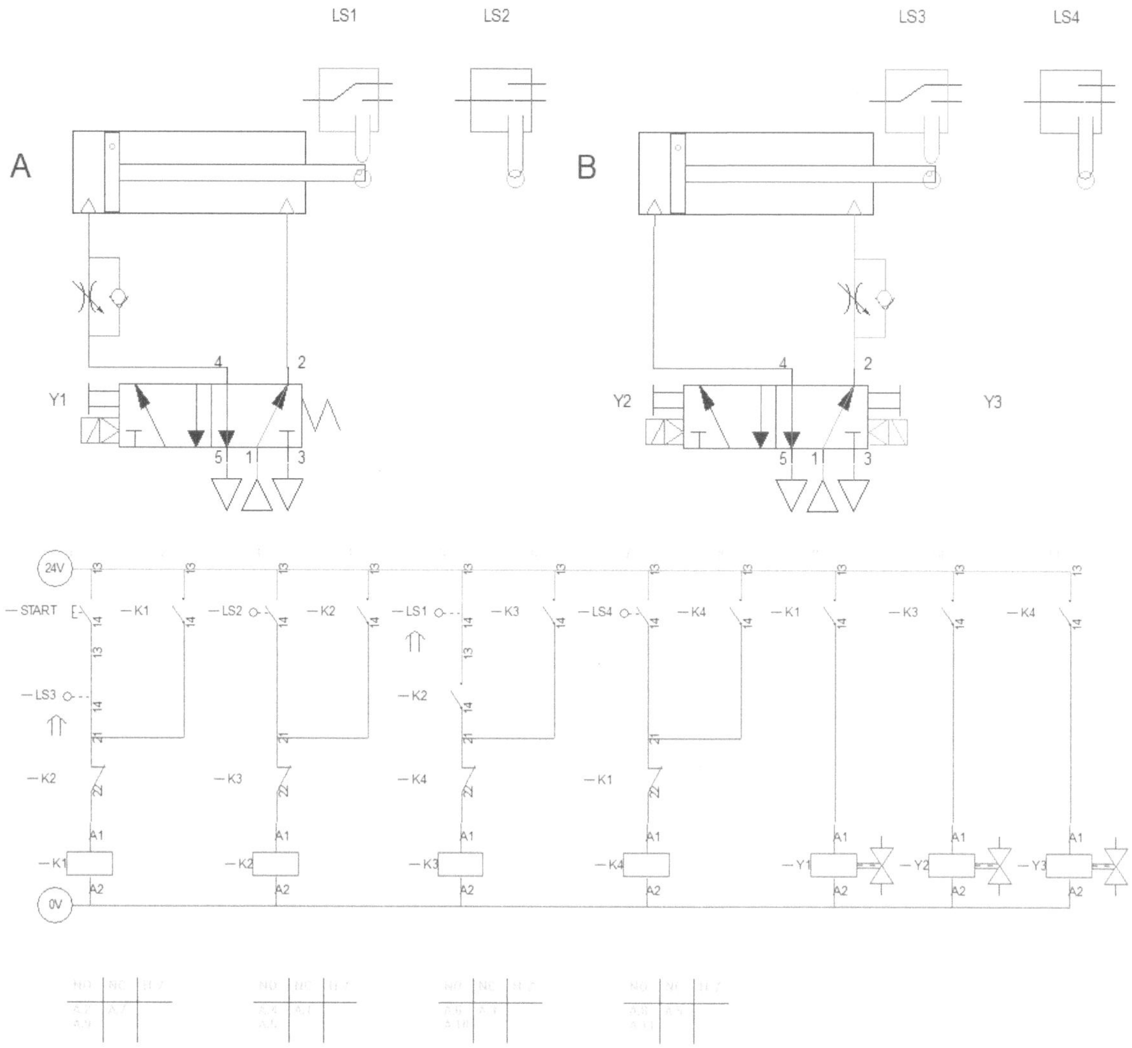

◧ 공압 변위 단계 선도

		1	2	3	4	5=1
실린더 A	1					
	0					
실린더 B	1					
	0					
릴레이 동작						
솔레노이드밸브 동작						
리밋스위치 동작						

■ 3번 기계정비 공기압회로 구성작업

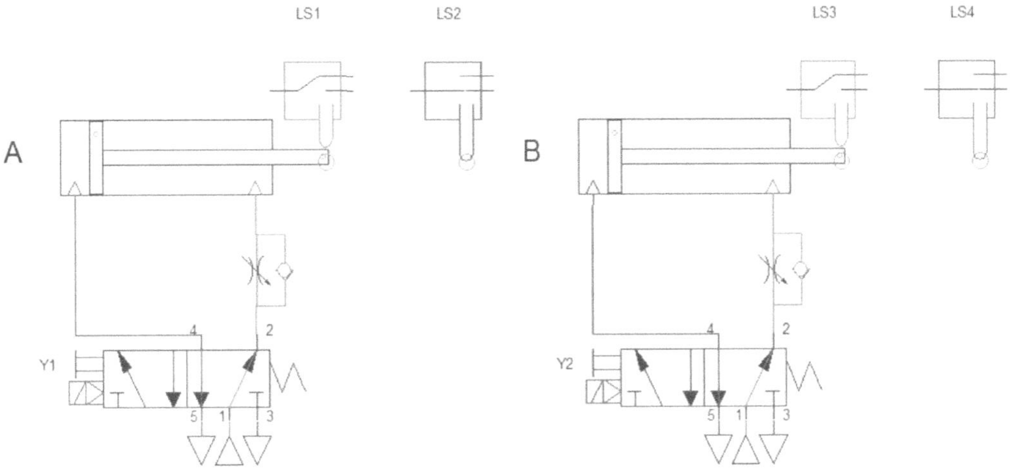

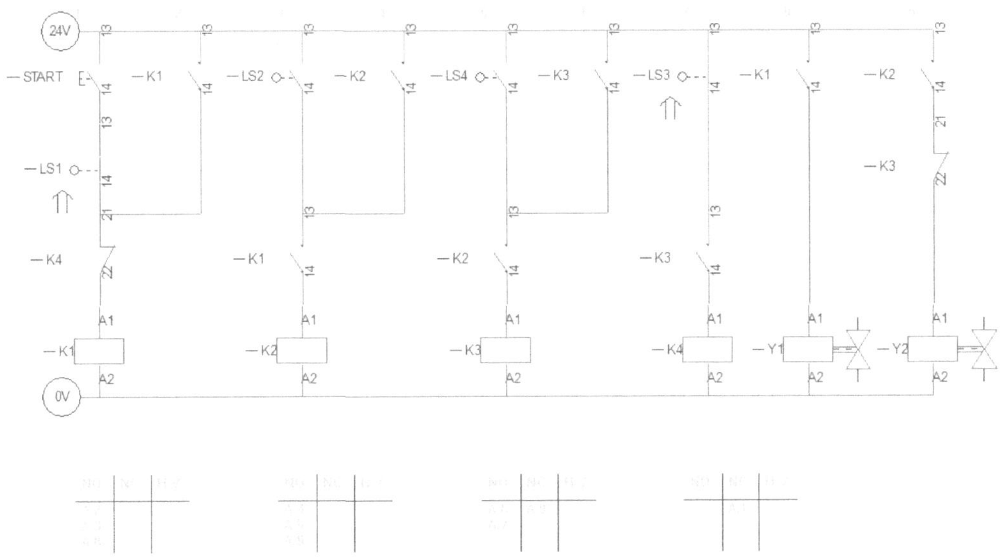

◧ 공압 변위 단계 선도

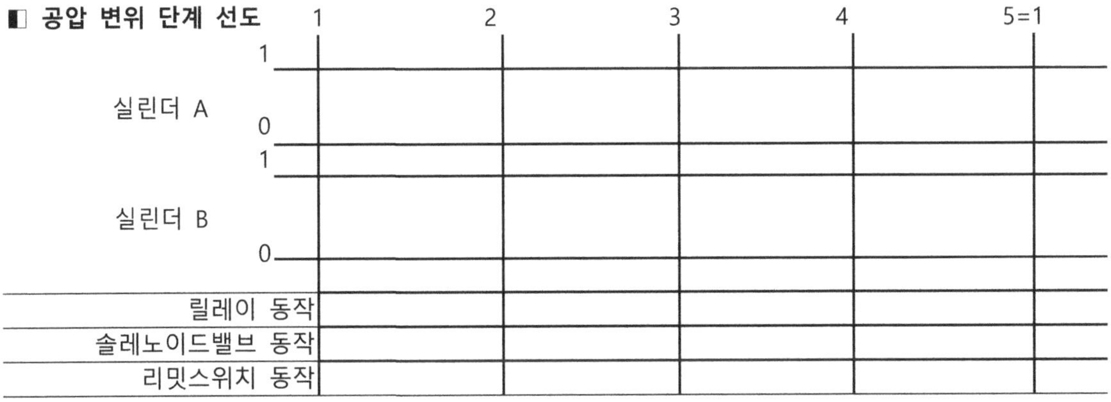

■ 4번 기계정비 공기압회로 구성작업

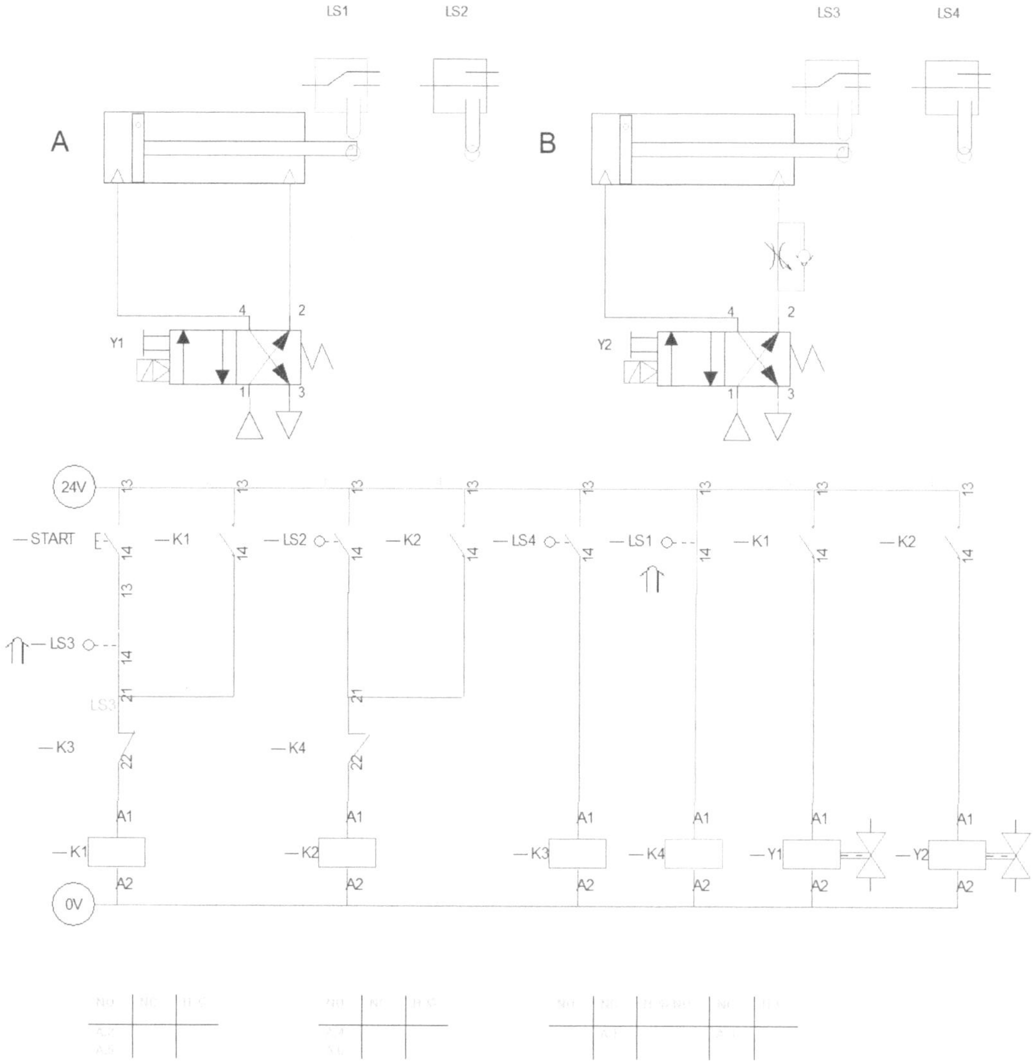

◧ 공압 변위 단계 선도

		1	2	3	4	5=1
실린더 A	1					
	0					
실린더 B	1					
	0					
릴레이 동작						
솔레노이드밸브 동작						
리밋스위치 동작						

■ 5번 기계정비 공기압회로 구성작업

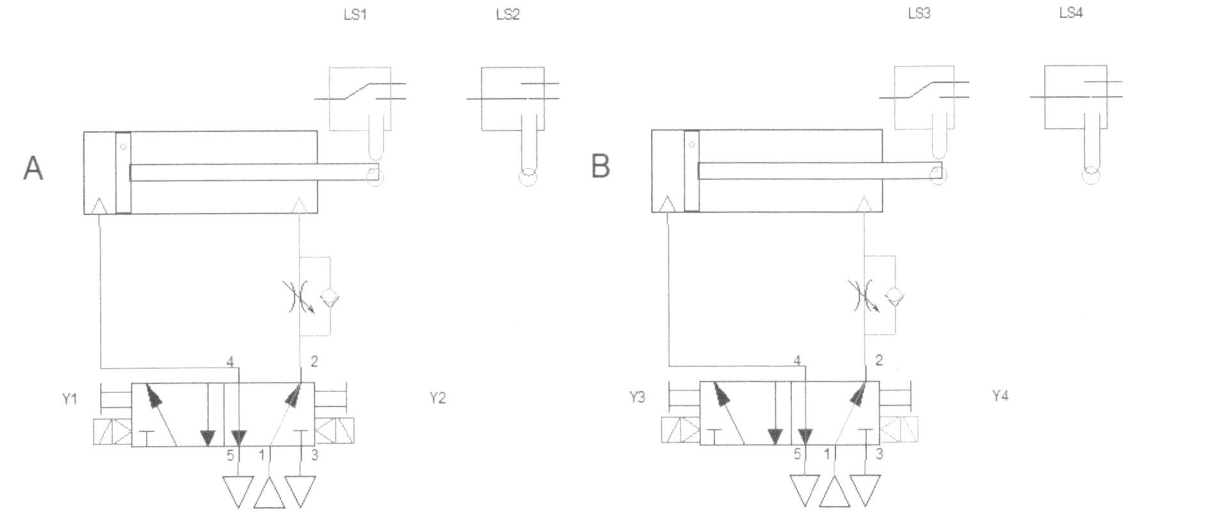

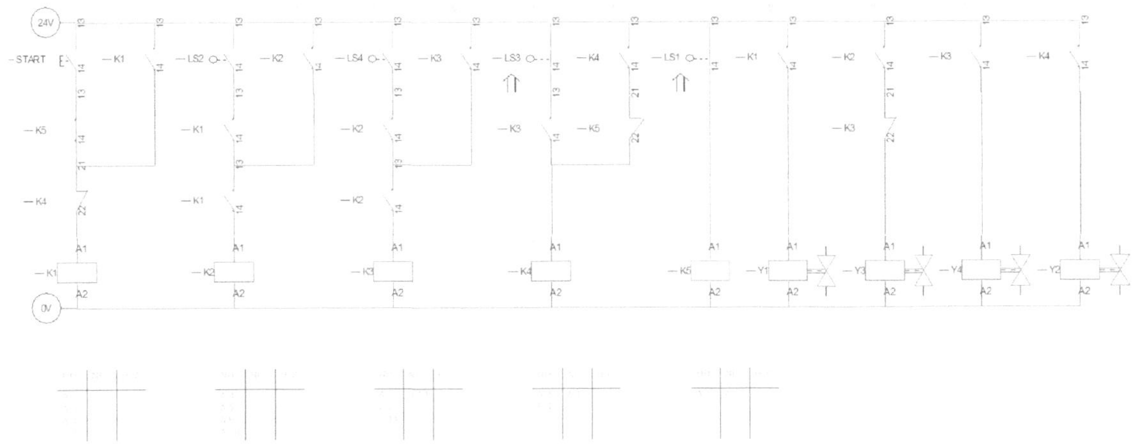

◧ 공압 변위 단계 선도

		1	2	3	4	5=1
실린더 A	1					
	0					
실린더 B	1					
	0					
릴레이 동작						
솔레노이드밸브 동작						
리밋스위치 동작						

■ 6번 기계정비 공기압회로 구성작업

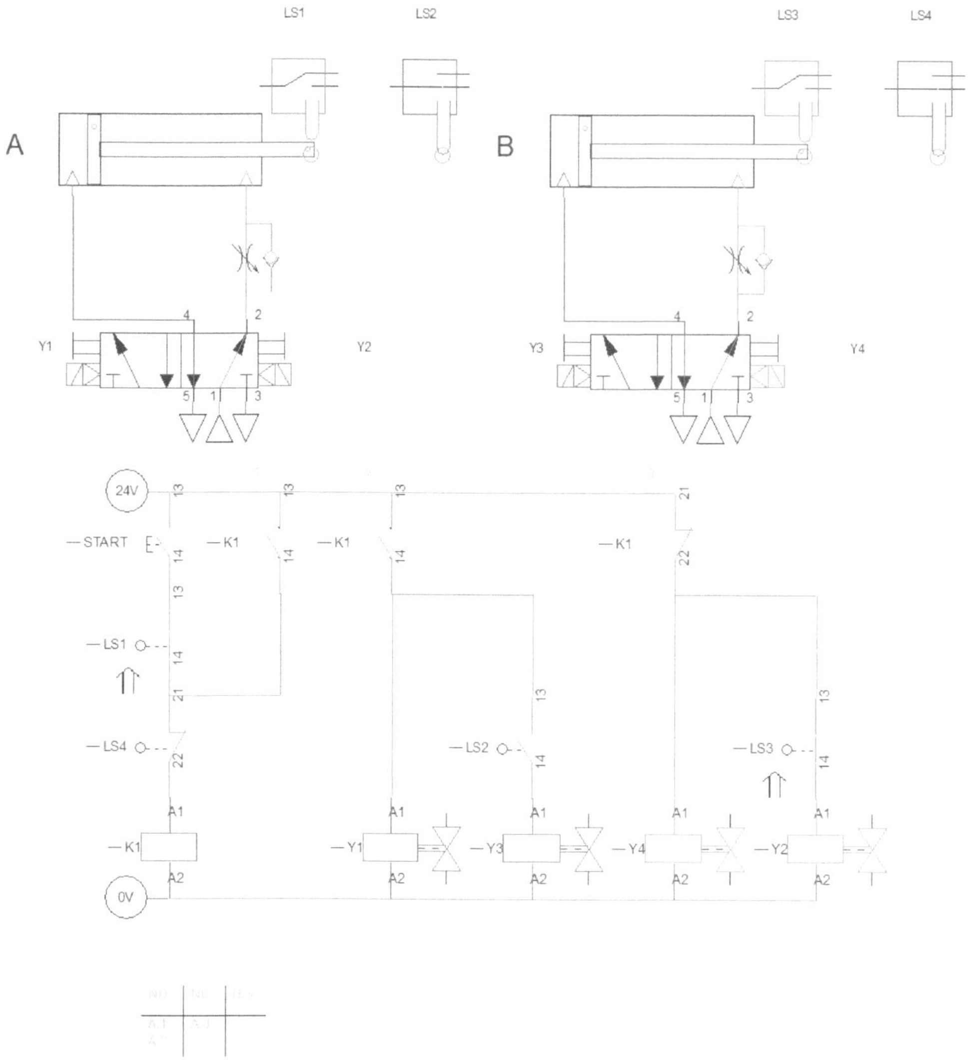

◧ 공압 변위 단계 선도

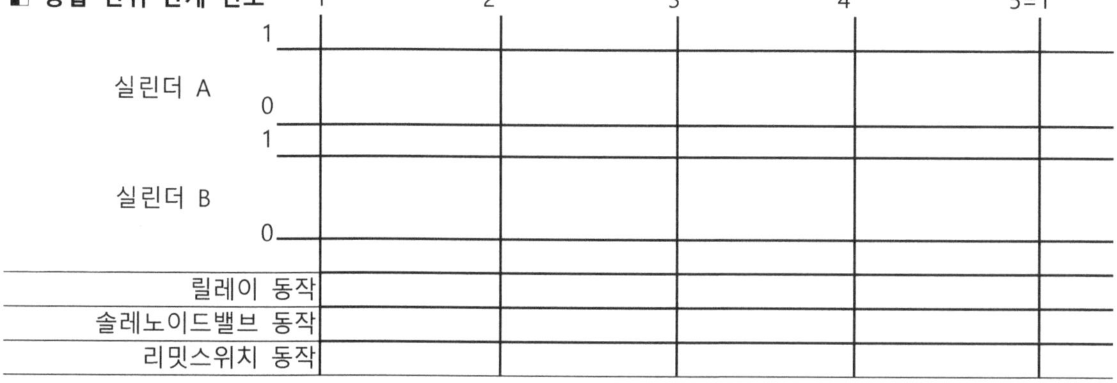

■ 7번 기계정비 공기압회로 구성작업

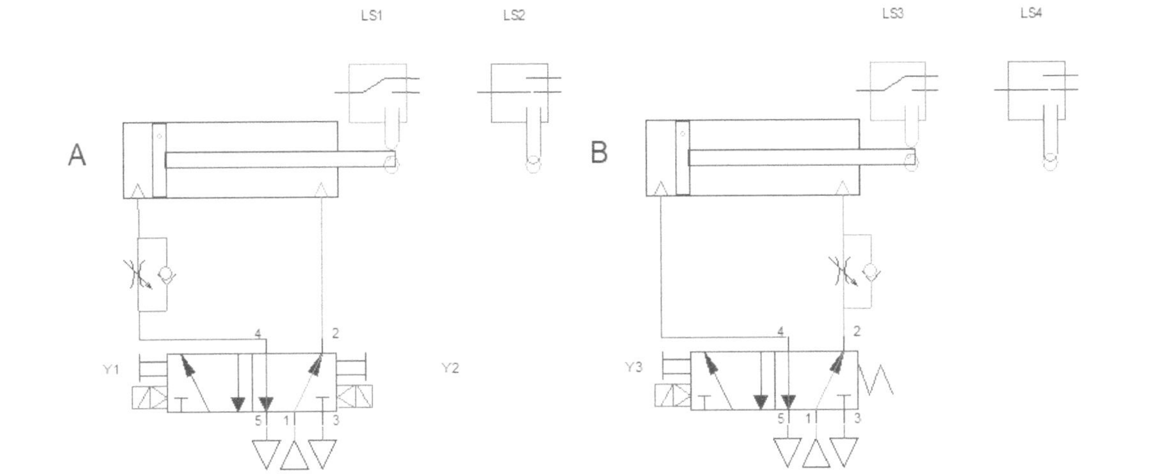

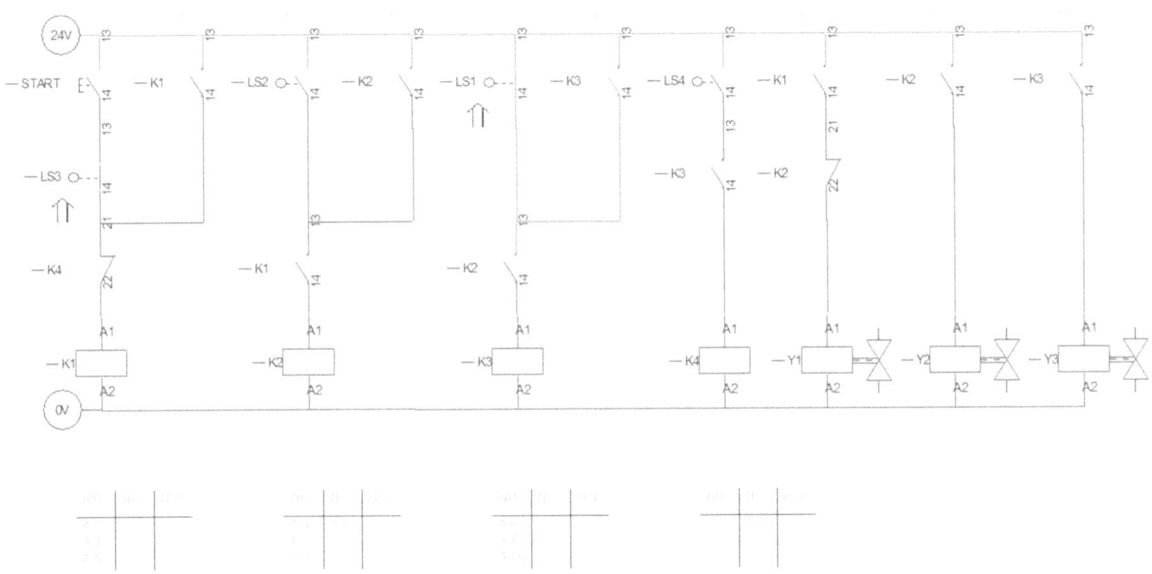

◧ 공압 변위 단계 선도

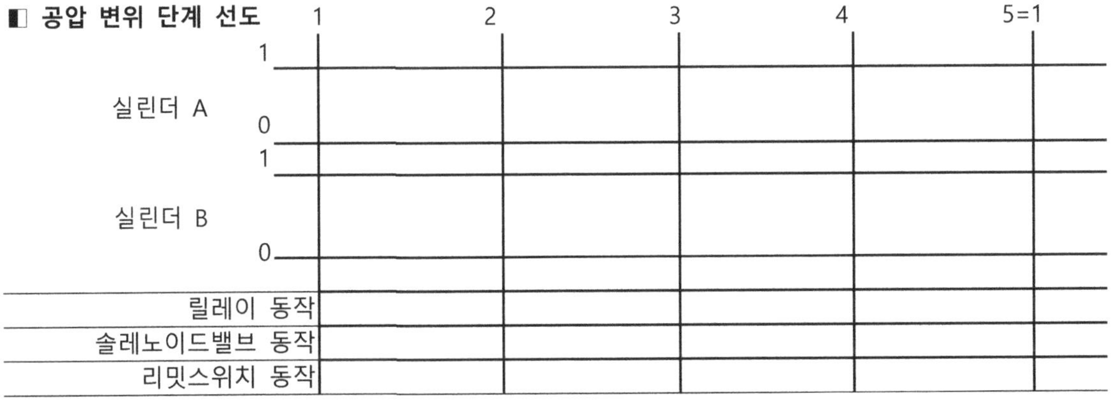

■ 8번 기계정비 공기압회로 구성작업

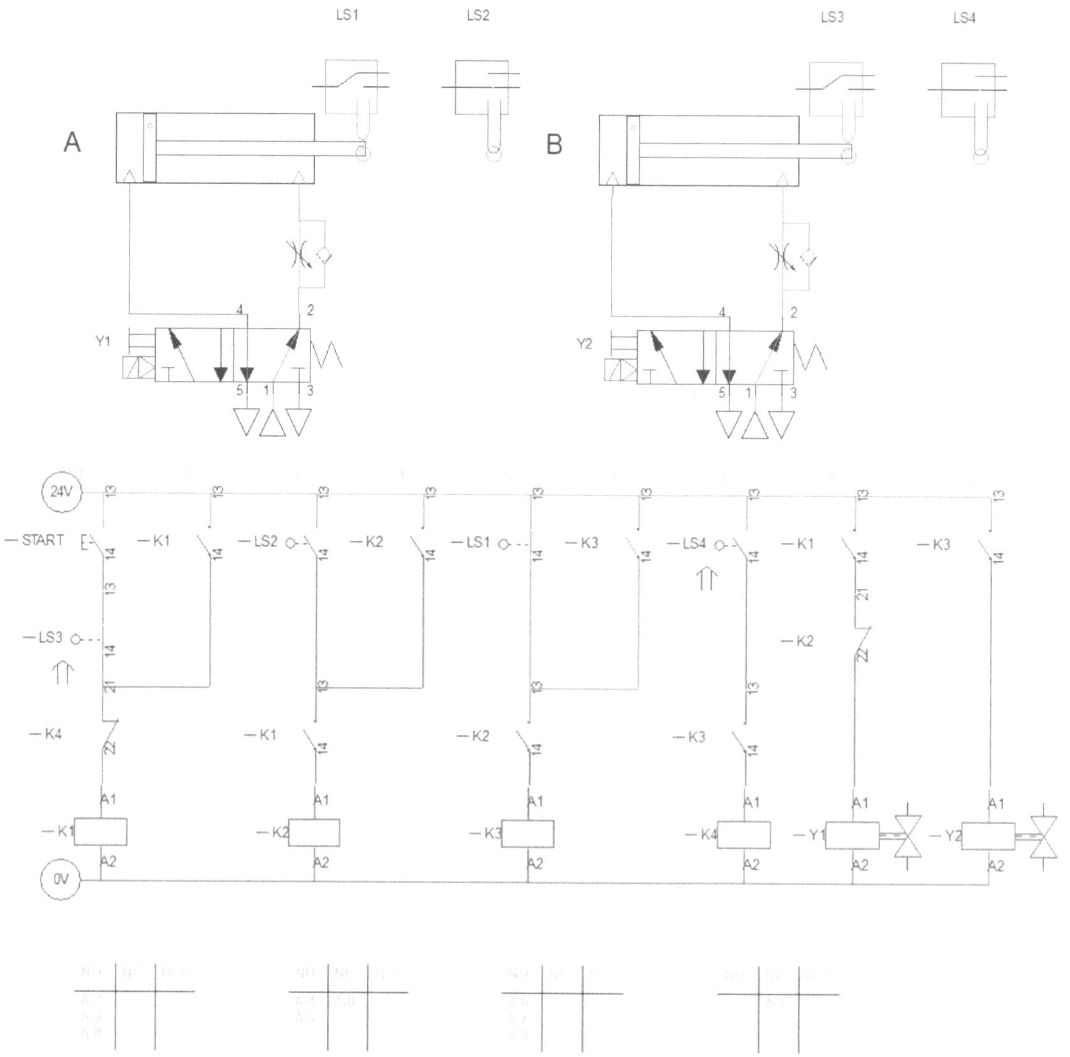

◧ **공압 변위 단계 선도**

		1	2	3	4	5=1
실린더 A	1					
	0					
실린더 B	1					
	0					
릴레이 동작						
솔레노이드밸브 동작						
리밋스위치 동작						

■ 9번 기계정비 공기압회로 구성작업

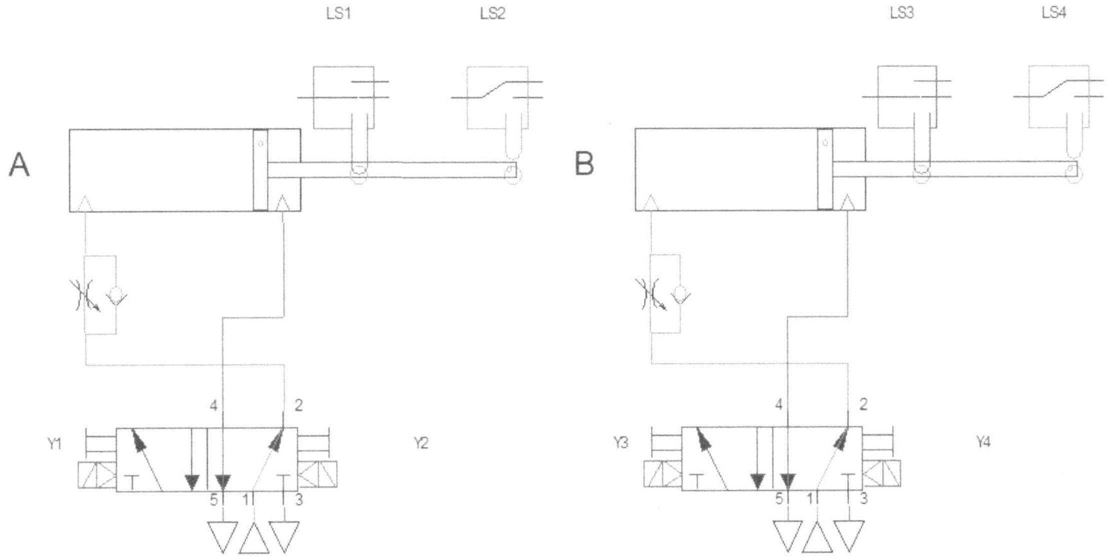

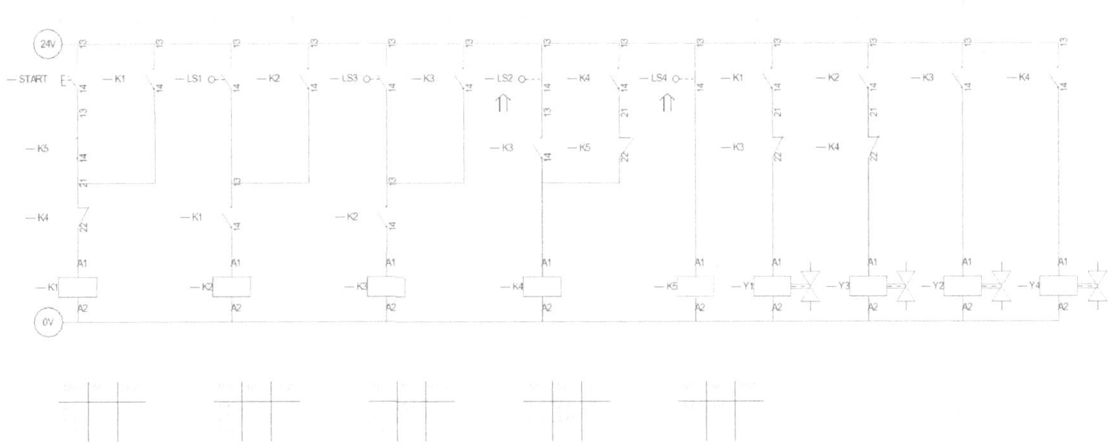

◧ 공압 변위 단계 선도

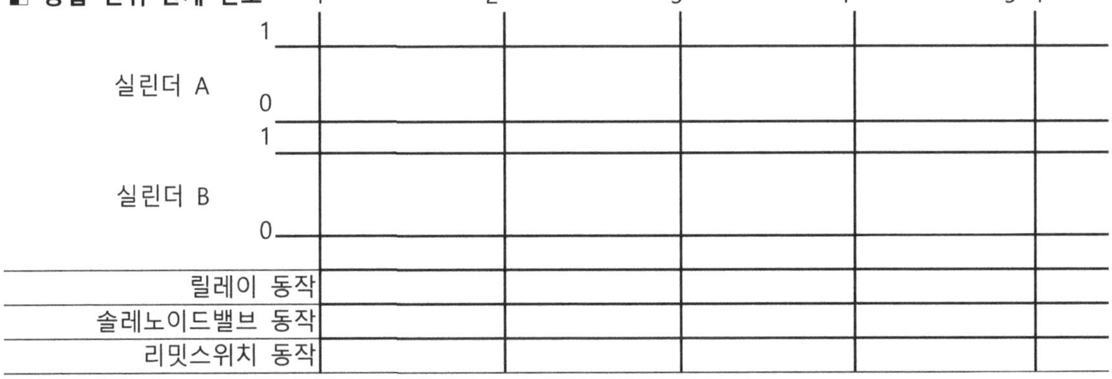

■ 10번 기계정비 공기압회로 구성작업

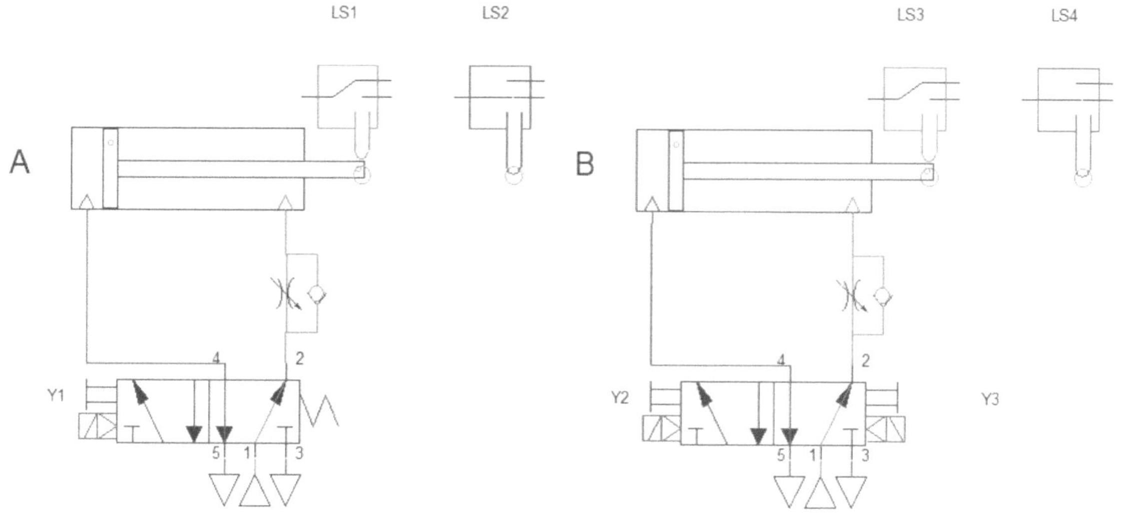

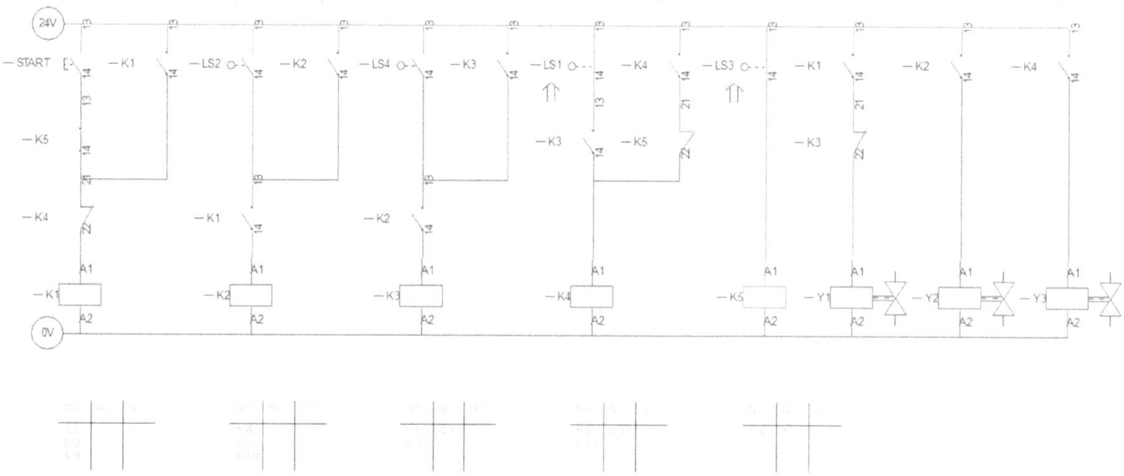

◧ 공압 변위 단계 선도

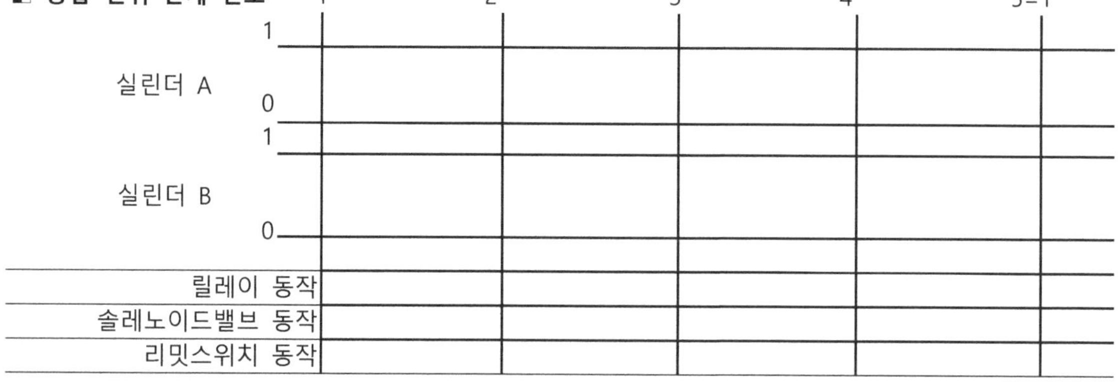

■ 11번 기계정비 공기압회로 구성작업

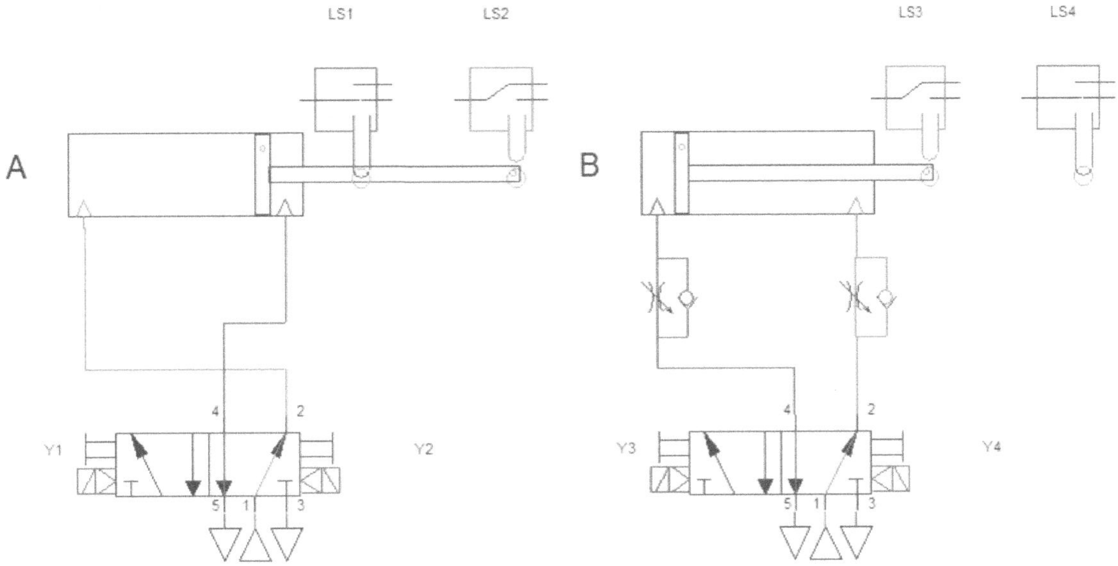

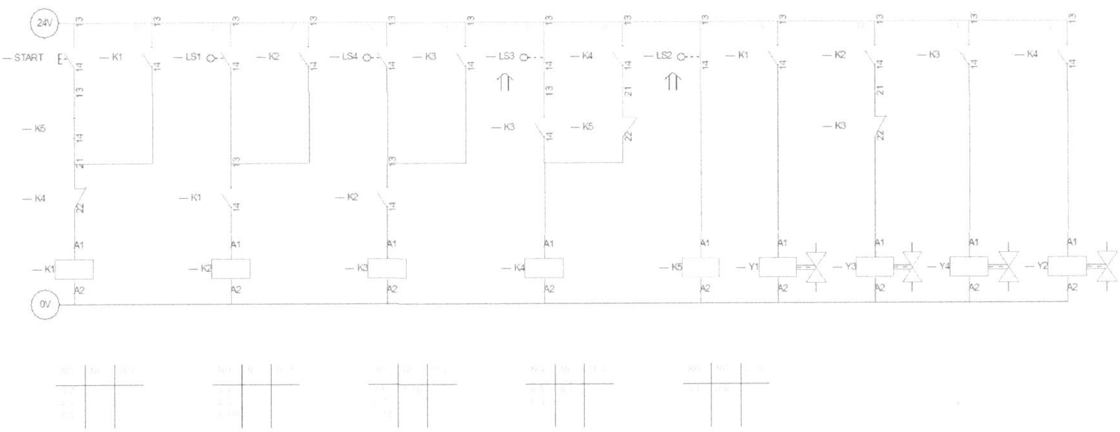

◧ 공압 변위 단계 선도

		1	2	3	4	5=1
실린더 A	1					
	0					
실린더 B	1					
	0					
릴레이 동작						
솔레노이드밸브 동작						
리밋스위치 동작						

■ 12번 기계정비 공기압회로 구성작업

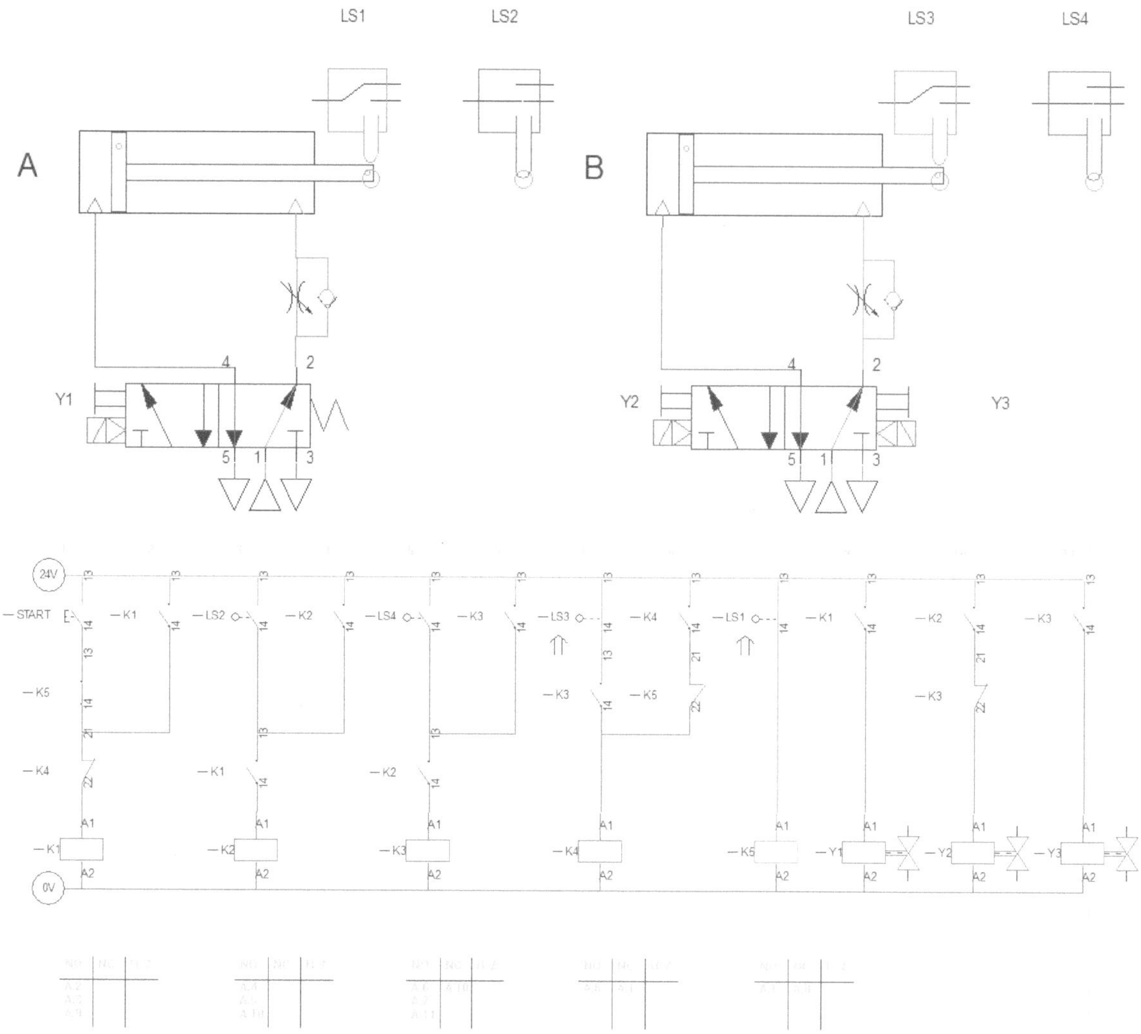

◧ 공압 변위 단계 선도

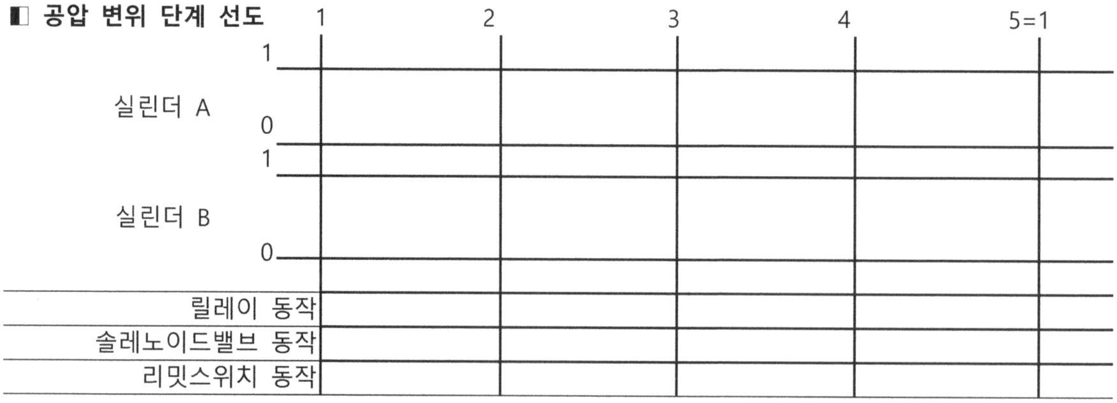

■ 13번 기계정비 공기압회로 구성작업

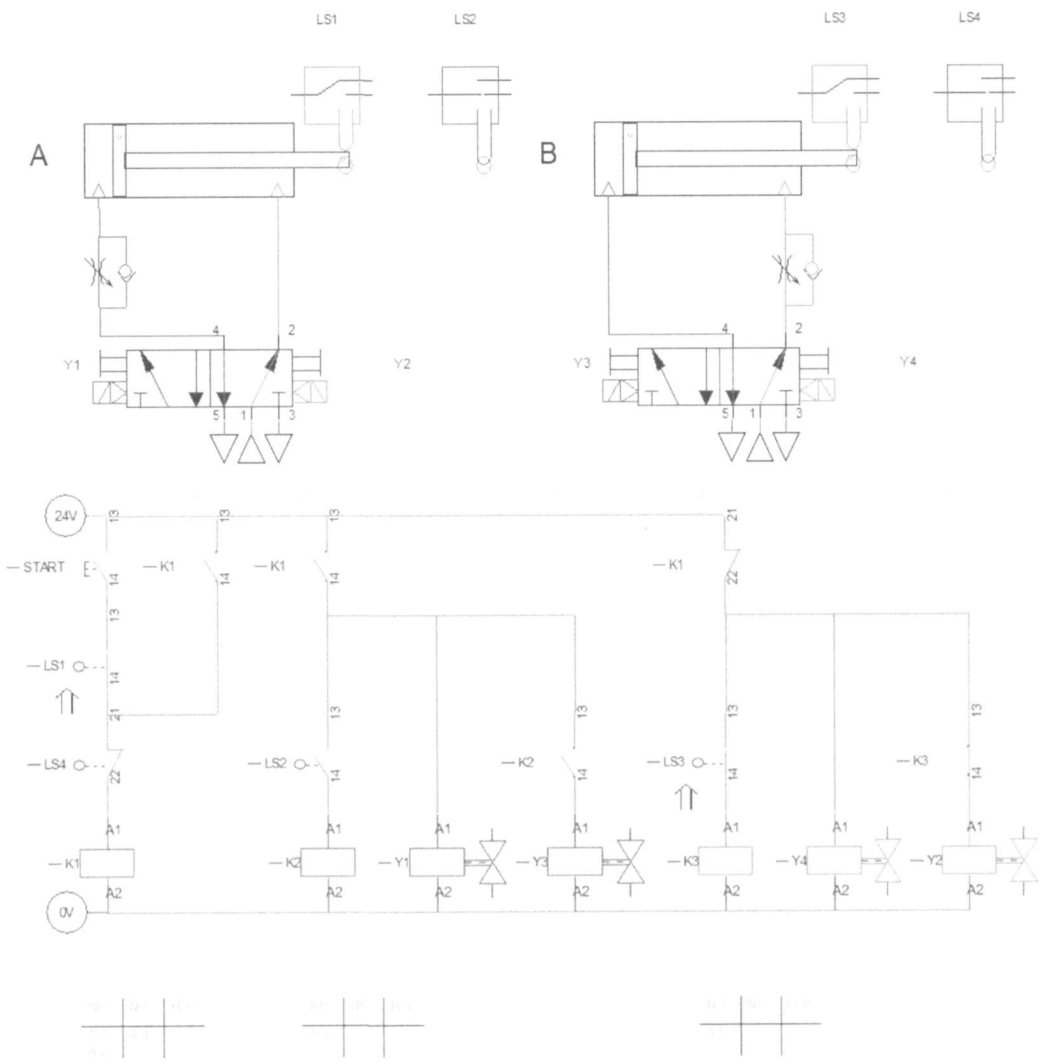

◧ 공압 변위 단계 선도

		1	2	3	4	5=1
실린더 A	1					
	0					
실린더 B	1					
	0					
릴레이 동작						
솔레노이드밸브 동작						
리밋스위치 동작						

■ 14번 기계정비 공기압회로 구성작업

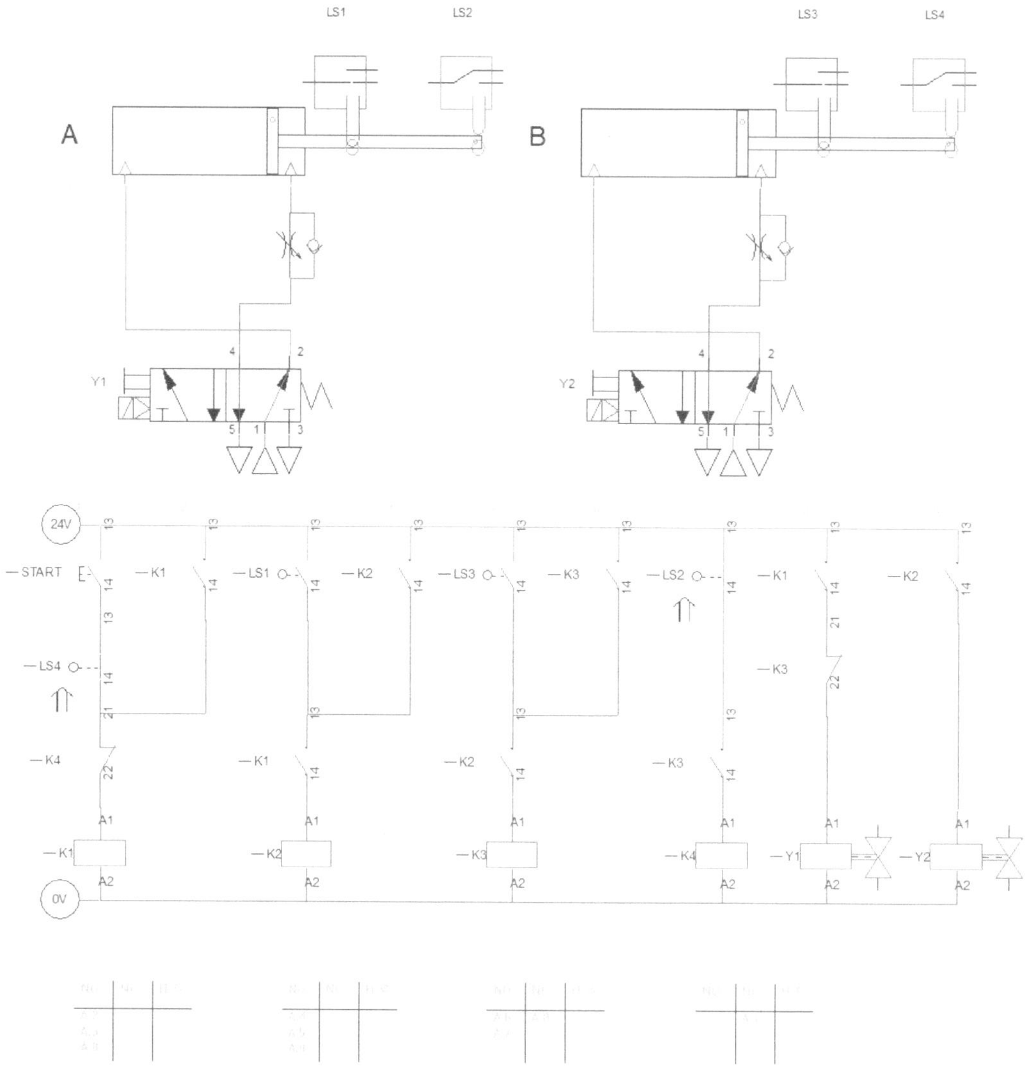

◧ 공압 변위 단계 선도

		1	2	3	4	5=1
실린더 A	1					
	0					
실린더 B	1					
	0					
릴레이 동작						
솔레노이드밸브 동작						
리밋스위치 동작						

■ 15번 기계정비 공기압회로 구성작업

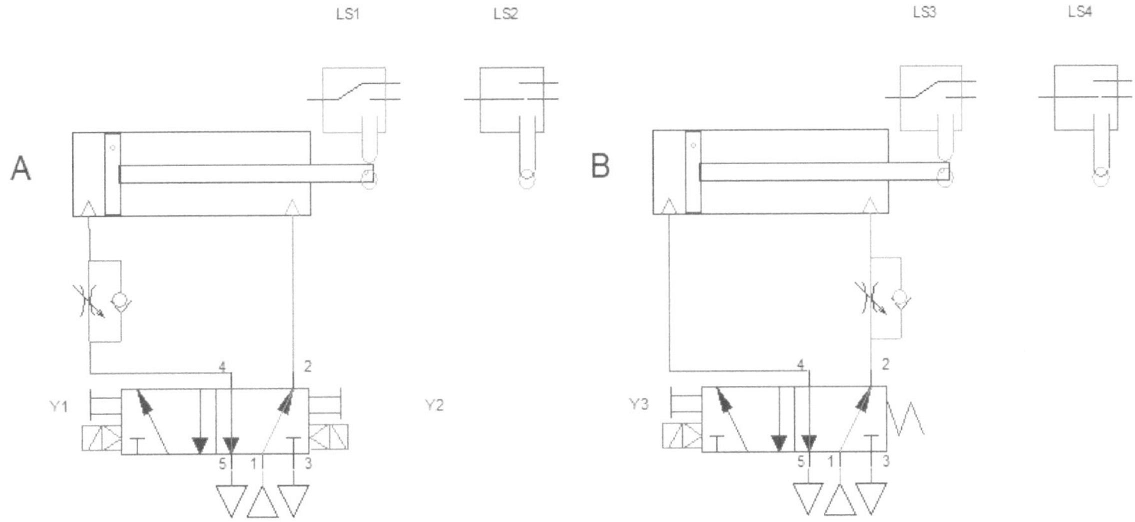

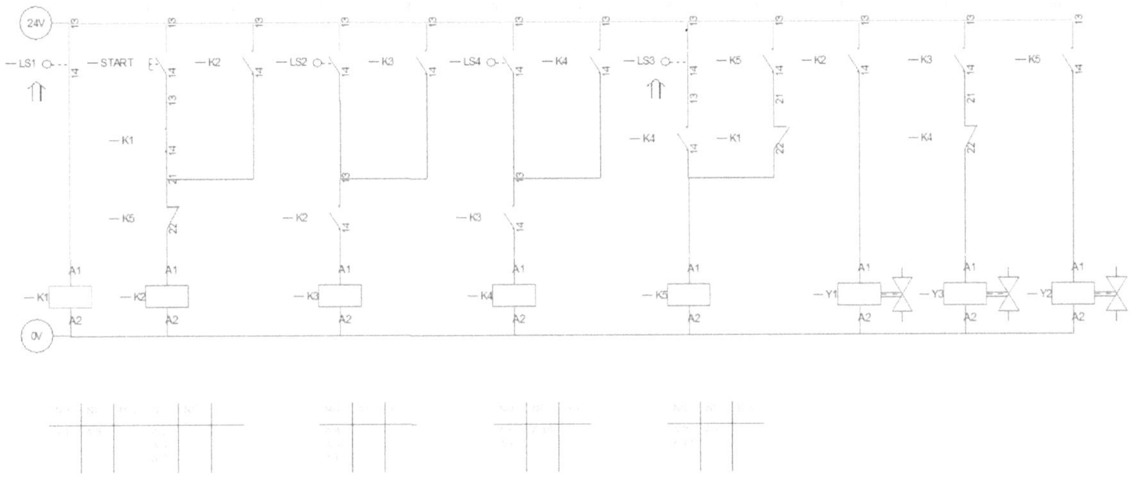

◧ 공압 변위 단계 선도

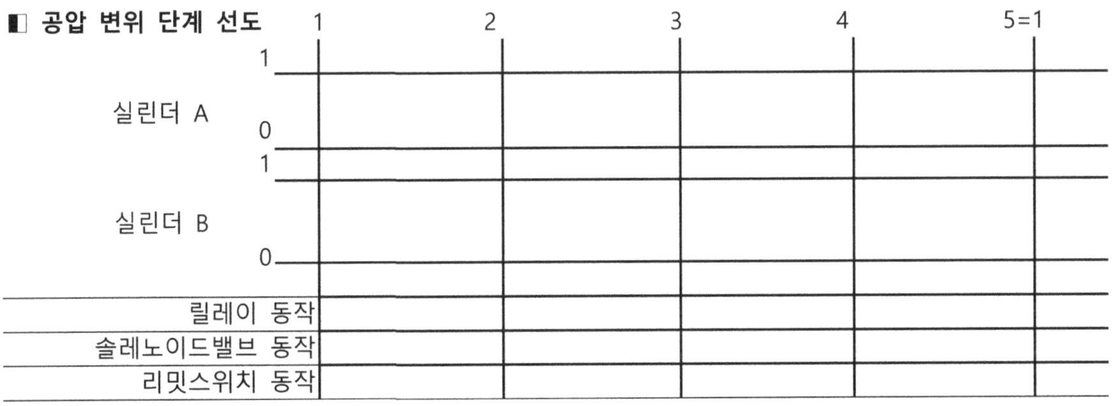

■ 16번 기계정비 공기압회로 구성작업

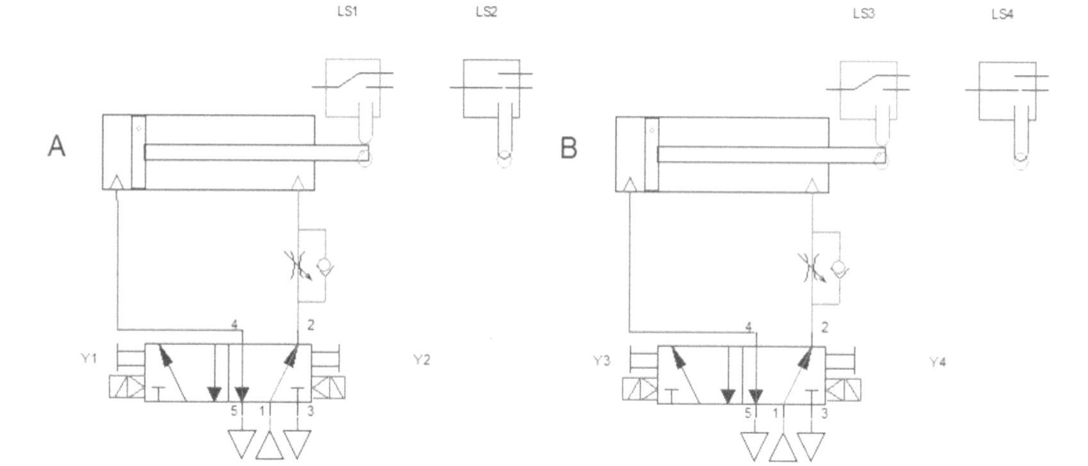

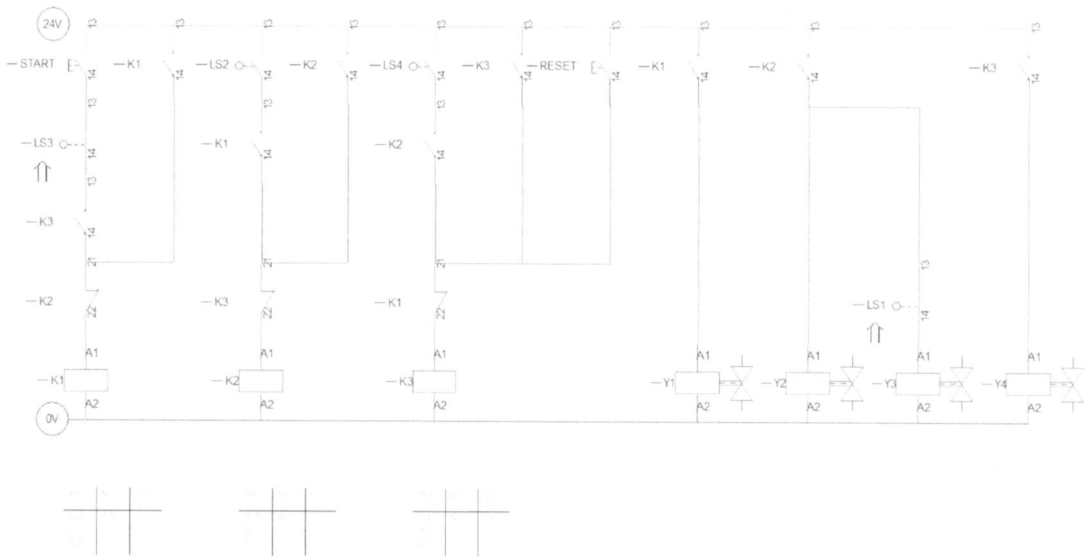

◧ 공압 변위 단계 선도

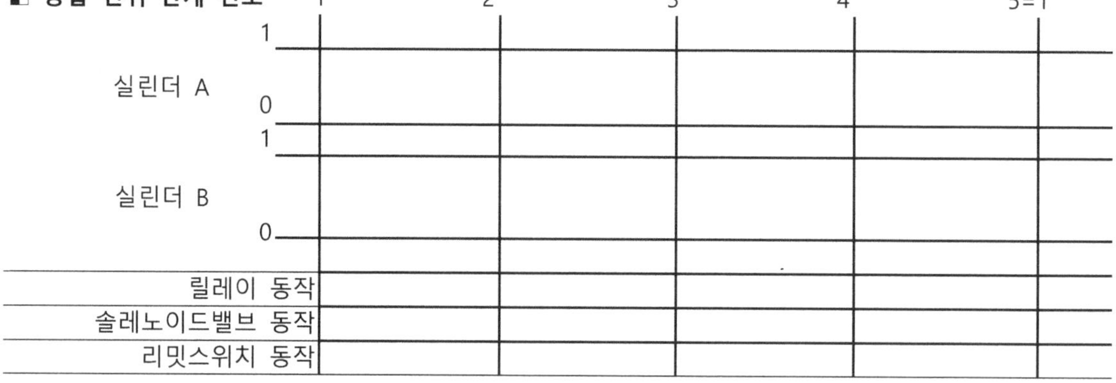

■ 17번 기계정비 공기압회로 구성작업

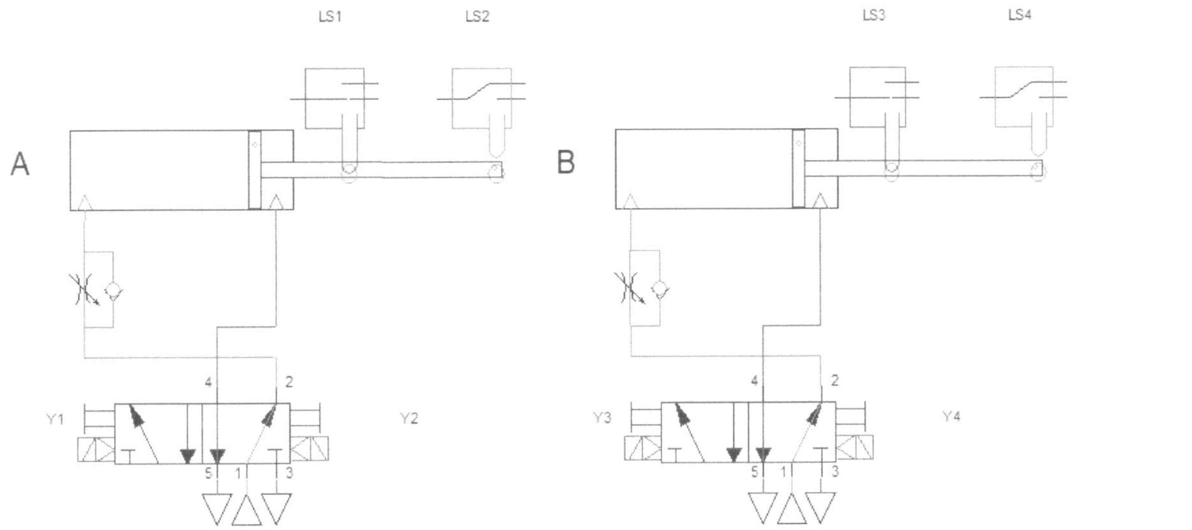

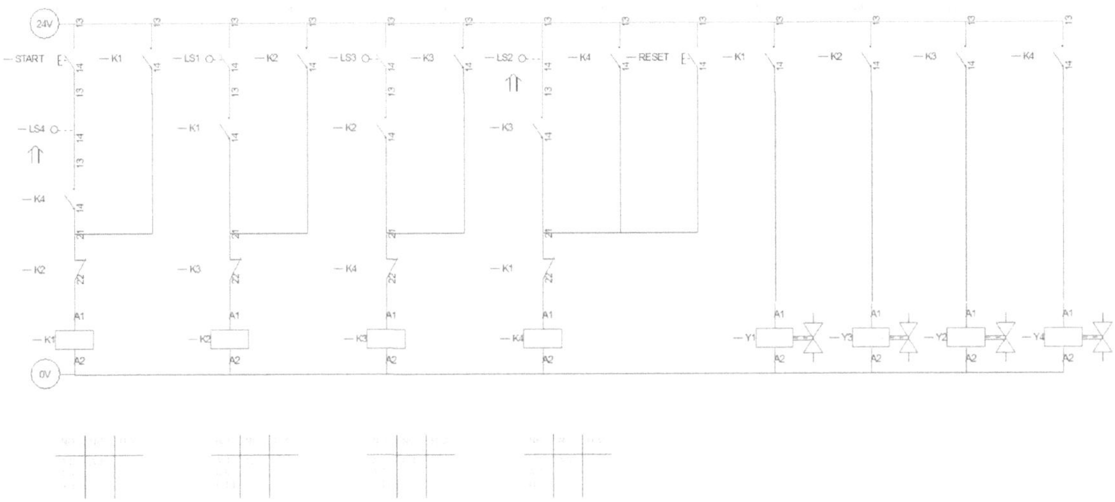

◧ 공압 변위 단계 선도

		1	2	3	4	5=1
실린더 A	1					
	0					
실린더 B	1					
	0					
릴레이 동작						
솔레노이드밸브 동작						
리밋스위치 동작						

Chap 5 유압 시뮬레이션 구성

5-1 유압의 이해

유압(Hydraulics)이란 유압펌프에 의하여 동력의 기계적 에너지를 유체의 압력에너지로 바꾸어 유체 에너지에 압력, 유량, 방향 제어를 하여 유압 실린더나 유압 모터 등의 작동기를 작동시킨 후 다시 기계적 에너지로 바꾸는 역할을 하는 것으로, 동력을 변환 또는 전달하는 장치 또는 방식을 말한다.

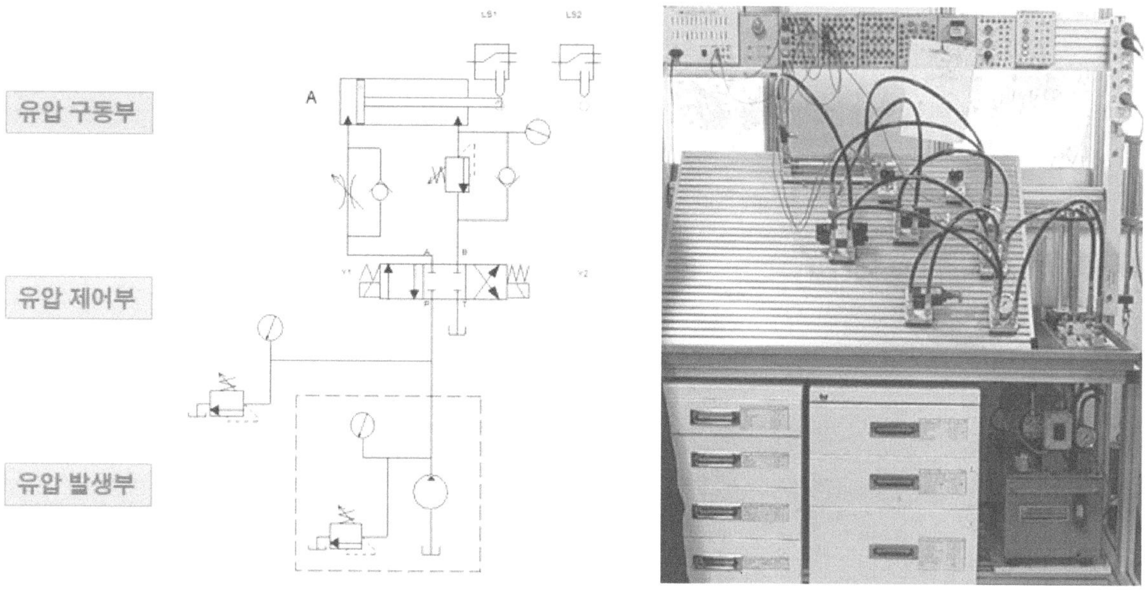

[그림 5-1] 유압 장치 구성도

◧ 유압구동부

유압실린더, 유압모터, 요동형 액추에이터

◧ 유압제어부

압력제어밸브 - 릴리프 밸브, 안전 밸브, 감압 밸브, 시퀀스 밸브, 무부하 밸브, 카운터 밸런스 밸브
방향제어밸브 - 슬라이드 밸브, 체크 밸브
유량제어밸브 - 교축 밸브, 속도제어밸브, 급속배기밸브, 스톱밸브

◧ 유압발생부

오일탱크
유압펌프 - 베인 펌프, 기어 펌프, 피스톤 펌프

5-2 유압 시뮬레이션

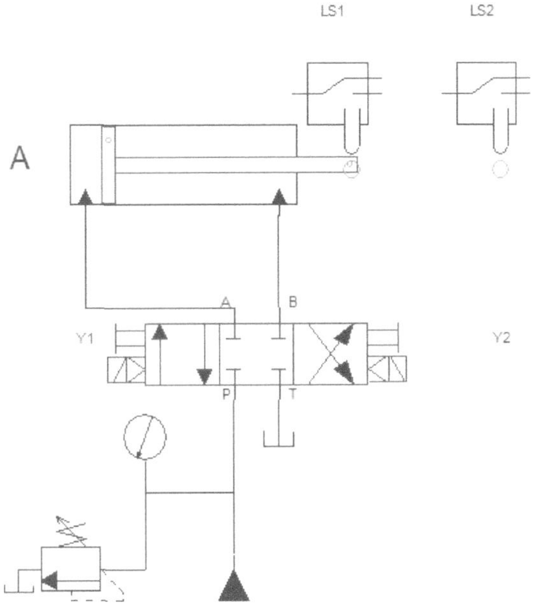

■ 압력 설정회로

회로의 최고압을 제어하든가 또는 회로의 일부 압력을 감압하는 등 압력을 제어하는 회로로 작동목적에 알맞은 압력을 얻는 회로이다. 모든 유압회로의 기본으로 회로 내의 압력으로 설정 압력으로 조정하는 회로이다.

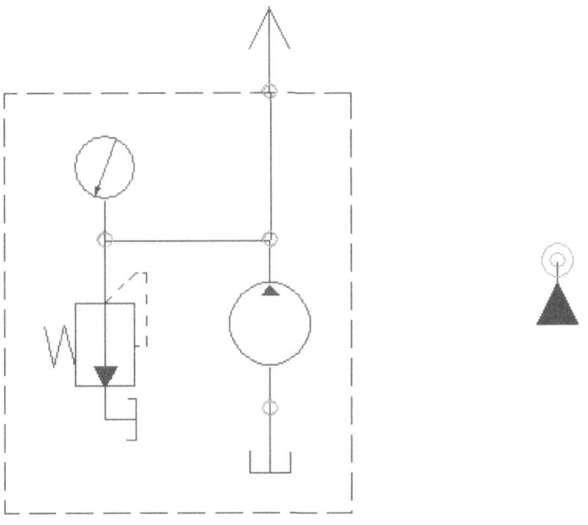

[그림 5-2] 유압 발생부

◧ 릴리프 밸브

릴리프 밸브는 주로 회로의 최고 압력을 결정하는데 사용되며, 회로 내의 최대 압력을 제한하여 일정한 압력으로 유지시키는 밸브이다. 실린더의 하강, 상승의 최고 압력을 별개로 설정하여 각각의 기능을 하도록 한다.

경로 : [객체기호] - [유압] - [압력 제어] - 릴리프 밸브

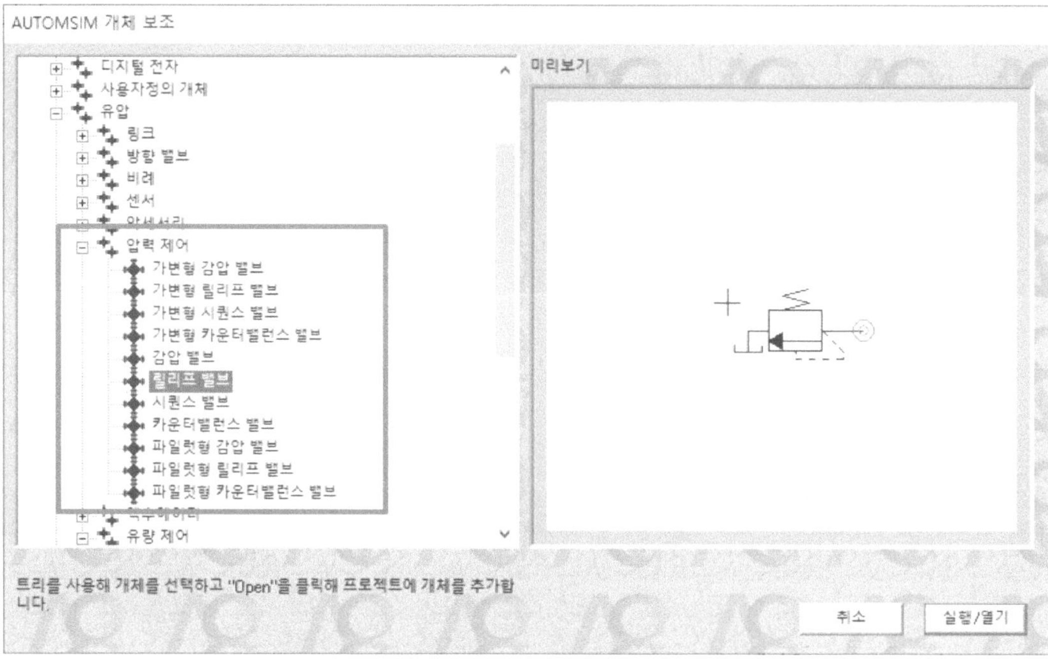

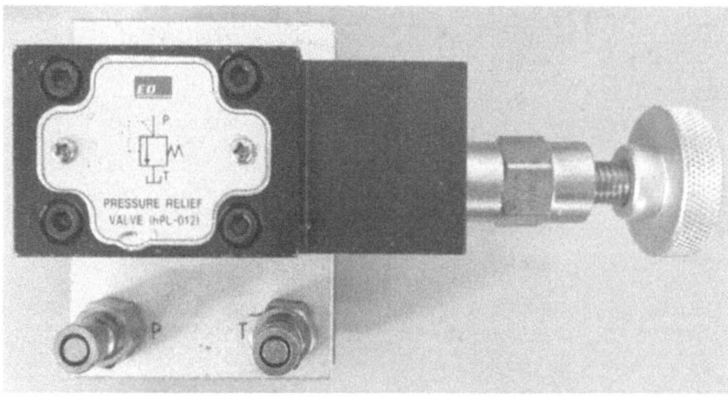

[그림 5-3] 릴리프 밸브

P 포트를 통해 펌프에서 공급되는 작동유가 T 포트를 통해 탱크로 배출된다. 밸브 오른쪽 조정 나사를 돌려 압력을 조절한다.

◧ 유압원

BY-PASS VALVE 표기 부분에 "P"로 표기 되어 있으며, 유압 발생 장치에서 유압원을 공급한다.
경로 : [객체기호] - [유압] - [유선] - 유압원

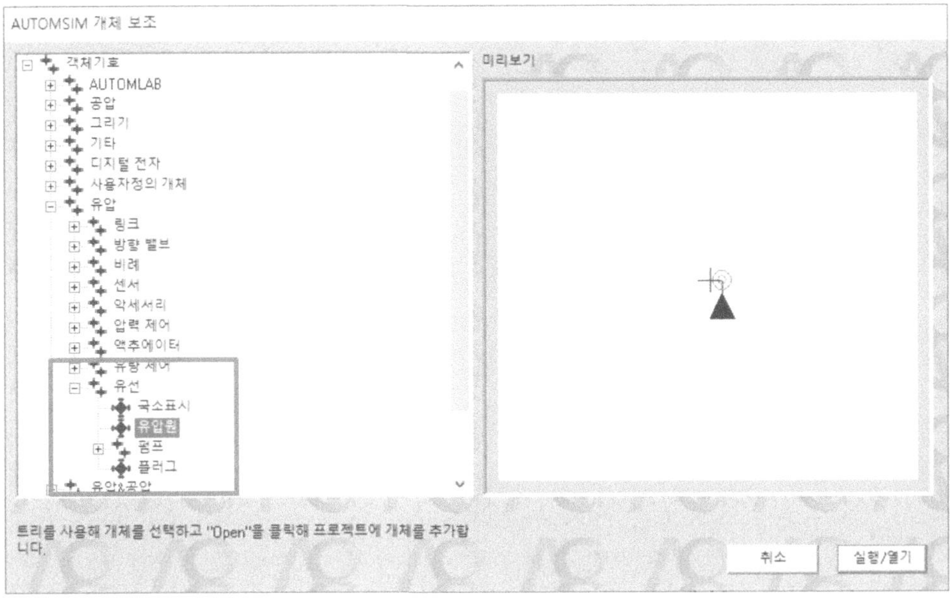

◧ 국소표시 : 탱크

BY-PASS VALVE 표기 부분에 "T"로 표기 되어 있으며, 유압 탱크로 유압유를 보내준다.
경로 : [객체기호] - [유압] - [유선] - 국소표시

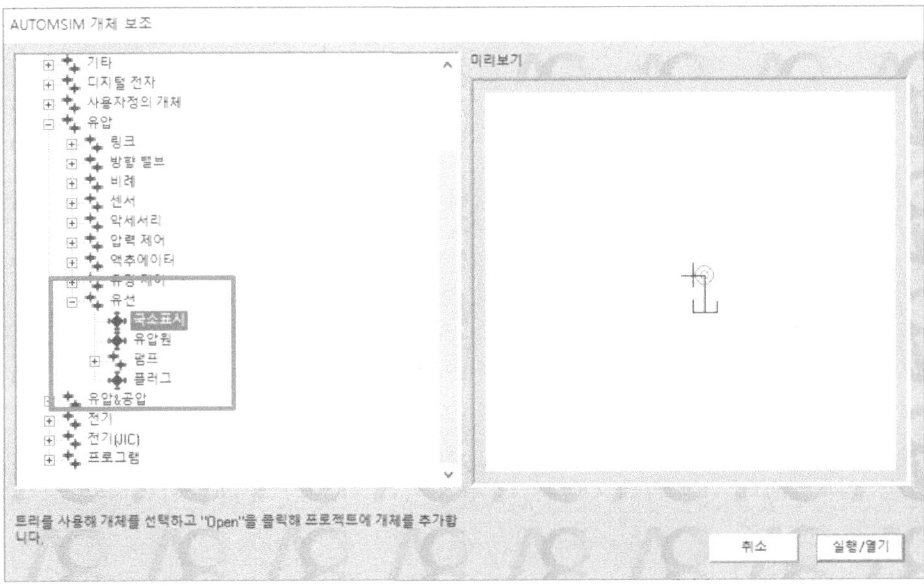

◧ 압력게이지

회로내의 압력을 지시한다.

경로 : [객체기호] - [유압] - [악세사리] - 압력게이지

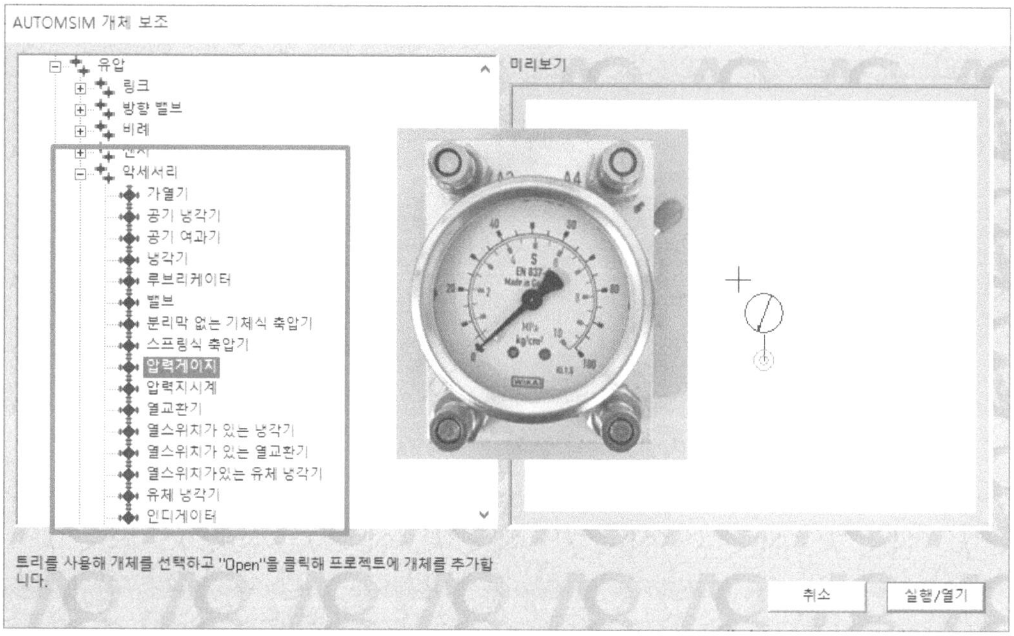

◧ 1방향 펌프_Pump

경로 : [객체기호] - [유압] - [유선] - [펌프] - 1방향 펌프_Pump

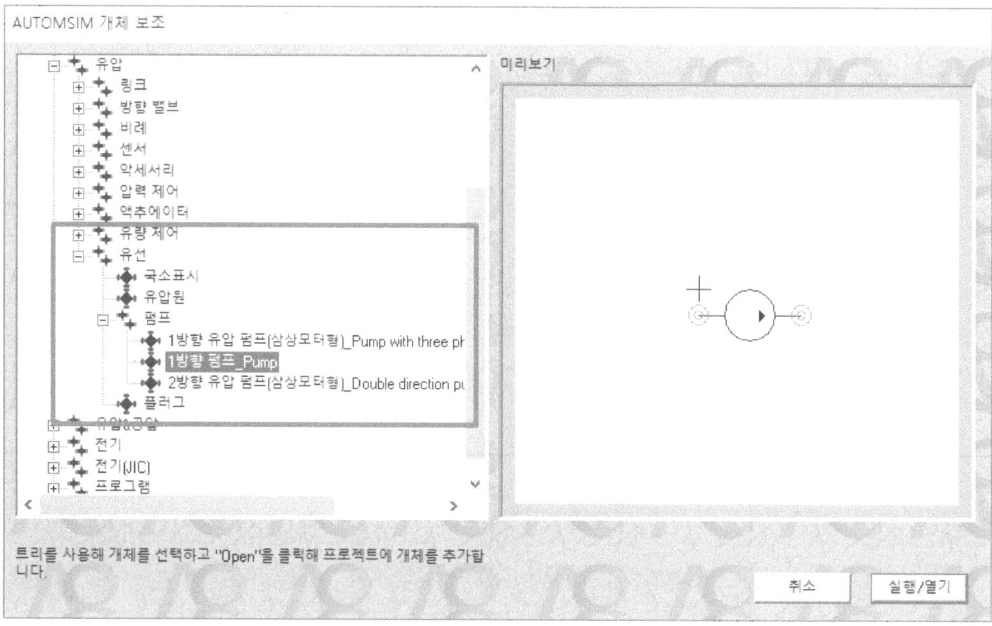

가로로 되어 있는 펌프를 선택한 후 마우스 우클릭하여 [회전] - [270°] 회전을 시켜 세로로 배치한다.

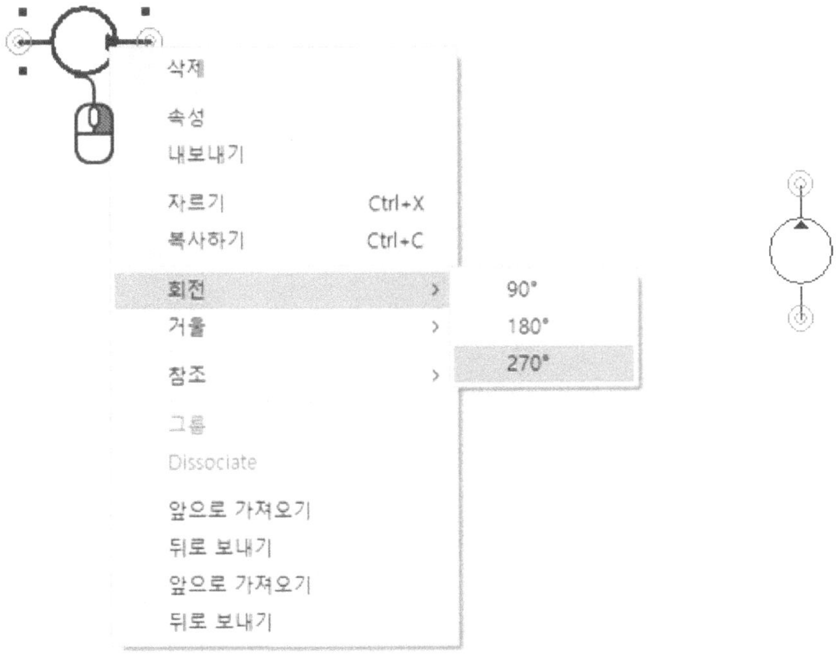

◧ 점프

경로 : [객체기호] - [유압] - [링크] - 점프

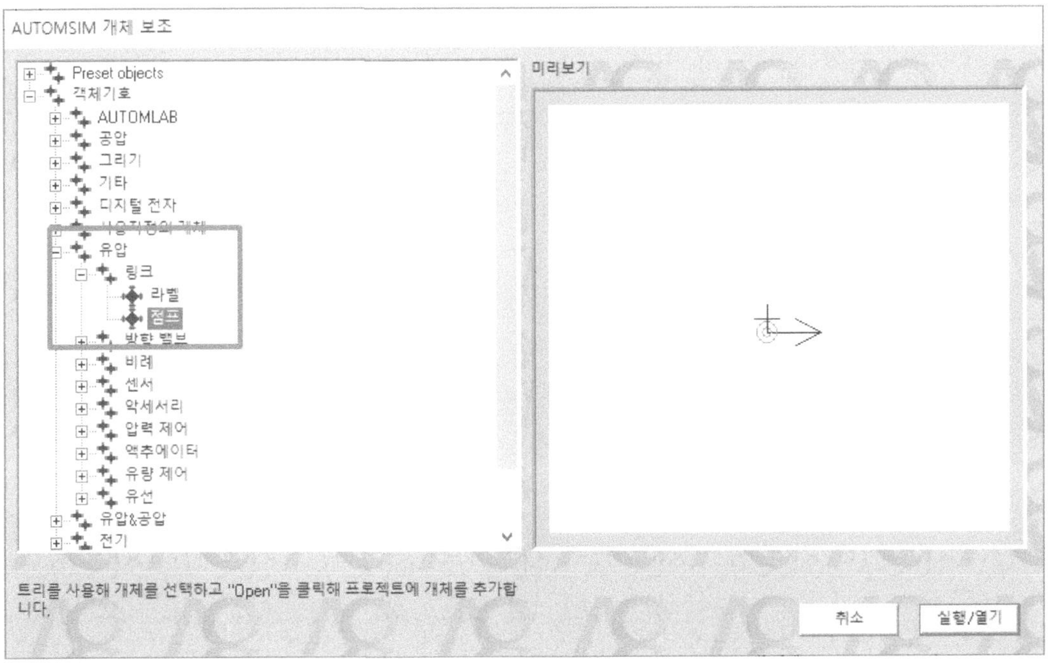

■ 압력 설정회로 시뮬레이션

압력 설정회로를 구성한 후 시뮬레이션을 통해 유압 회로의 최고 압력을 확인하여 적절히 조절해 보도록 하자. 초기 유니티 설정값이 hPa로 설정 되어 있으므로 MPa로 설정 변경하자.

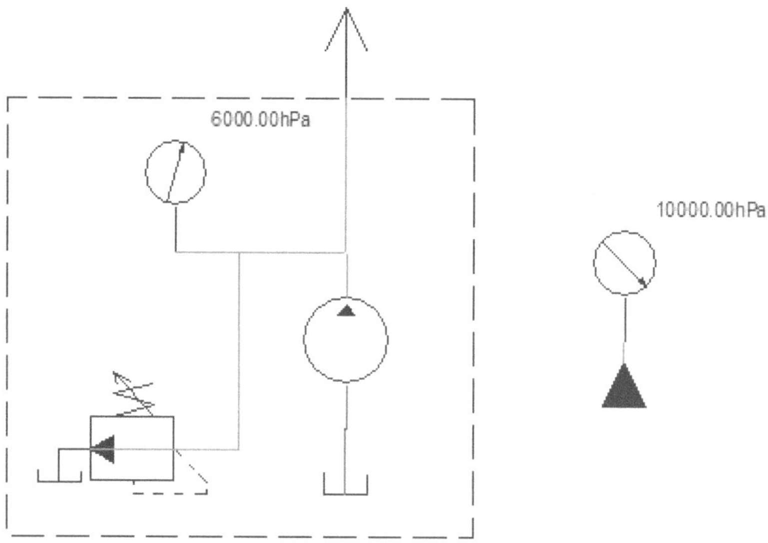

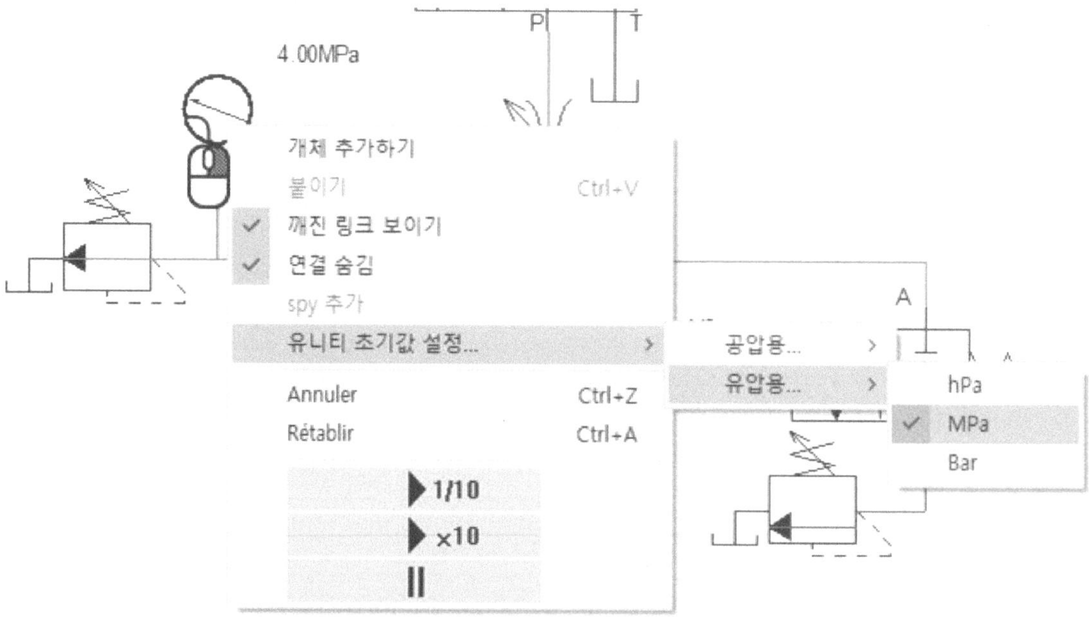

◧ 복동 실린더

경로 : [객체기호] - [유압] - [액추에이터] - [실린더] - 복동 실린더

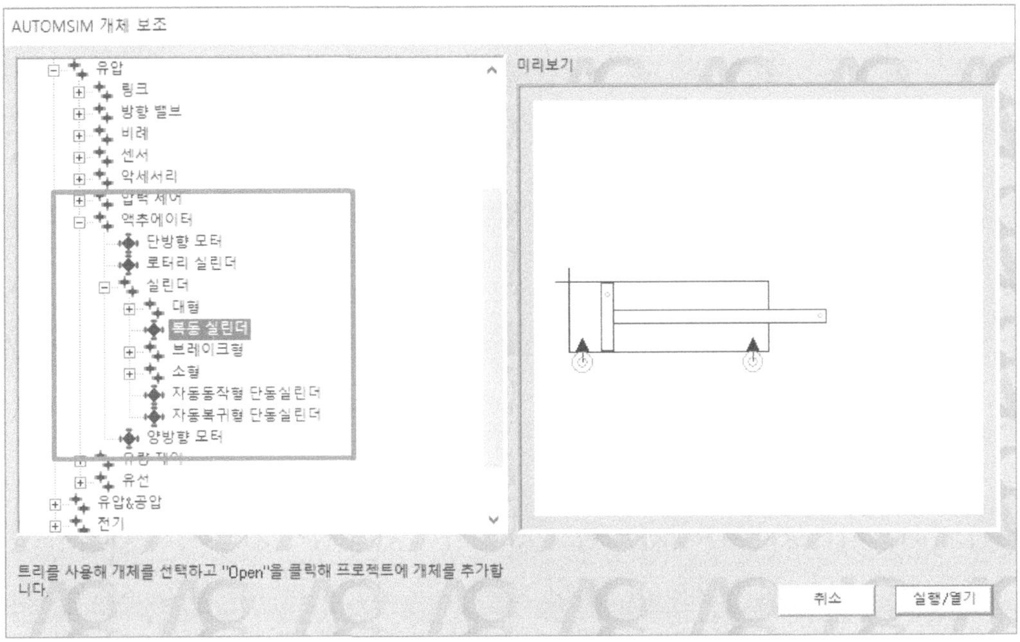

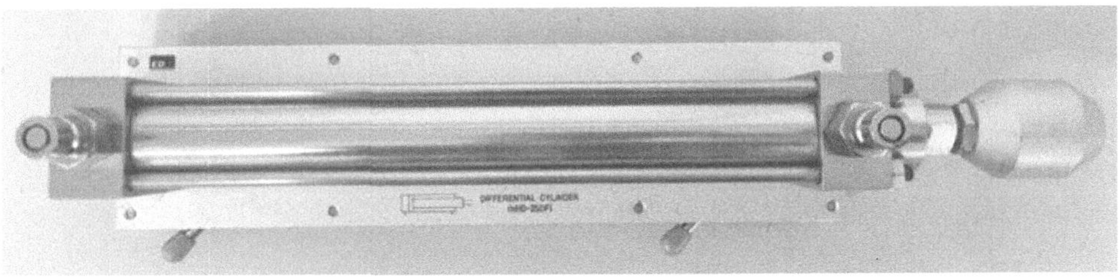

[그림 5-4] 유압 복동 실린더

◧ 전자 조작형 밸브

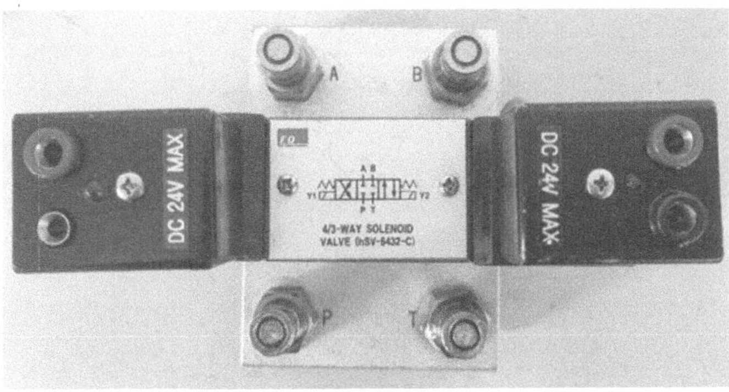

[그림 5-5] 4포트 3위치 양솔레노이드 밸브

경로 : [객체기호] - [유압] - [방향 밸브] - [4포트 3위치] - 전자 조작형

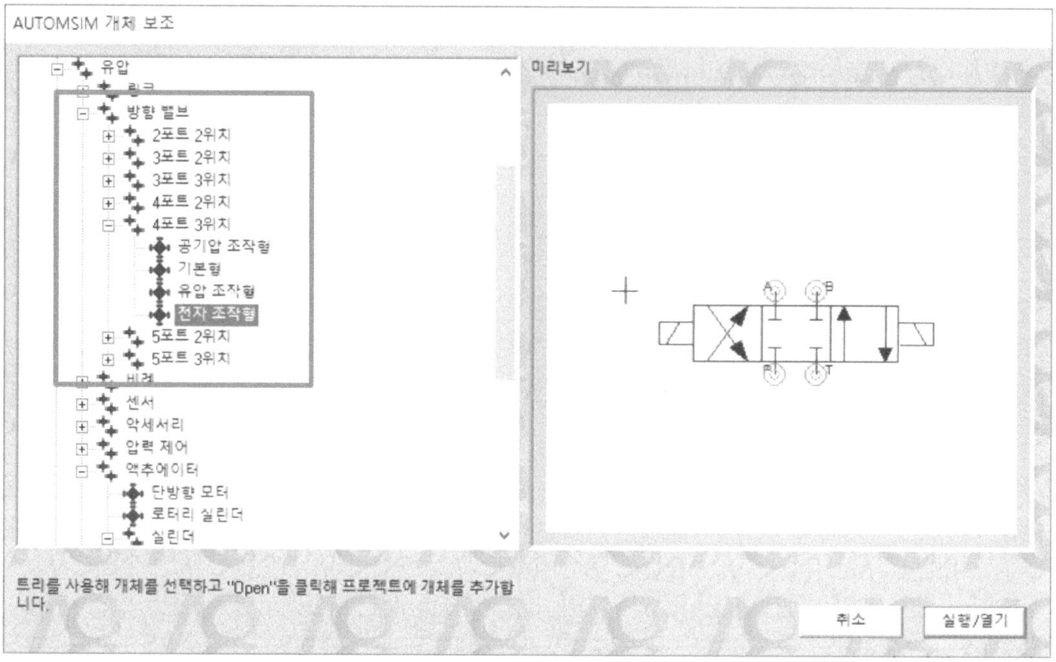

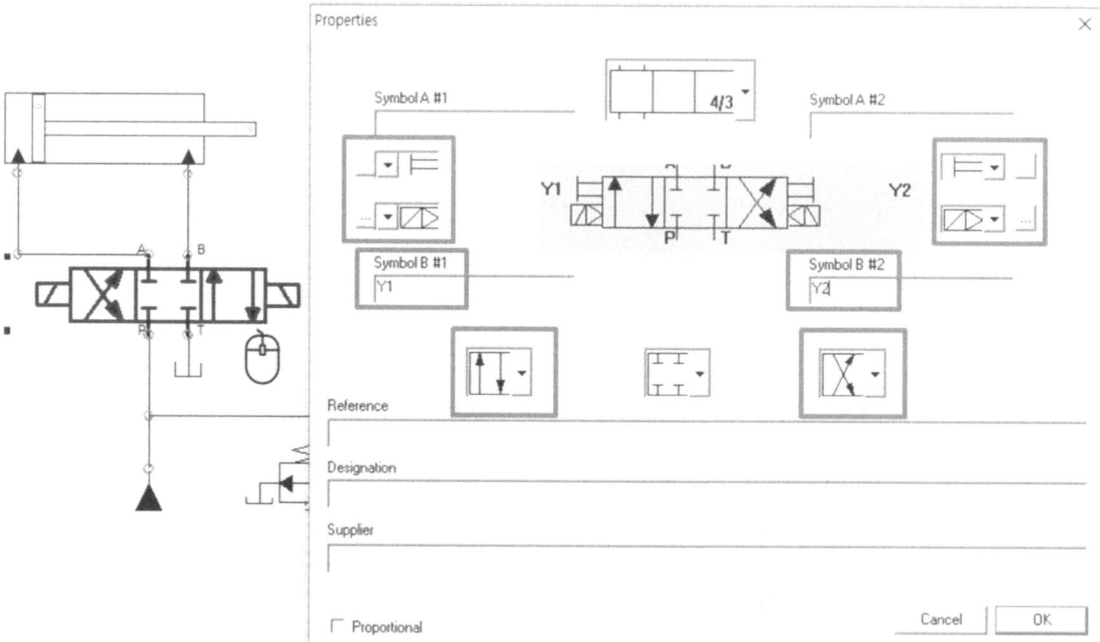

◧ 기계적 스위치

리밋 스위치라고 하며, c접점으로 NC, COM, NO 단자로 이루어져 있다.

경로 : [객체기호] - [전기] - [센서] - 기계적 스위치

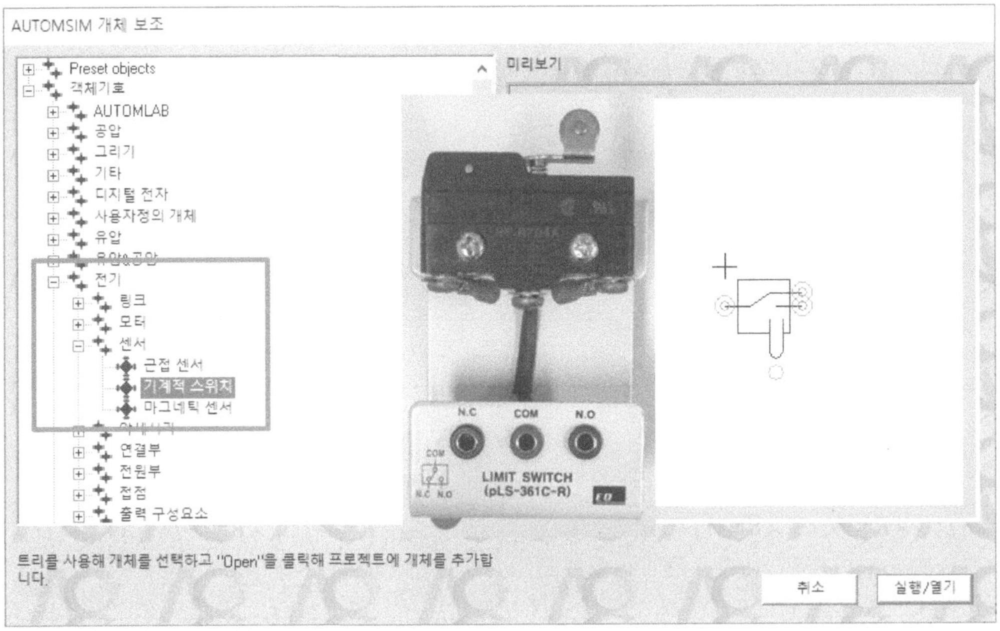

◧ 텍스트

경로 : [객체기호] - [그리기] - 텍스트

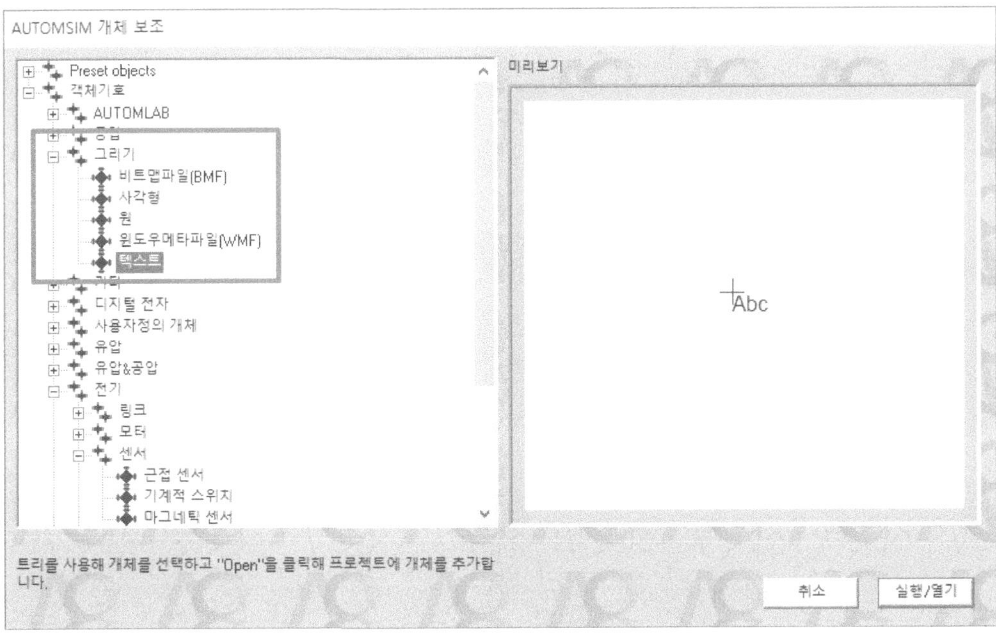

5-3 기계정비 유압 회로 구성작업

기계정비 작업중 유압회로 구성작업은 유체의 흐름을 잘 파악하여 구성할 수 있도록 하자.

전기 회로도 연결선의 적색은 +, 청색은 -로 연결 구분하여 실제 결선하도록 하자. 유압 회로의 최고 압력을 4 MPa(오차 ±0.2 MPa)로 설정하자.

■ 1번 기계정비 유압회로 구성작업

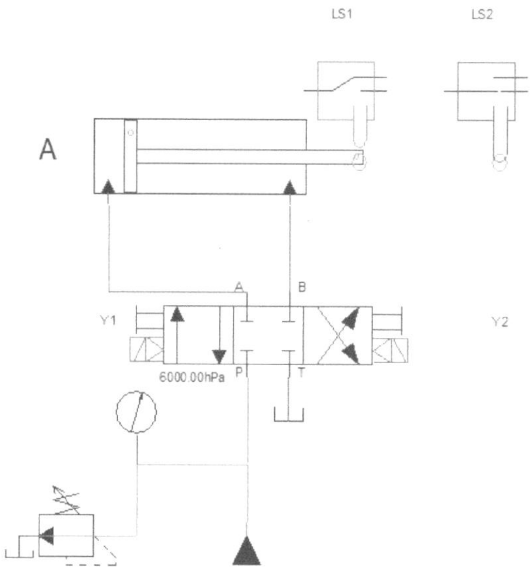

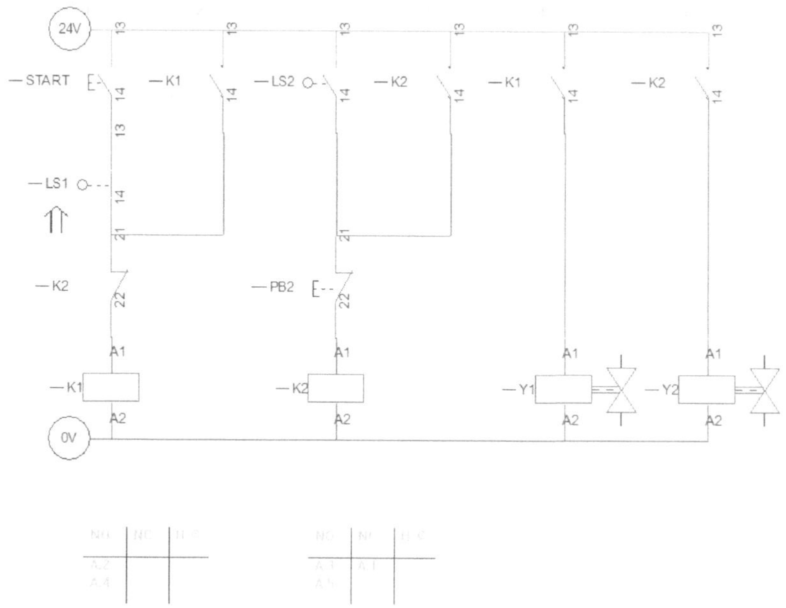

■ 2번 기계정비 유압회로 구성작업

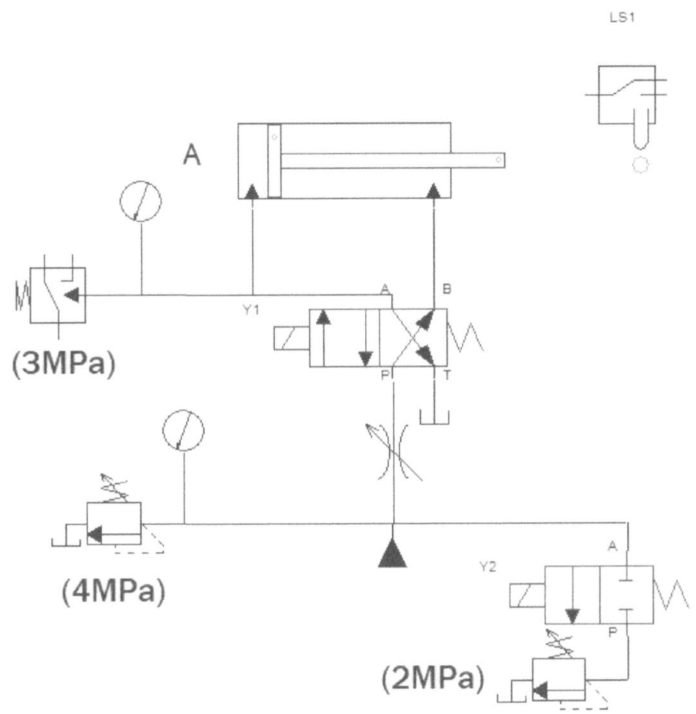

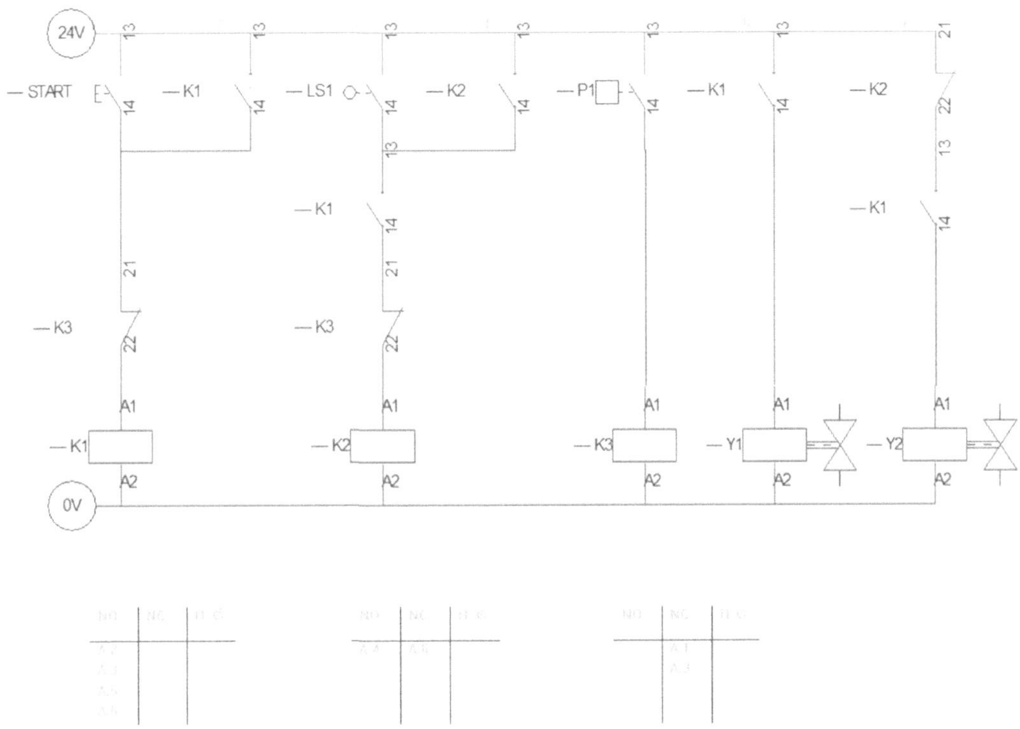

유압 방향 밸브의 유로 제어 위치 방향이 반대로 되어 있으므로 수정하고, 조작 장치 기호를 회로에 맞도록 수정하자. 또한 Symbol A #1에 [Y1] 변수명을 작성하도록 하자.

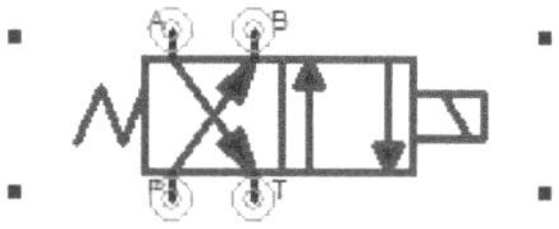

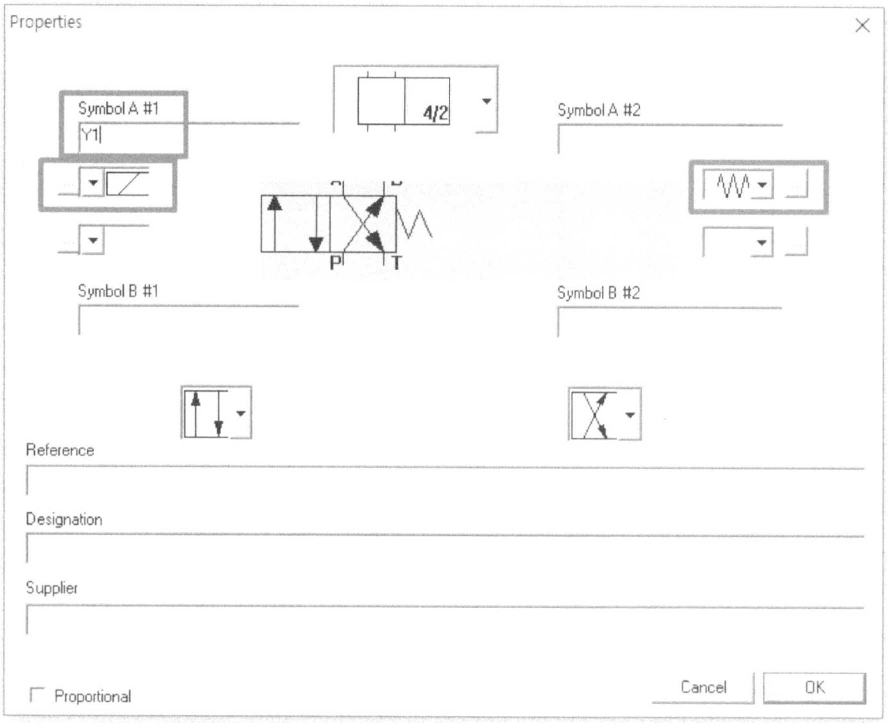

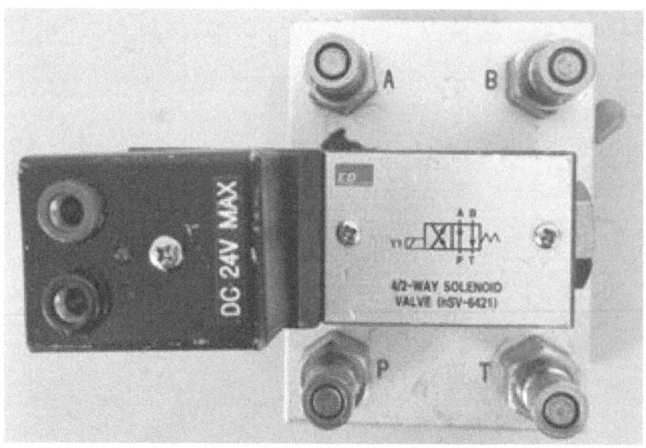

[그림 5-6] 4포트 2위치 편솔레노이드 밸브

◧ 가변형 스로틀밸브

스로틀밸브(교축밸브)는 유압구동에서 가장 많이 사용되고 있는 밸브로서 조정핸들을 통해 회로 내의 유량을 조정 제어할 수 있는 밸브이다.

경로 : [객체기호] - [유압] - [유량 제어] - 가변형 스로틀밸브

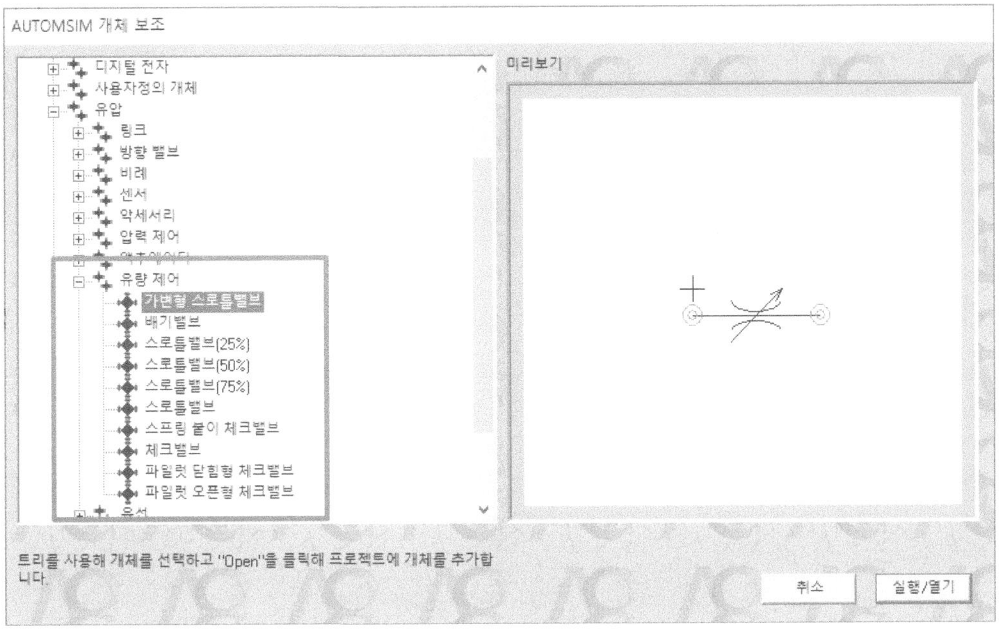

객체 추가시 가로로 되어 있으므로 마우스 우클릭하여 [회전] - [270°] 로 설정하여 세로로 구성하시오.

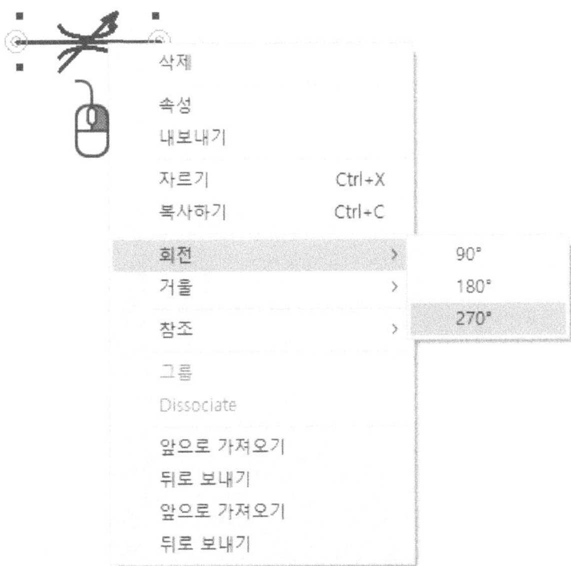

시뮬레이션시 스로틀밸브의 유향 제어를 위해 Resistance(mPa/(l/min)) 값을 10%로 설정하도록 하자.

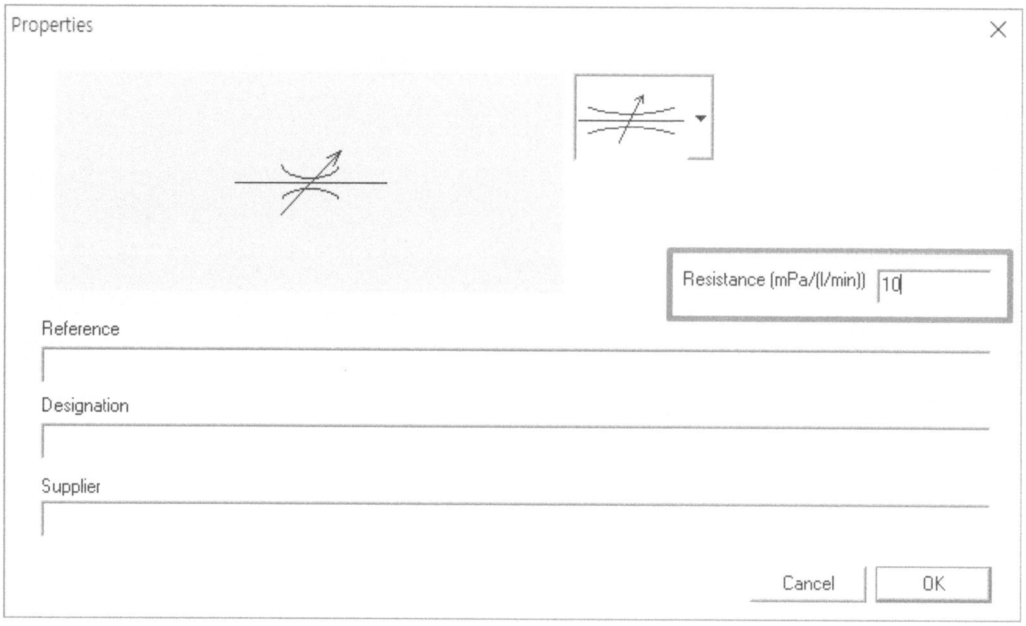

◧ 전자 조작 스프링 복귀형

경로 : [객체기호] - [유압] - [방향 밸브] - 전자 조작 스프링 복귀형

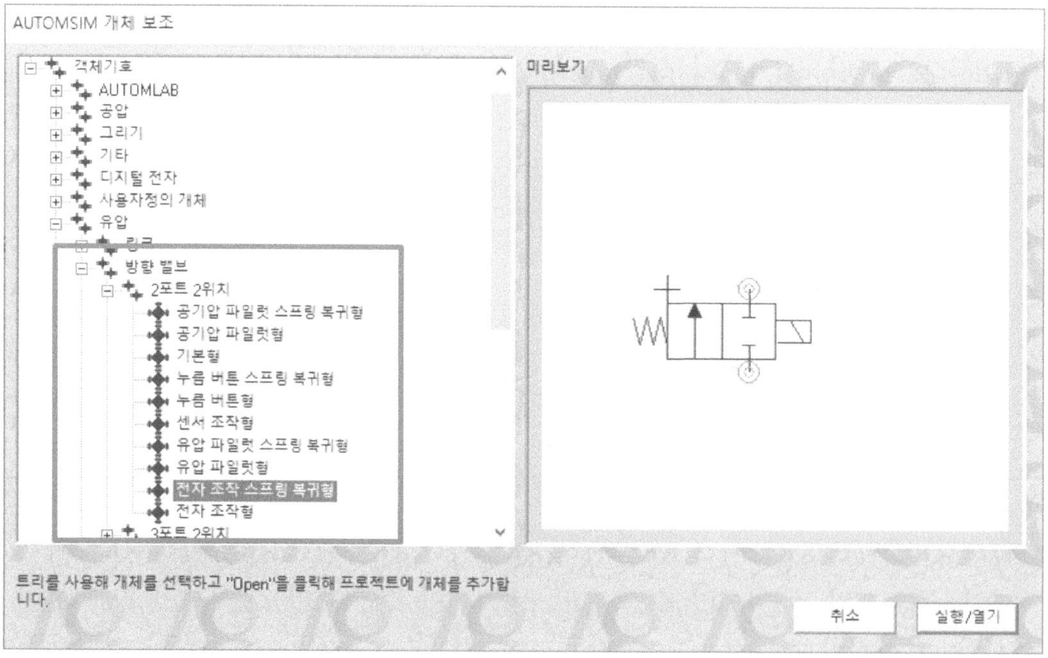

2포트 2위치 유압 방향 제어 밸브의 객체는 실제 장비와는 유로의 방향이 반대로 되어 있으므로, 밸브를 더블클릭하여 아래의 설정으로 변경하도록 하자.

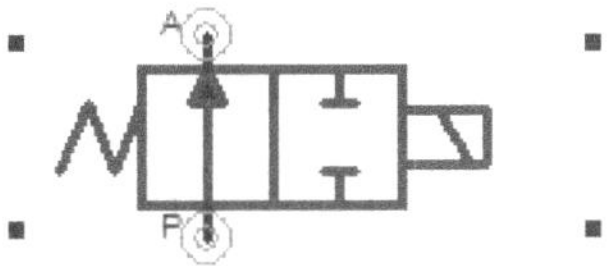

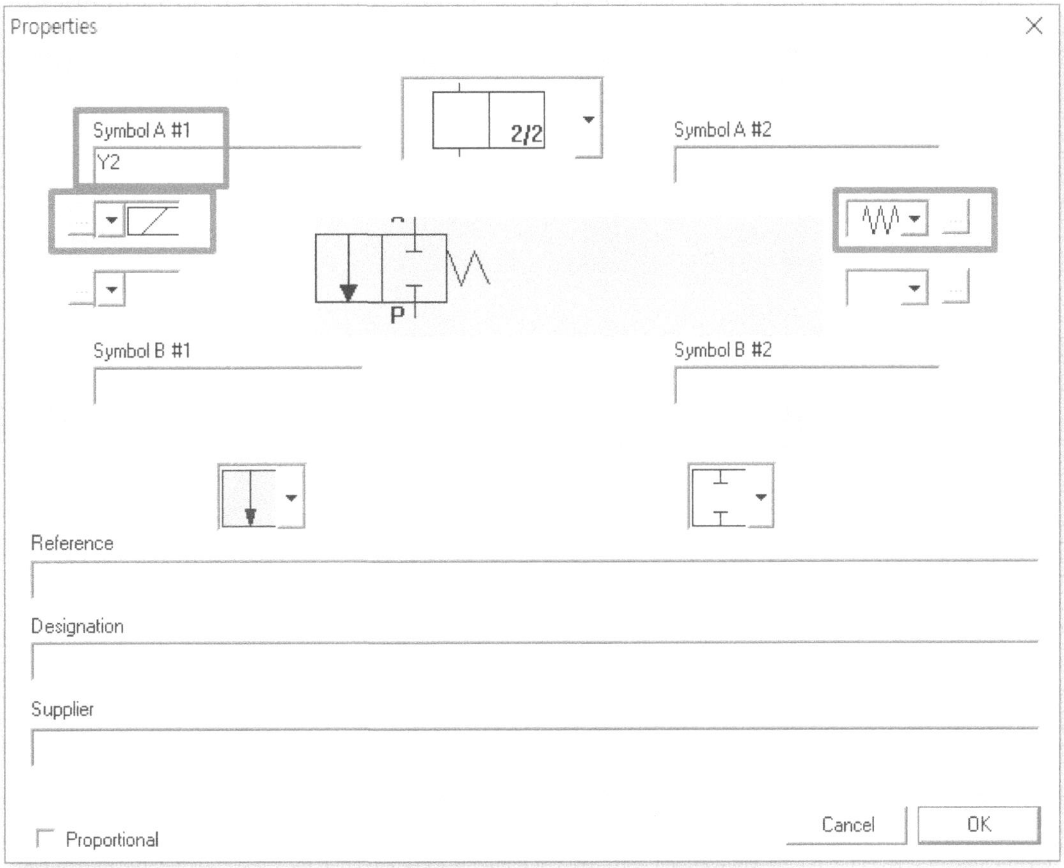

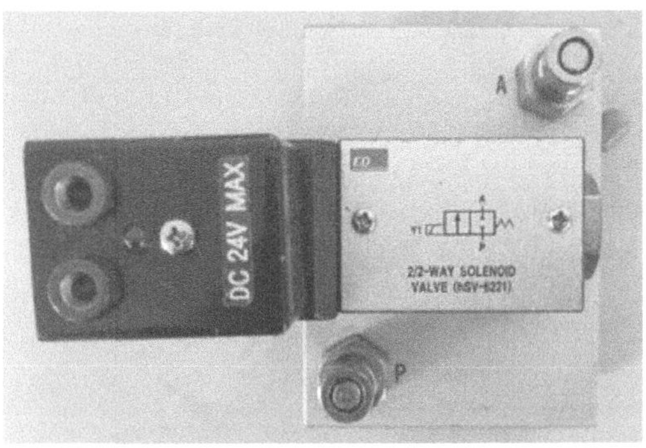

[그림 5-7] 2포트 2위치 편솔레노이드 밸브

유압 제어 밸브인 릴리프 밸브를 통해 기본 압력 설정을 압력 조절 나사로 최고 압력을 조정할 수 있도록 하자. 시뮬레이션에서는 Maximum pressure 값을 4 MPa로 설정하도록 하자.

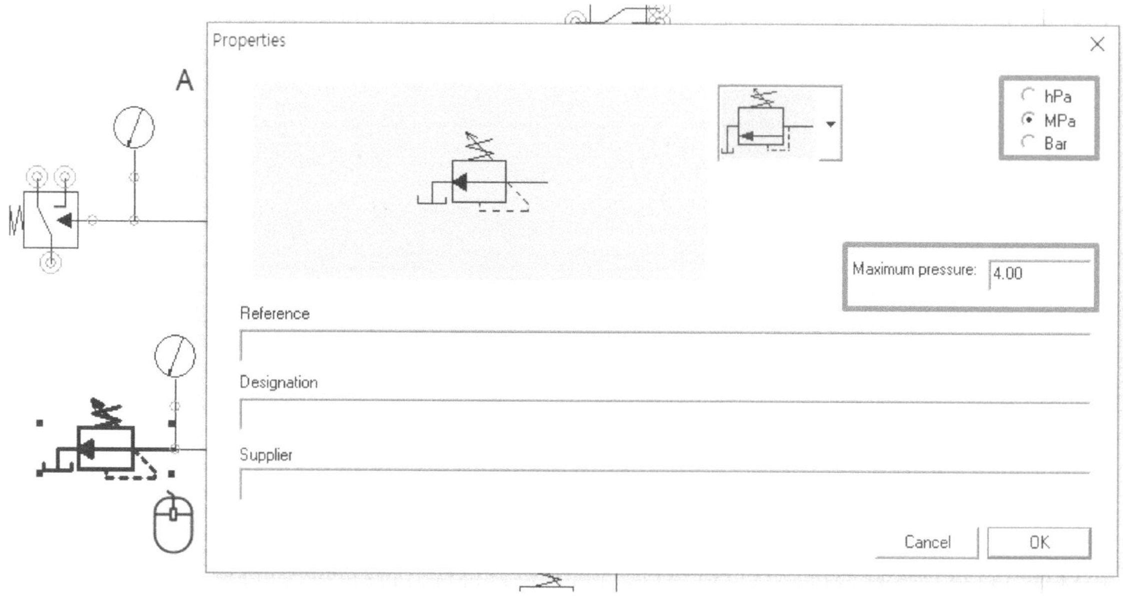

Y2 유량 제어 밸브의 아래에 위치한 릴리프 밸브의 조절 압력은 2 MPa로 설정하도록 하자.

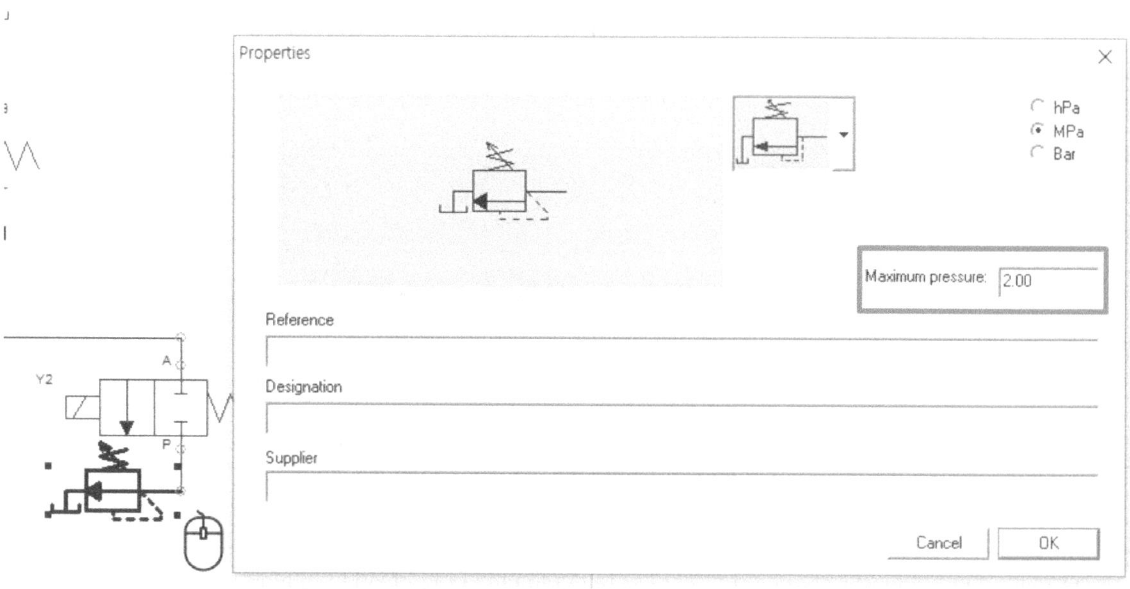

◧ 압력 센서

압력 센서는 설정된 일정 압력이 들어오면 밸브 내의 스위치가 동작하여 전기 신호를 보낸다. 즉 유압 신호를 전기적인 신호로 변경하는 압력 스위치라고 한다. 전동기의 기동, 정지, 솔레노이드 조작밸브의 개폐 등의 목적에 사용된다.

경로 : [객체기호] - [유압] - [센서] - 압력 센서

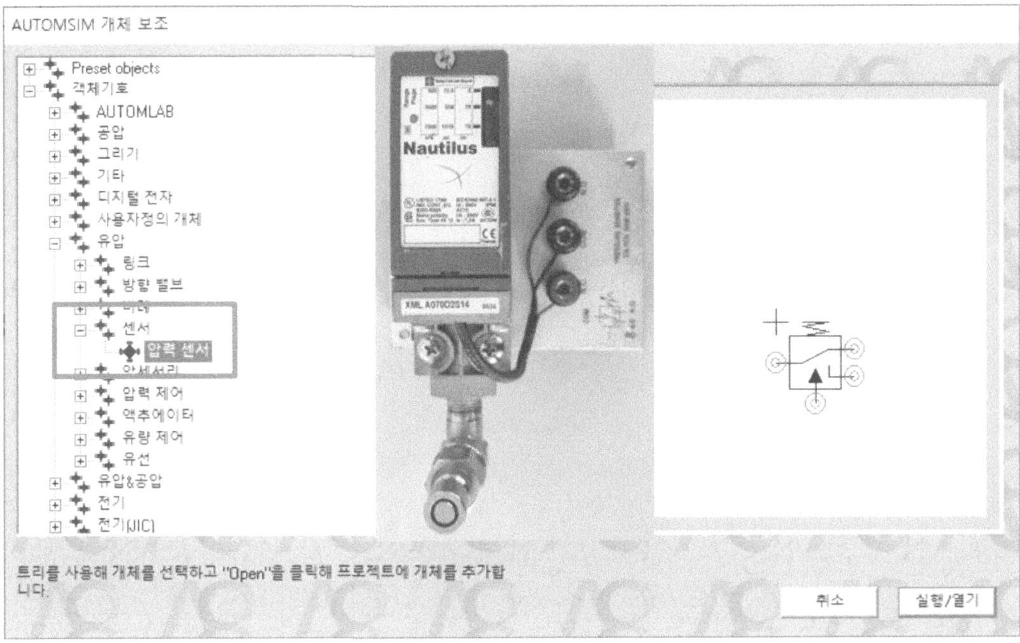

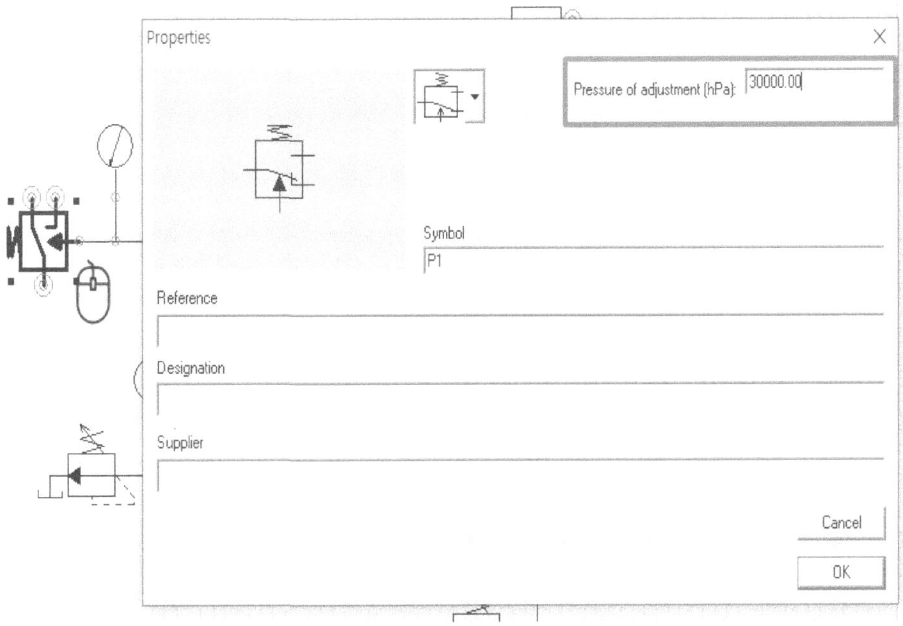

- 1 메가파스칼[MPa] = 10000 헥토파스칼 [hPa]

◧ NO접점(측정)

압력 스위치의 동작시 전기적인 신호로 전달하기 위해 전기회로에 적용하기 위해 사용한다.

경로 : [객체기호] - [전기] - [접점] - NO접점(측정)

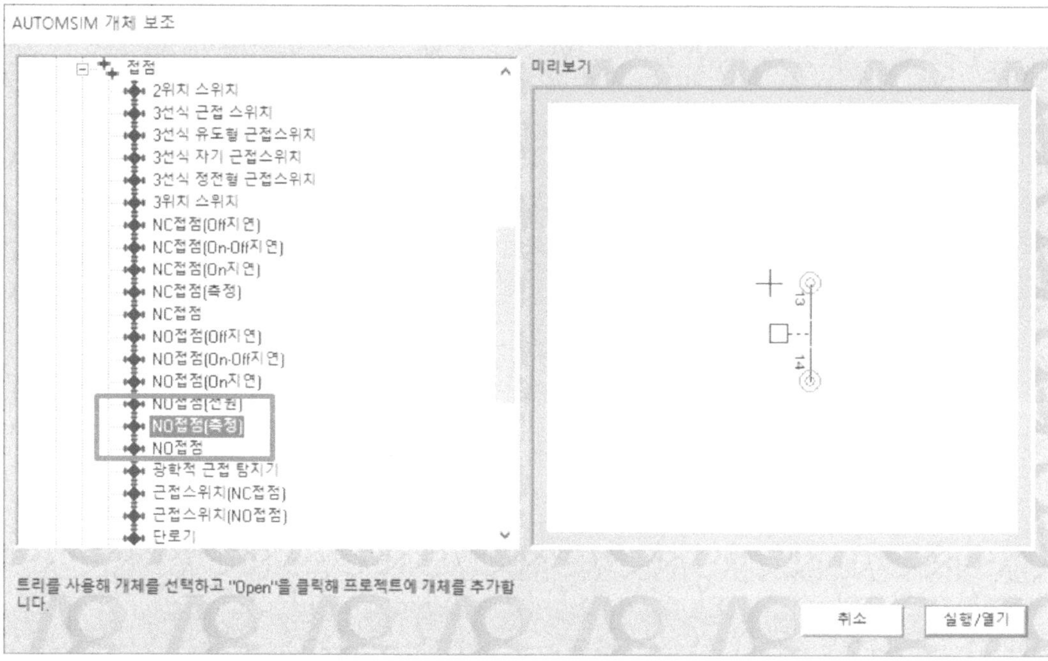

◧ 유압 실제 배치도

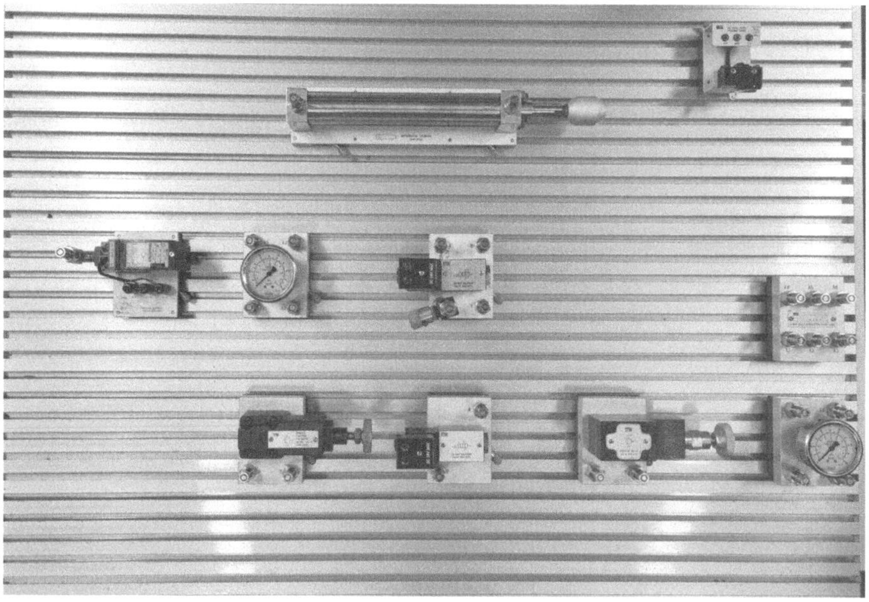

■ 3번 기계정비 유압회로 구성작업

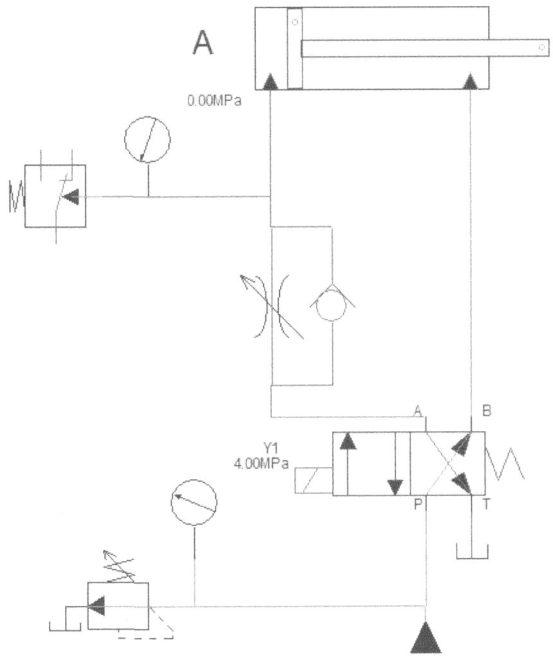

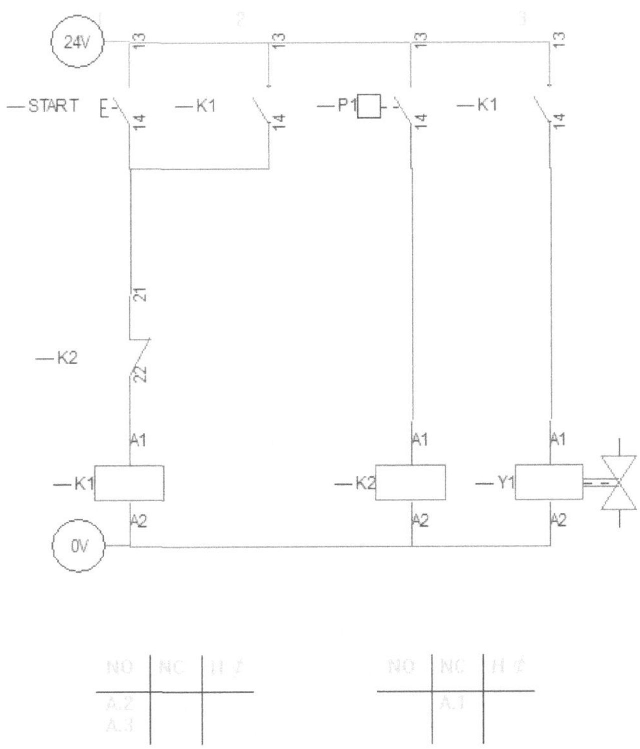

◧ Flow control valve 1 way : 스로틀 체크 밸브

스로틀 체크 밸브는 한쪽 방향으로의 흐름은 제어하고, 역방향의 흐름은 체크 밸브를 통해 자유로 제어가 불가능한 것으로 한방향 유량제어 밸브로 사용된다.

한글로 되어 있는 유압 객체에는 이 밸브가 없으므로, 영어로 되어 있는 경로의 밸브를 찾아서 추가하도록 하자.

경로 : [Preset objects] - [Hydraulic] - [Flow controls] - Flow control valve 1 way

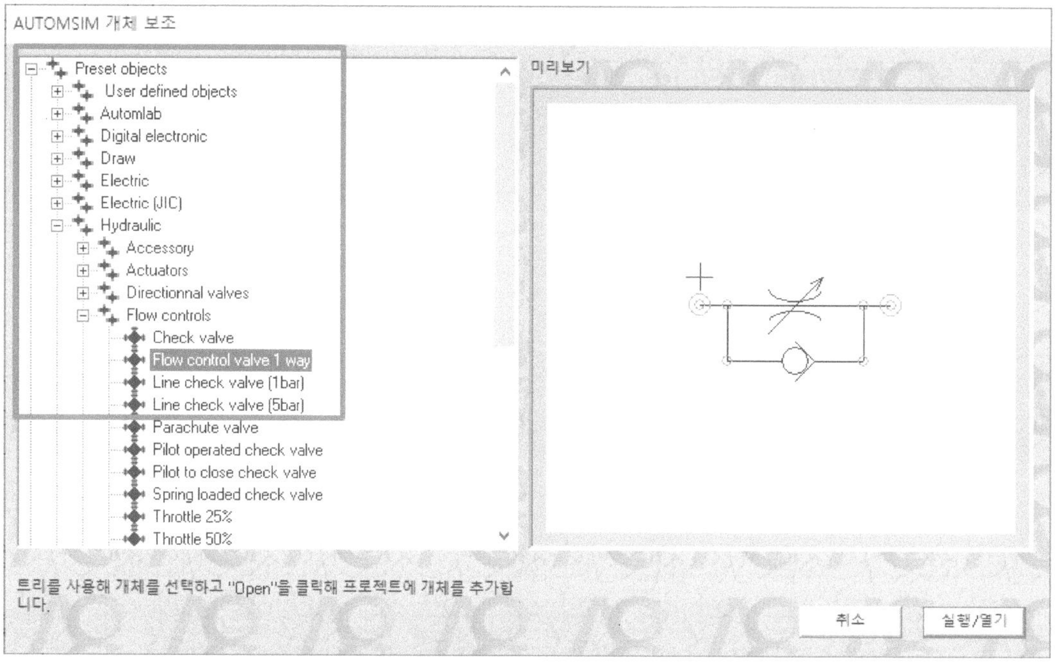

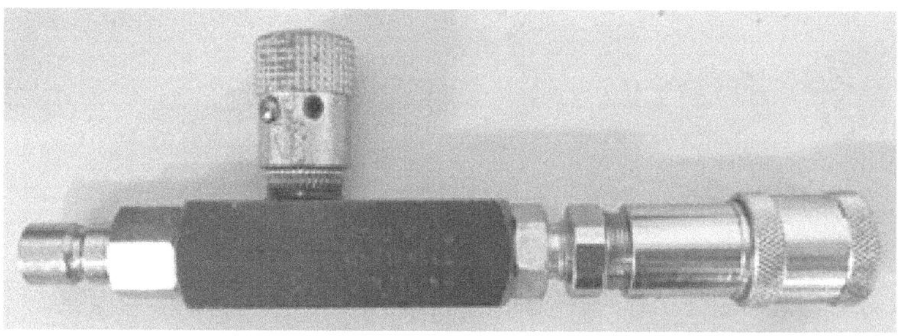

[그림 5-8] 한방향 유량제어 밸브

■ 4번 기계정비 유압회로 구성작업

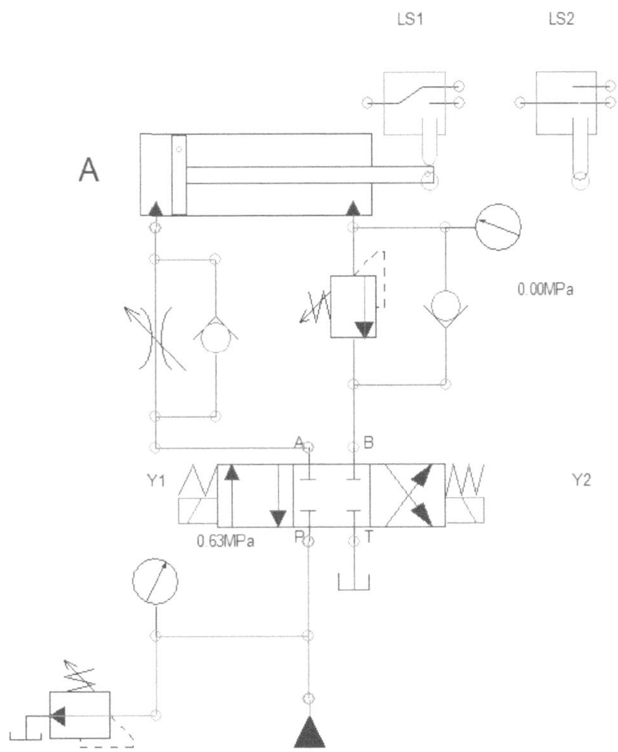

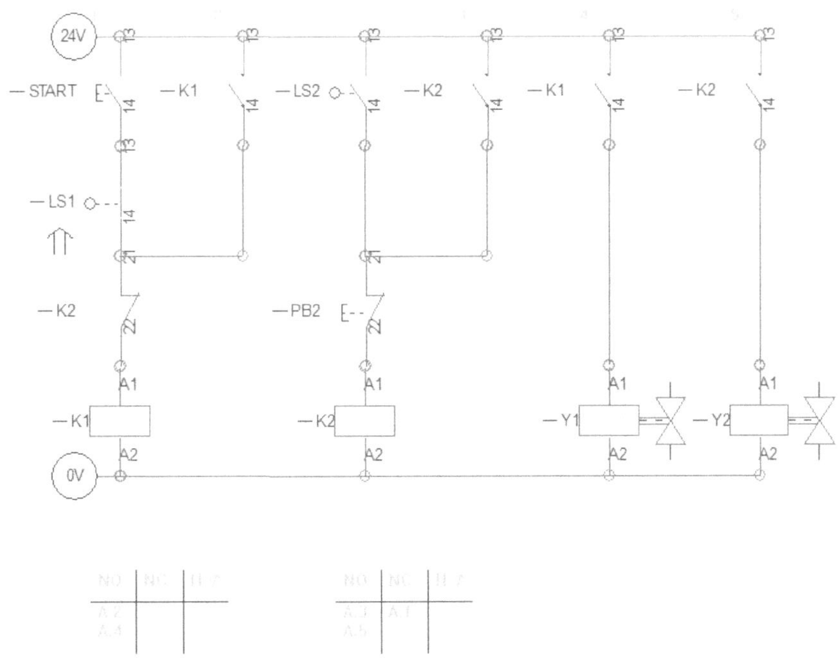

◧ 가변형 시퀀스 밸브

주회로의 압력을 일정하게 유지하면서 유압회로에 작동 순서를 순차적으로 유체를 흐르게 하는 역할을 하는 밸브이다.

경로 : [객체기호] - [유압] - [압력 제어] - 가변형 시퀀스 밸브

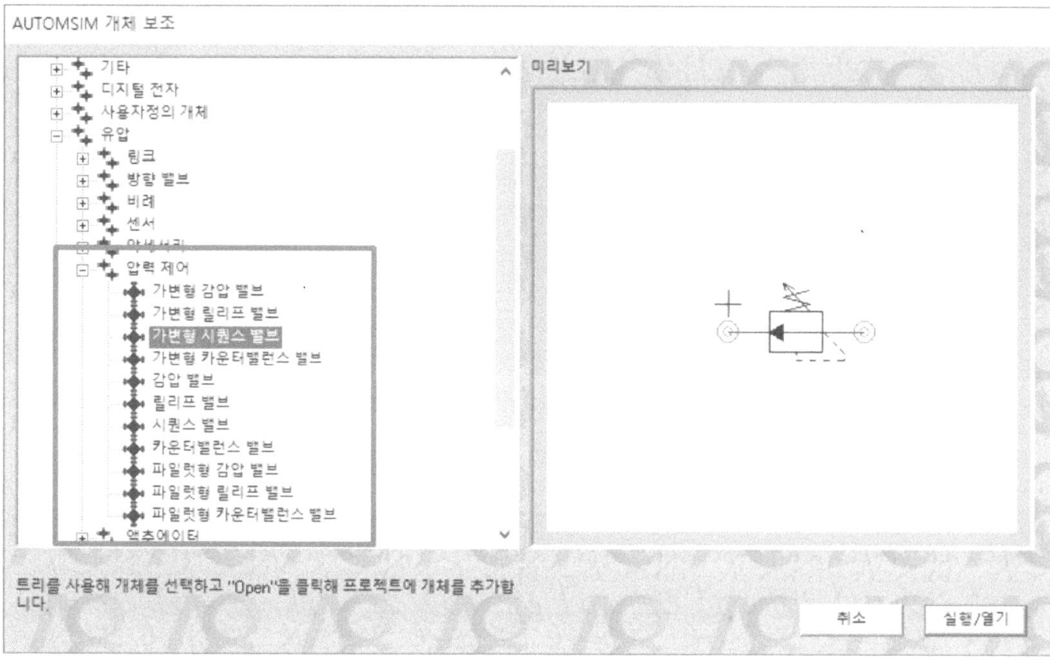

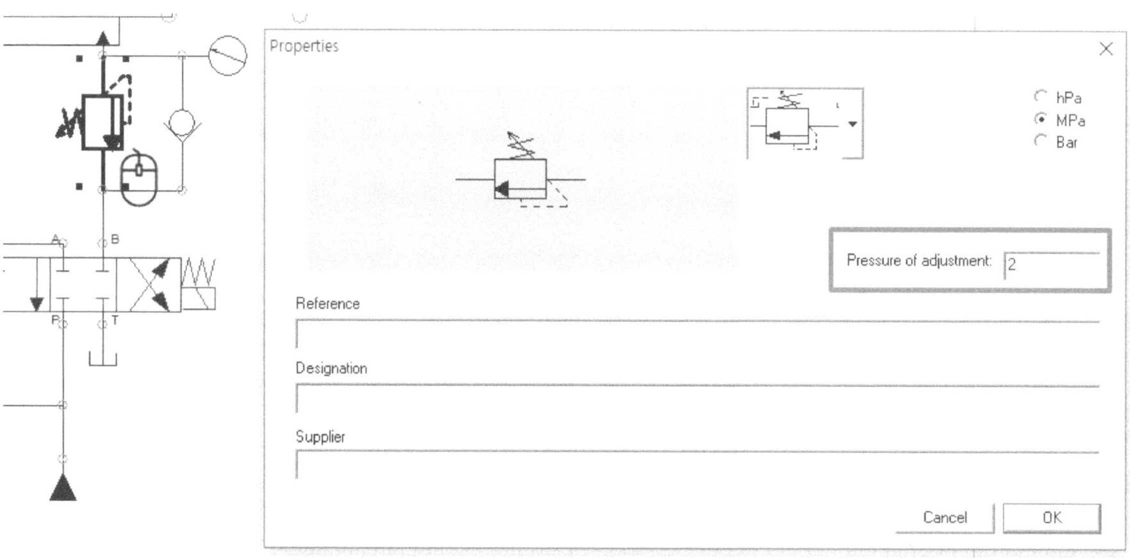

◧ 가변형 카운터 밸런스 밸브

회로의 일부에 배압을 발생시키고자 할 때 사용하는 밸브이다. 조작중 부하가 급속하게 제거되어 추락하는 것을 방지하고자 할 경우에 사용한다.

경로 : [객체기호] - [유압] - [압력 제어] - 가변형 카운터 밸런스 밸브

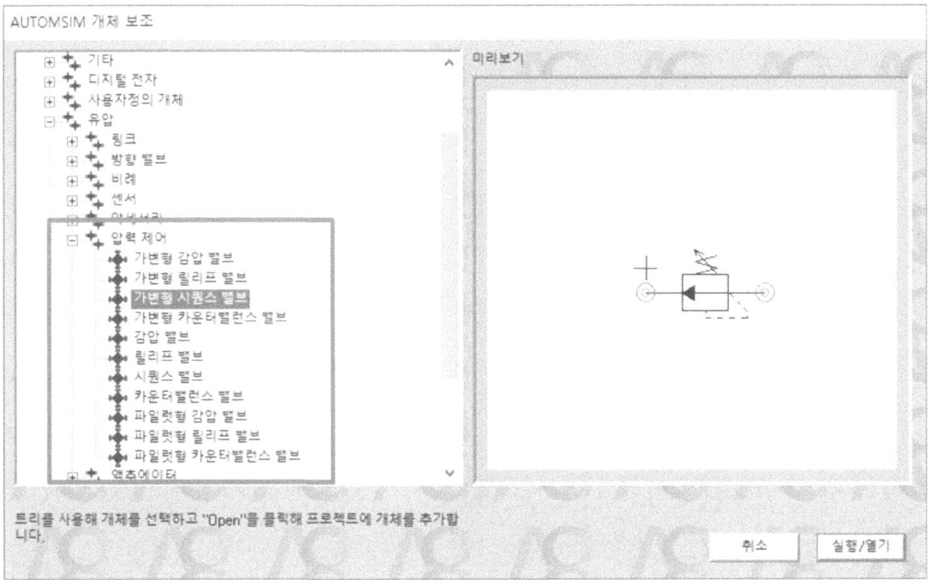

◧ 체크밸브

경로 : [객체기호] - [유압] - [유량 제어] - 체크밸브

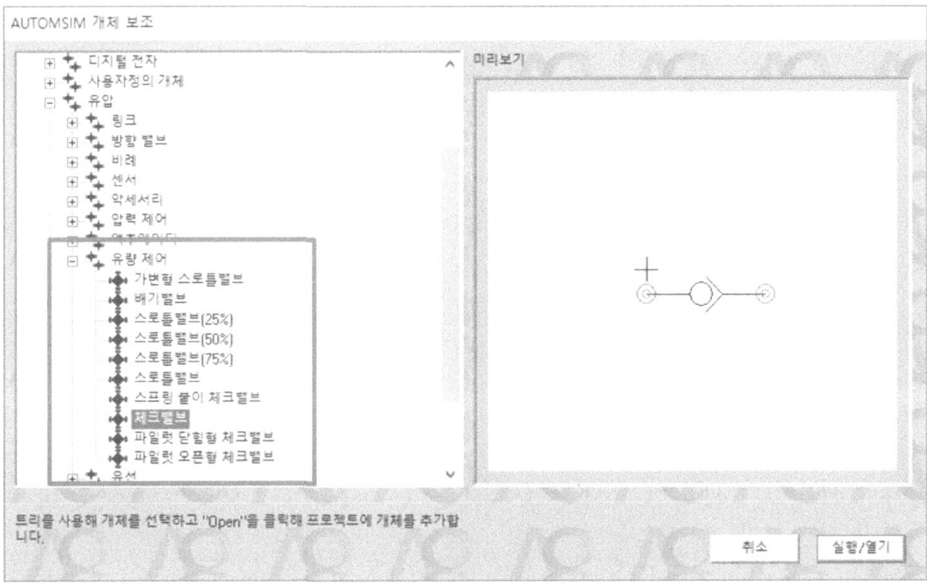

■ 5번 기계정비 유압회로 구성작업

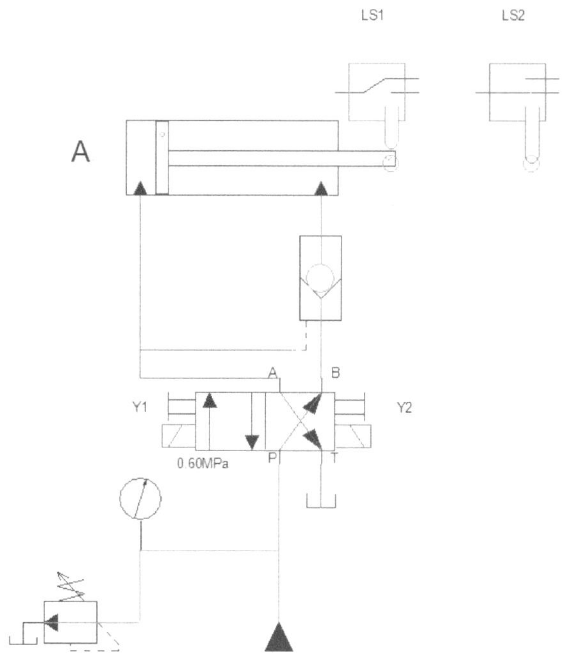

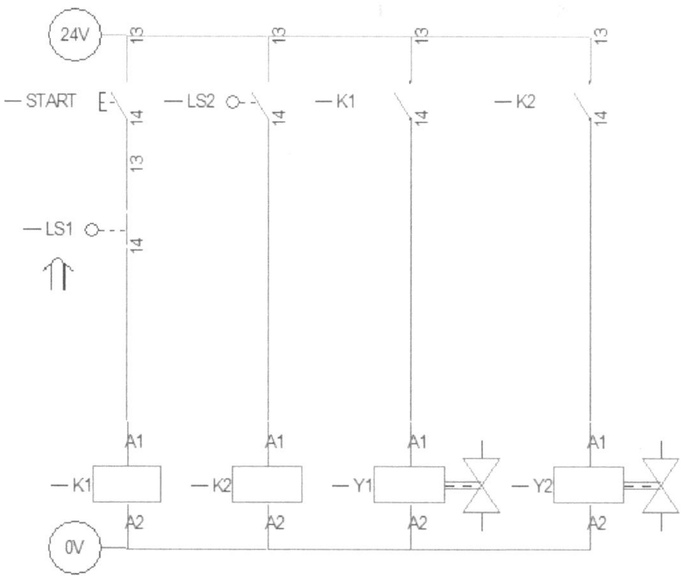

◧ 파일럿 오픈형 체크밸브

경로 : [객체기호] - [유압] - [유량 제어] - 파일럿 오픈형 체크밸브

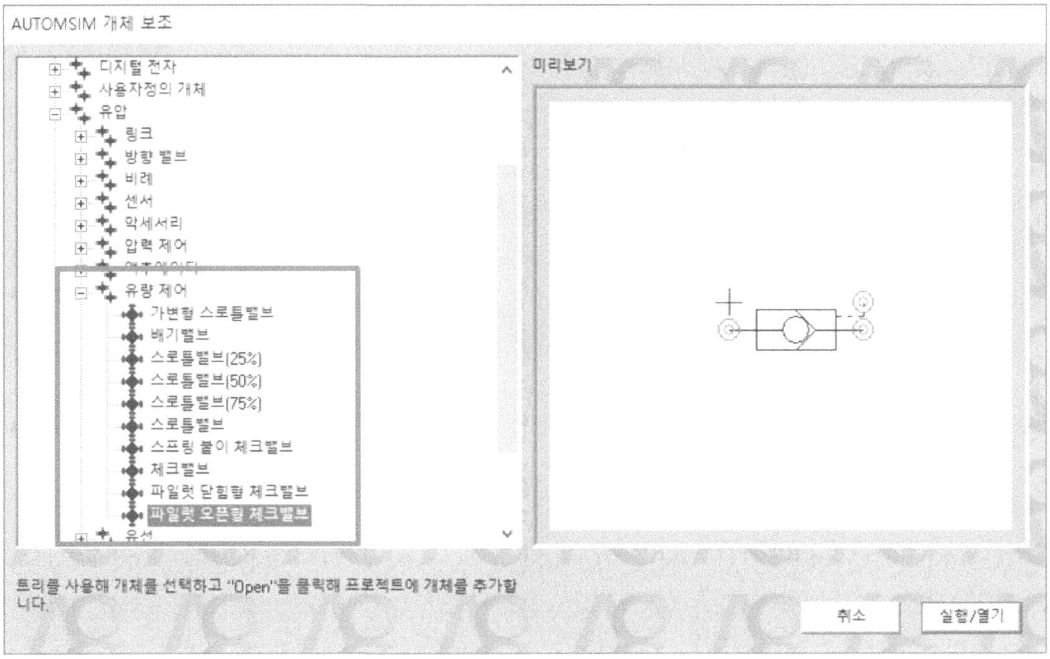

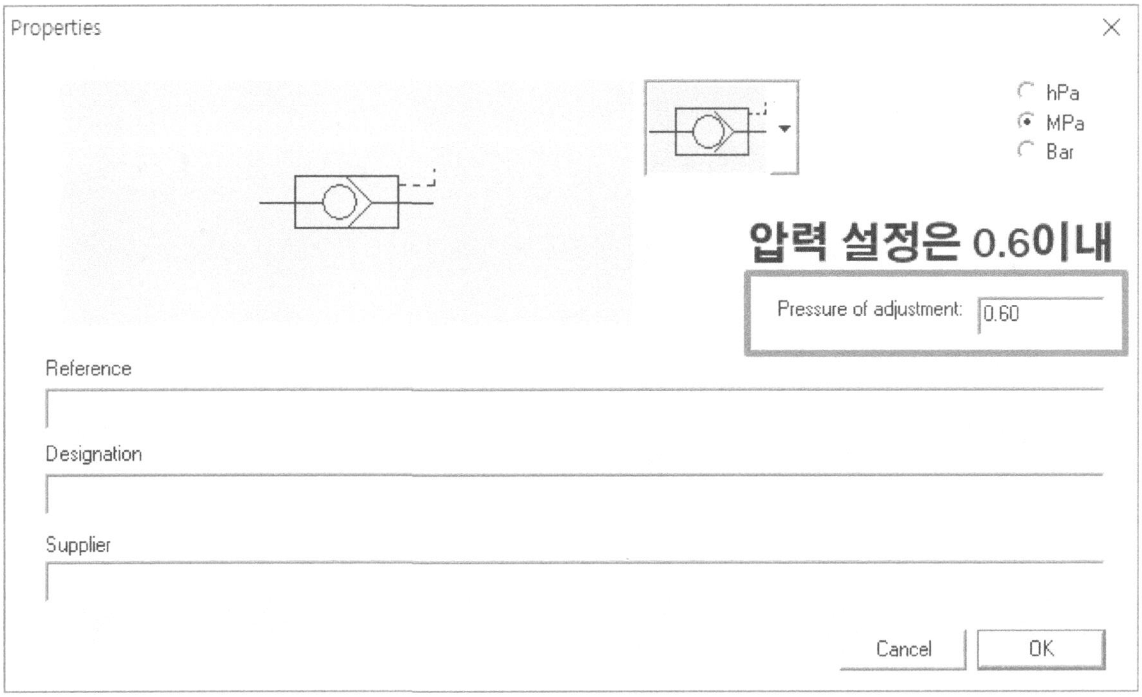

■ 6번 기계정비 유압회로 구성작업

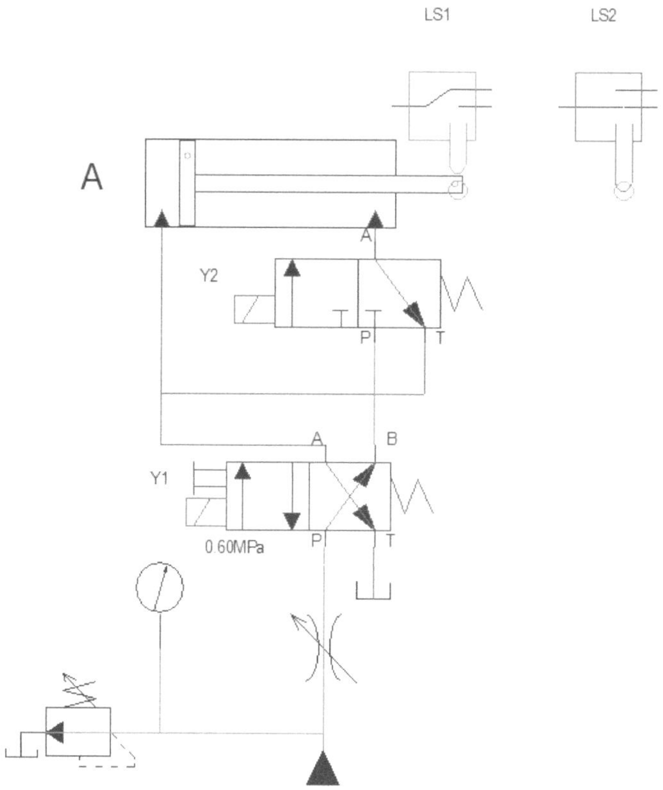

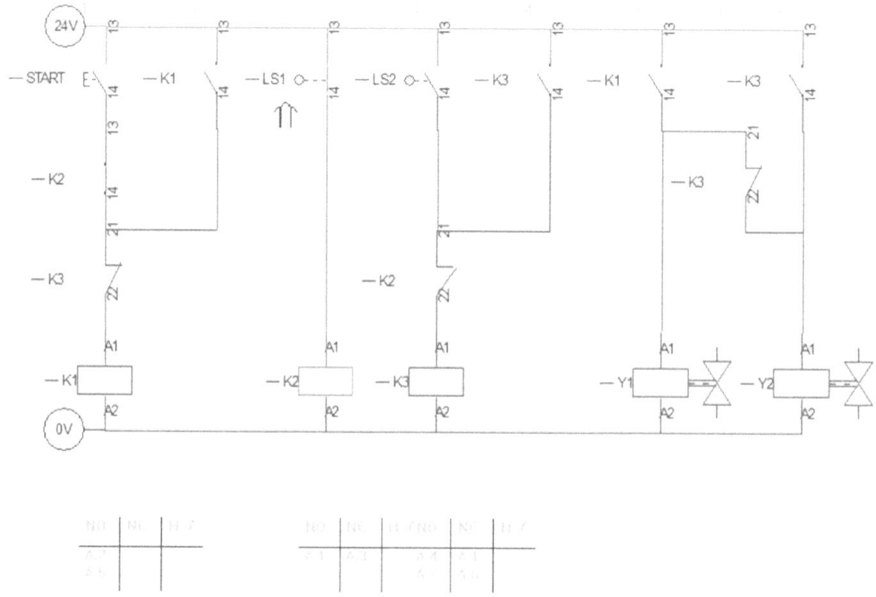

◧ 기본형

경로 : [객체기호] - [유압] - [방향 밸브] - [3포트 2위치] - 기본형

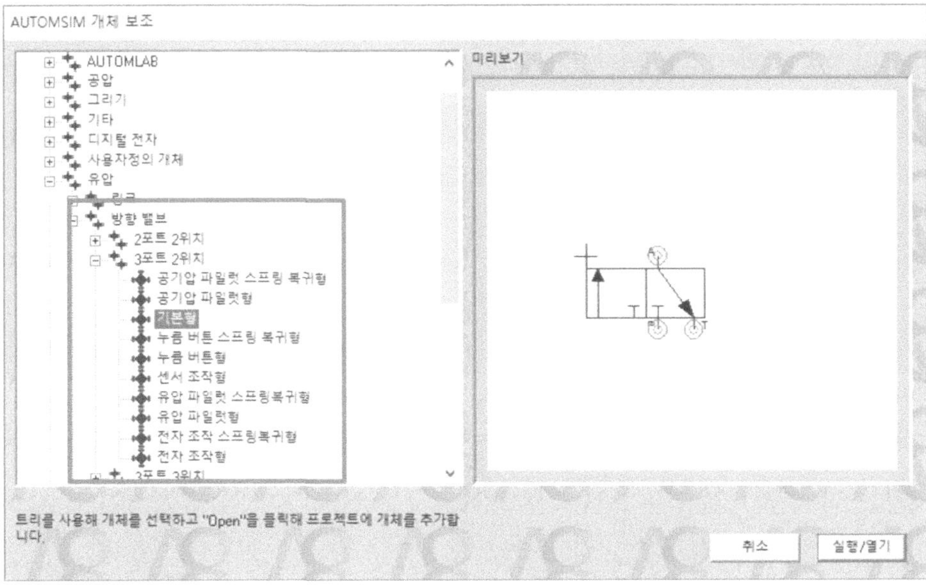

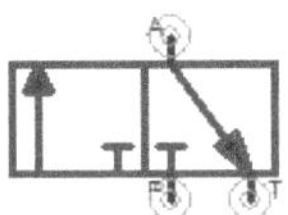

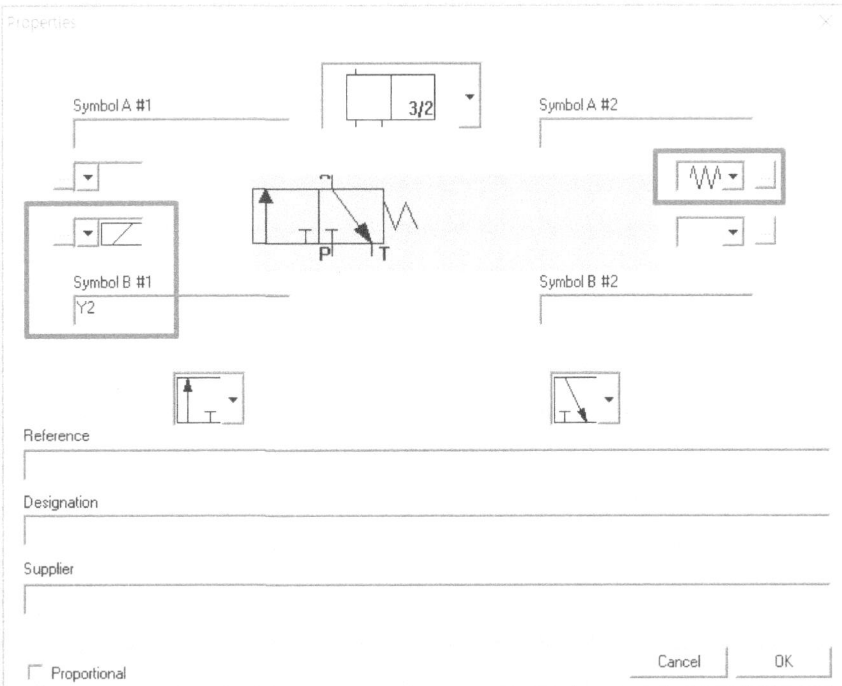

■ 7번 기계정비 유압회로 구성작업

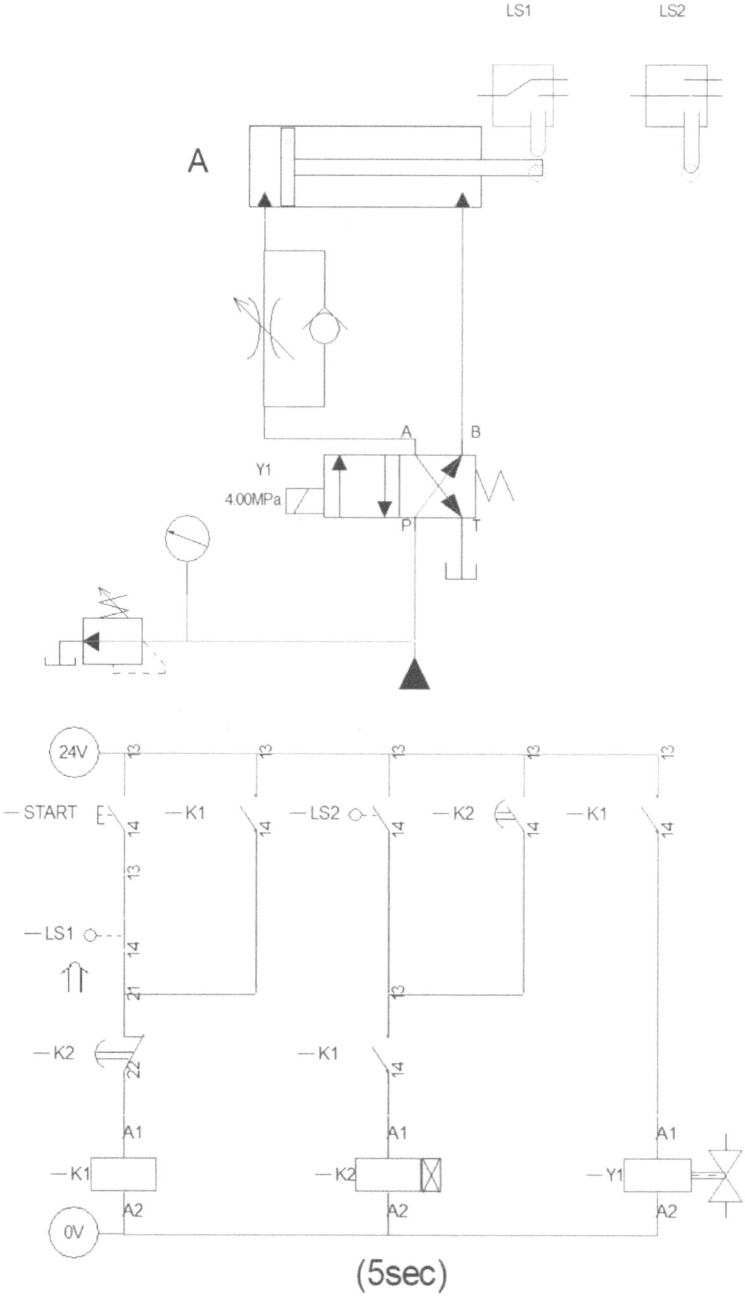

◧ ON지연 코일

경로 : [객체기호] - [전기] - [출력 구성요소] - ON지연 코일

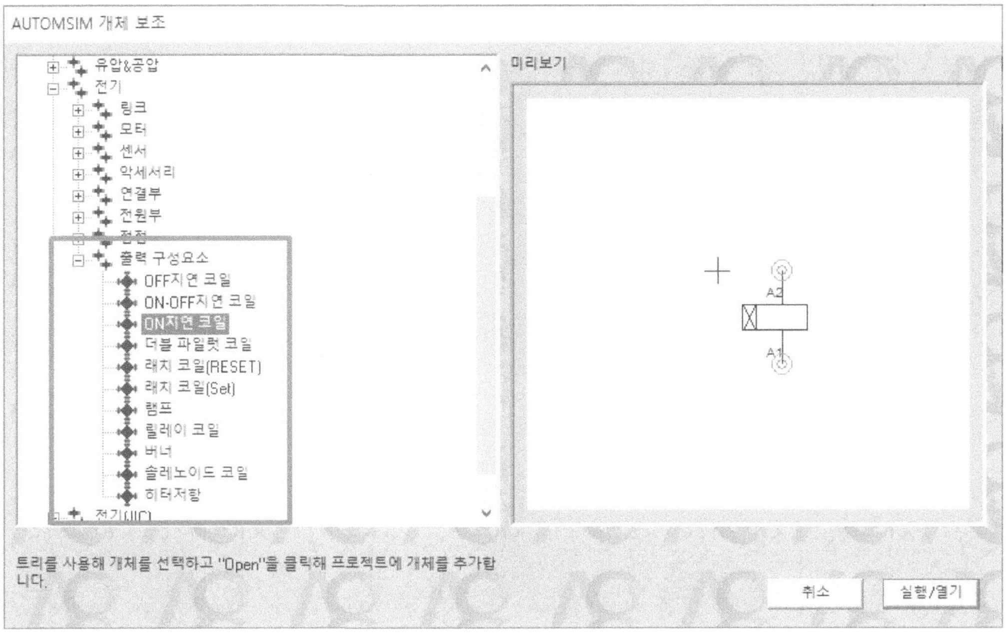

◧ NO접점(On지연)

경로 : [객체기호] - [전기] - [접점] - NO접점(On지연)

※ 현재는 NO접점(off지연)으로 되어 있으나 수정이 필요함.

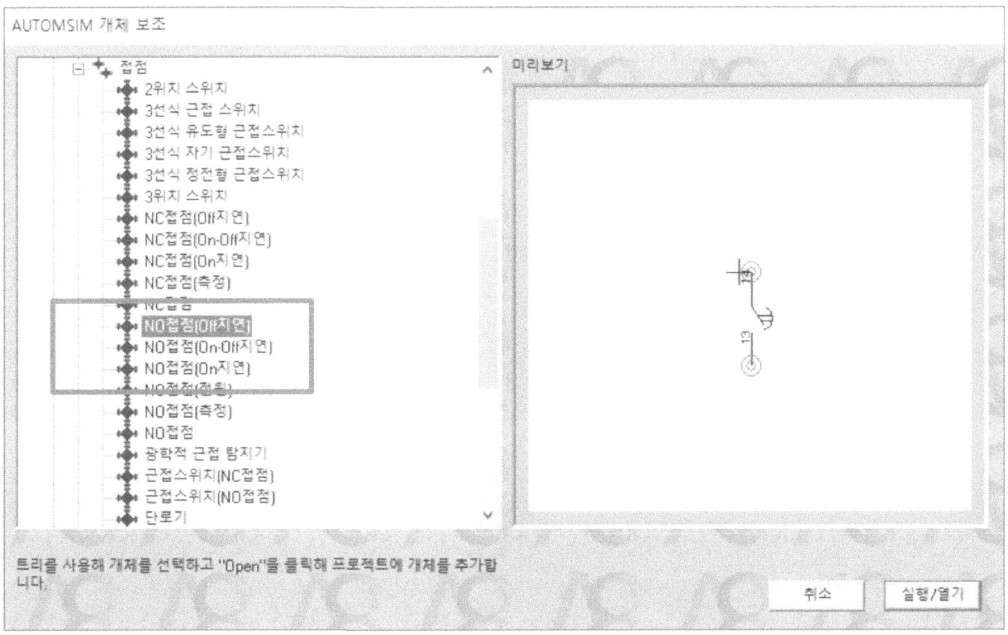

■ 8번 기계정비 유압회로 구성작업

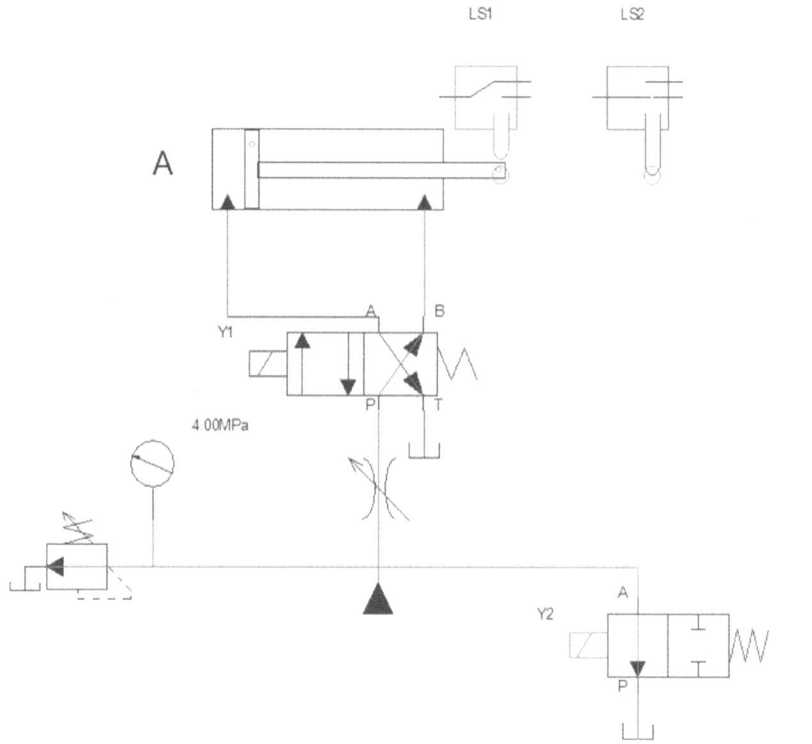

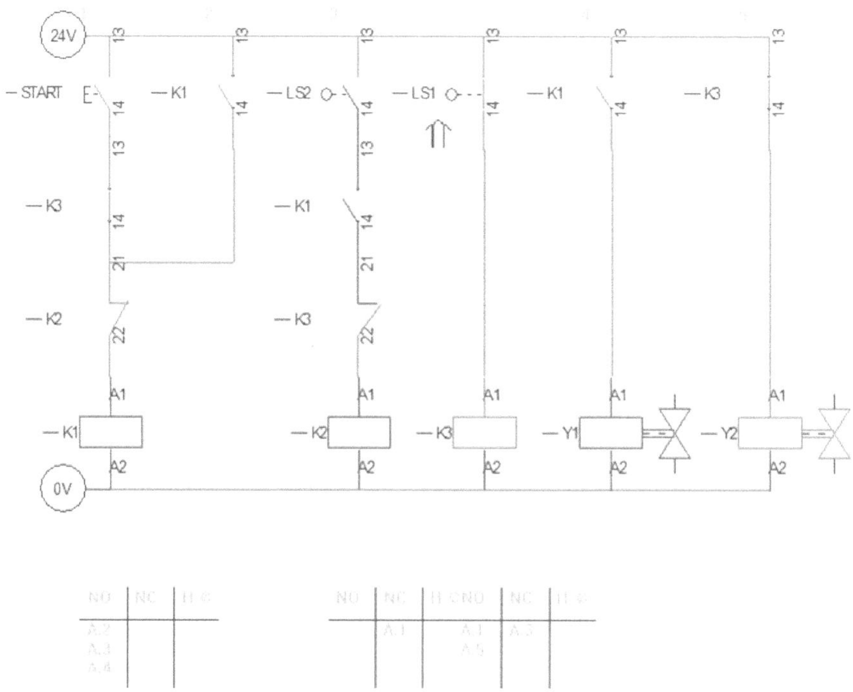

■ 9번 기계정비 유압회로 구성작업

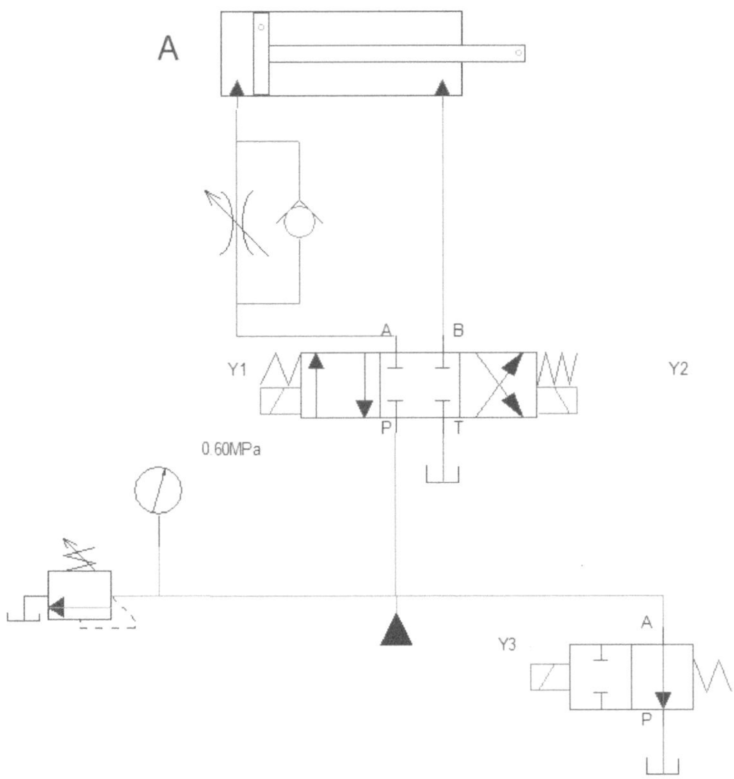

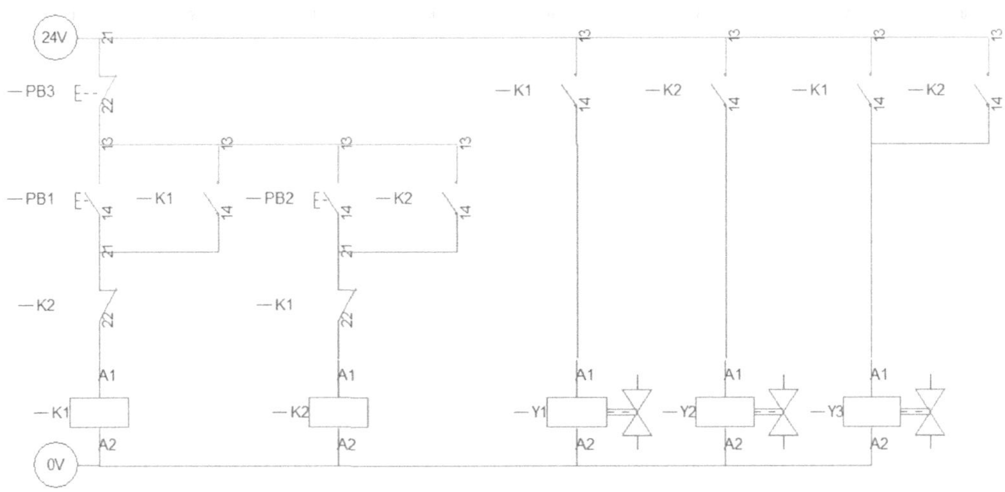

■ 10번 기계정비 유압회로 구성작업

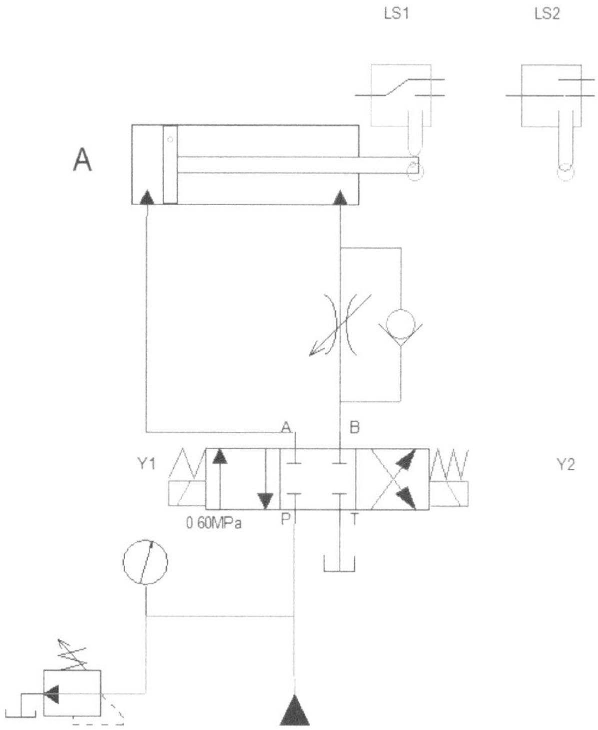

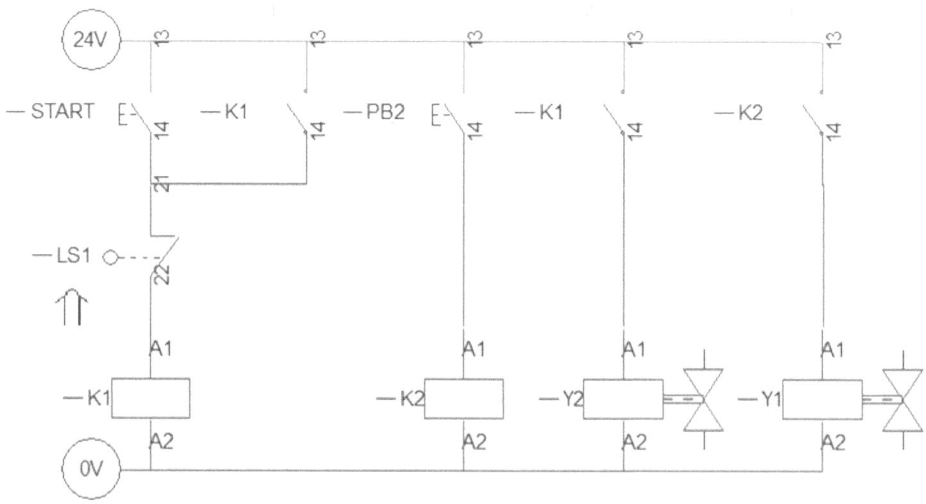

■ 11번 기계정비 유압회로 구성작업

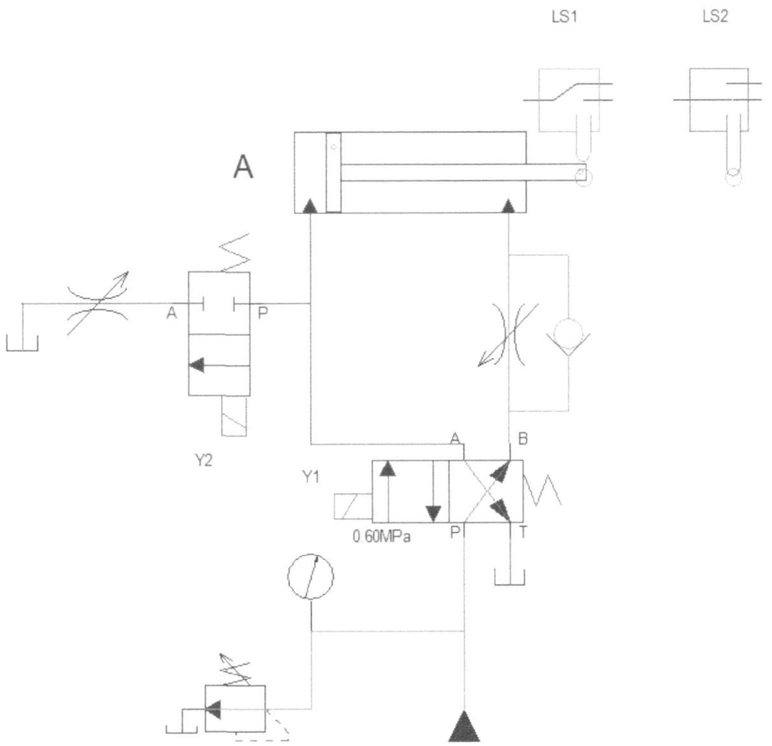

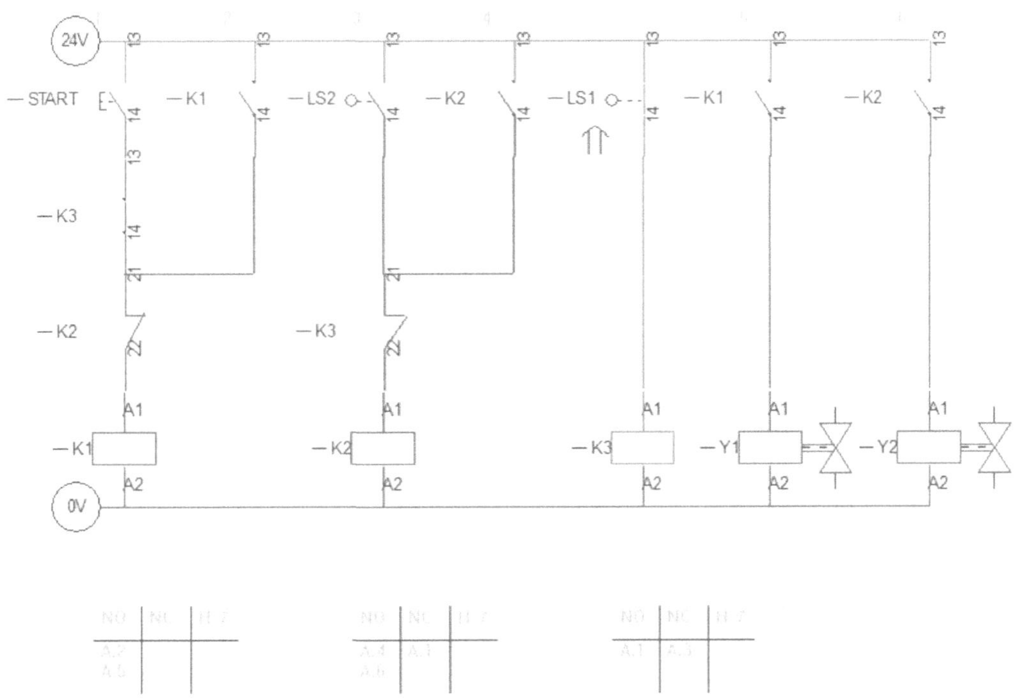

■ 12번 기계정비 유압회로 구성작업

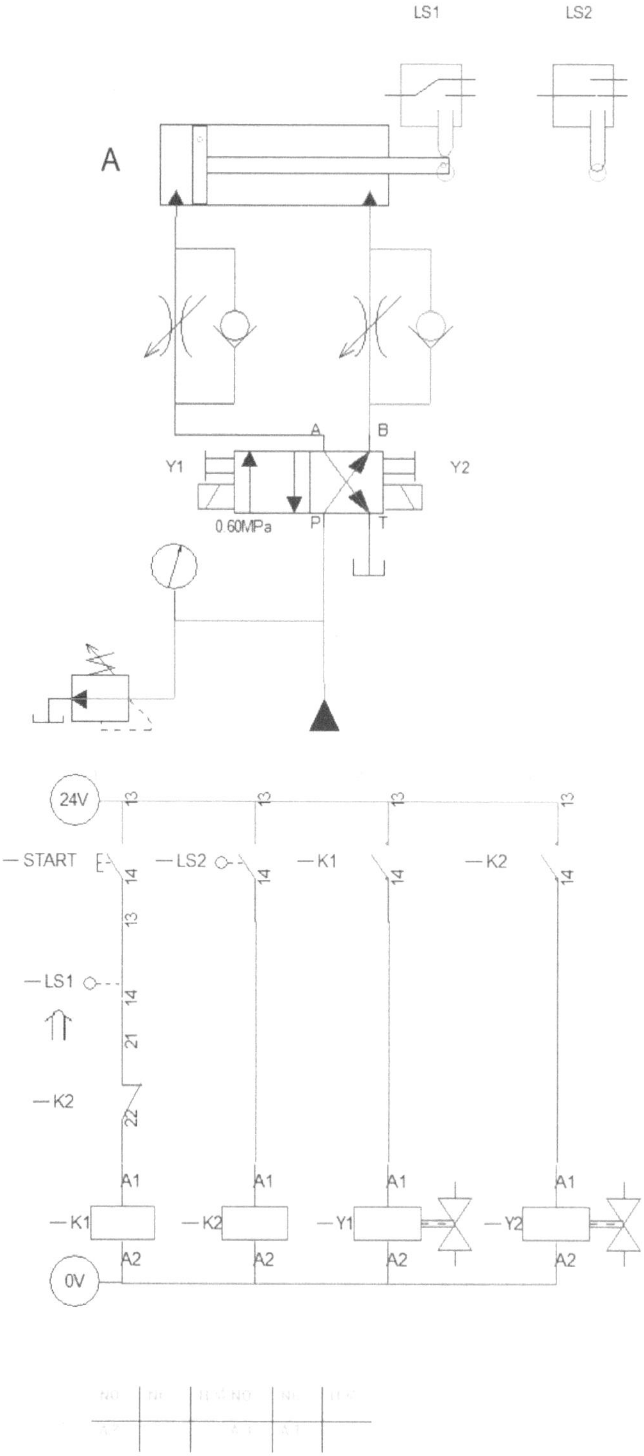

■ 13번 기계정비 유압회로 구성작업

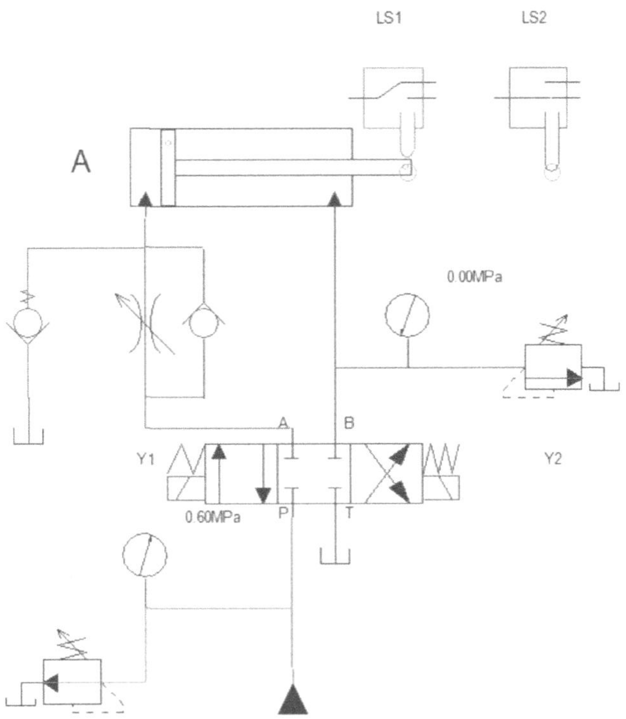

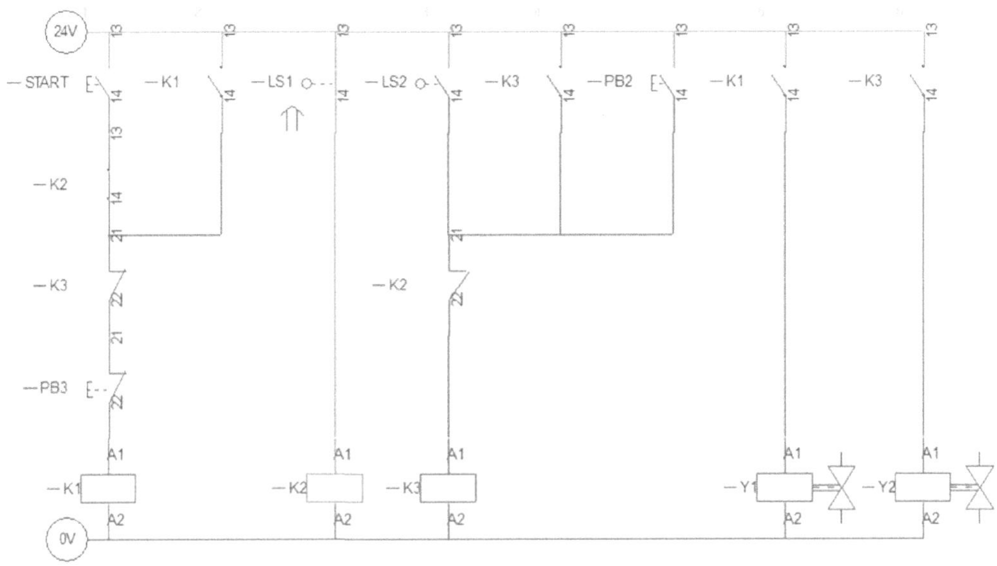

■ 14번 기계정비 유압회로 구성작업

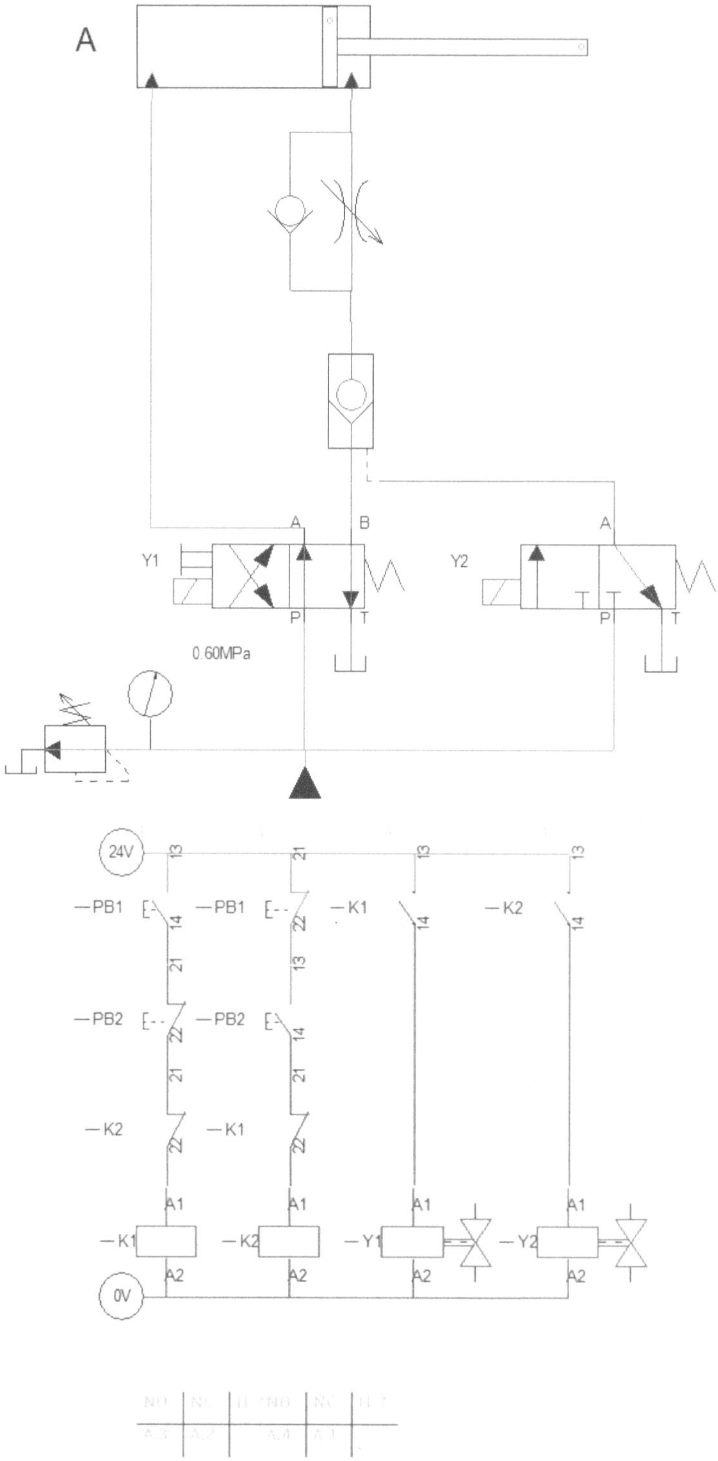

Chap 6 PLC 시뮬레이션 구성

6-1 PLC의 이해

1970년대에 발명된 원래의 프로그래밍이 가능한 논리 제어기(PLC, Programmable Logix Controller)에서 확장 가능하고 다분야에 걸쳐 정보를 지원하는 프로그래머블 자동화 컨트롤러(PAC, Programmable Automation Controller)에 이르기까지 복잡한 응용 분야부터 단순한 응용 분야까지 적용 가능하다. 아래의 그림은 공장 자동화 시스템 구성도이며, 자동화를 구성하기 위해서는 중심에 PLC가 위치해 있다. 여러 제조사별 PLC가 있으나 공통적으로 전원부분, 디지털/아날로그 입력모듈, 출력모듈로 구성되어 있다. 상위 Control Room과 연결하기 위해서는 통신 시스템이 필요하다.

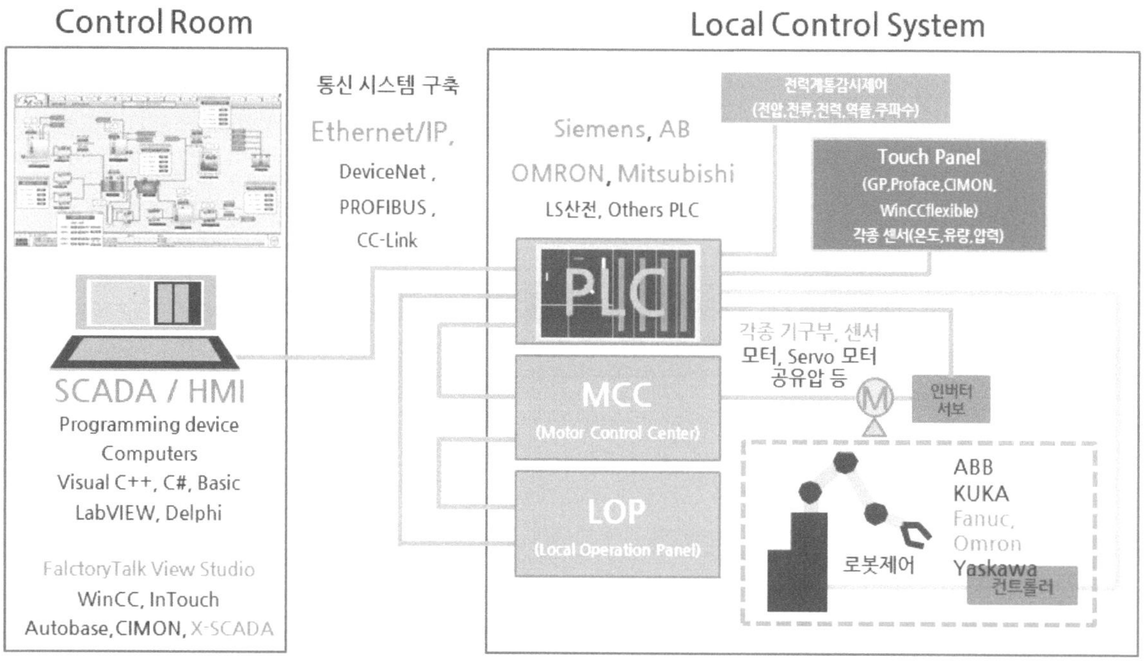

[그림 6-1] PLC 공장 자동화 시스템 구성도

각 제조사별 PLC 중 로크웰 오토메이션의 제어 시스템은 여러 응용 분야, 제조용 스마트 기계 및 장비, 공정 기회, 기본 및 스마트 제어 요구 사항 등에 맞도록 대형, 프로세스, 소형, 마이크로 PLC 컨트롤 시스템으로 구성 되어 있다. 여기에서는 소형 컨트롤 시스템으로 분류되어 있는 CompactLogix 5370 컨트롤러 중 1769-L18ERM-BB1B PAC를 활용하여 시뮬레이션을 구성하고자 한다.

6-2 PLC 시뮬레이션 구성작업

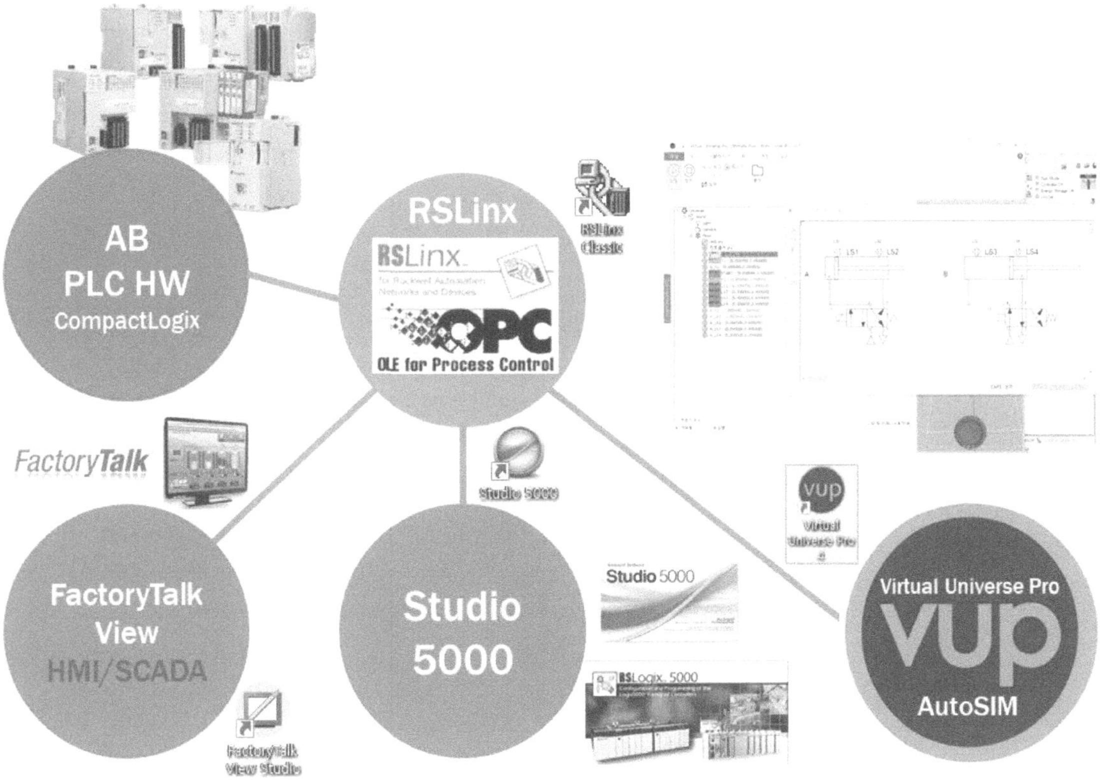

[그림 6-2] 시뮬레이션 시스템 구성도

■ PLC 통신 상태 확인을 위한 RSLinx 실행

바탕화면에 설치된 RSLinx Classic 아이콘을 클릭하여 RSLinx를 실행한다. 기존에 Ethernet/IP로 연결되어 있는 PLC를 “RSWho”를 통해 찾도록 한다.

■ Studio 5000 New Project 실행

바탕화면에서 Studio 5000 아이콘을 더블 클릭하여 실행 후 [New Project]를 생성한다.

[Project Types]에서 [Logix]를 선택 후 [CompactLogix 5370 Controller]-[1769-L18ERM-BB1B]를 선택 후 프로젝트를 저장할 위치와 프로젝트명을 입력한 후 [Next]를 클릭한다.

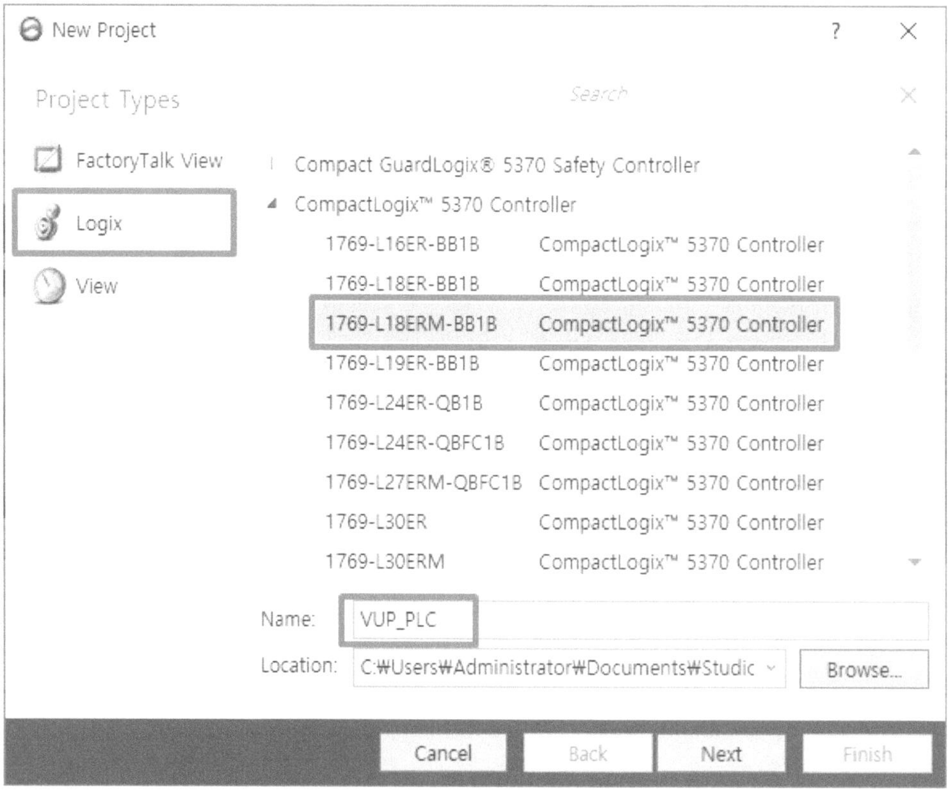

아래와 같이 버전은 [30]을 선택한다. 주의할 사항은 실제 Logix 프로세서의 펌웨어 버전과 사용하는 Studio 5000 프로그램의 버전을 꼭 확인하여 매칭 한 후 작성한다. 확장 I/O 모듈은 없으므로 0 Modules로 설정한다. 이후 [Finish]를 선택한다.

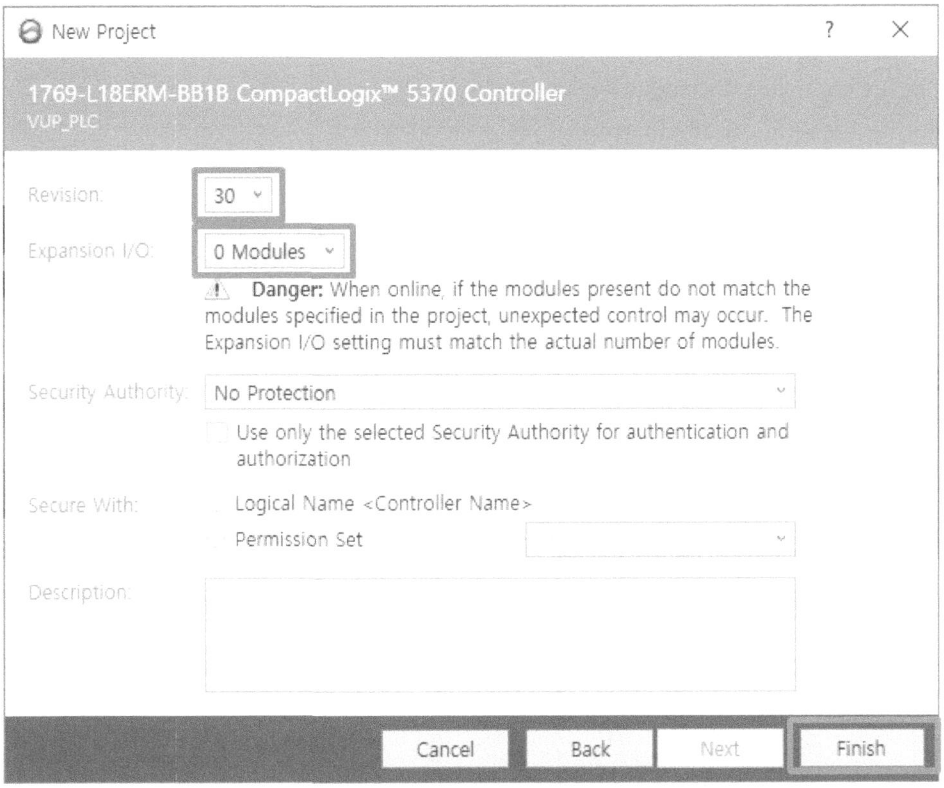

이후 [Logix Designer]가 정상적으로 실행되면 다음과 같은 화면이 나타난다.

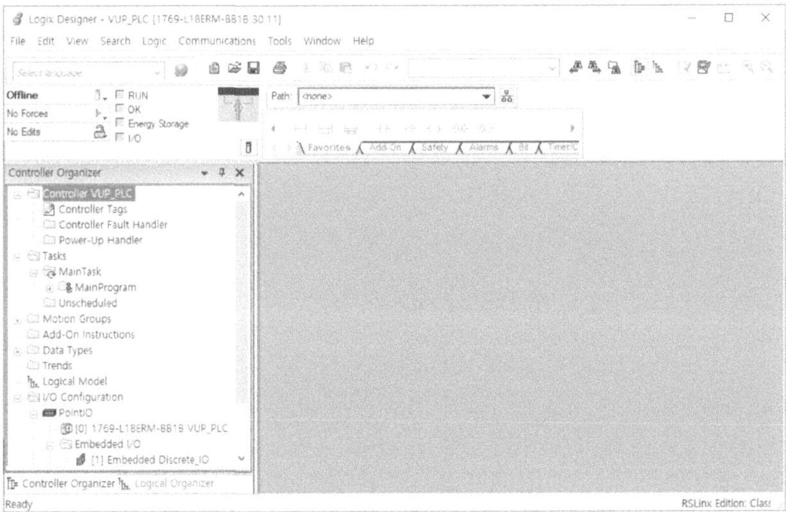

■ Logix Designer PLC 래더도 작성

실행된 Logix Designer의 [Controller Organizer] 항목의 Tasks 〉 MainTask 〉 MainProgram 〉 MainRoutine을 더블클릭하면 래더도를 작성할 수 있는 화면이 나타난다.

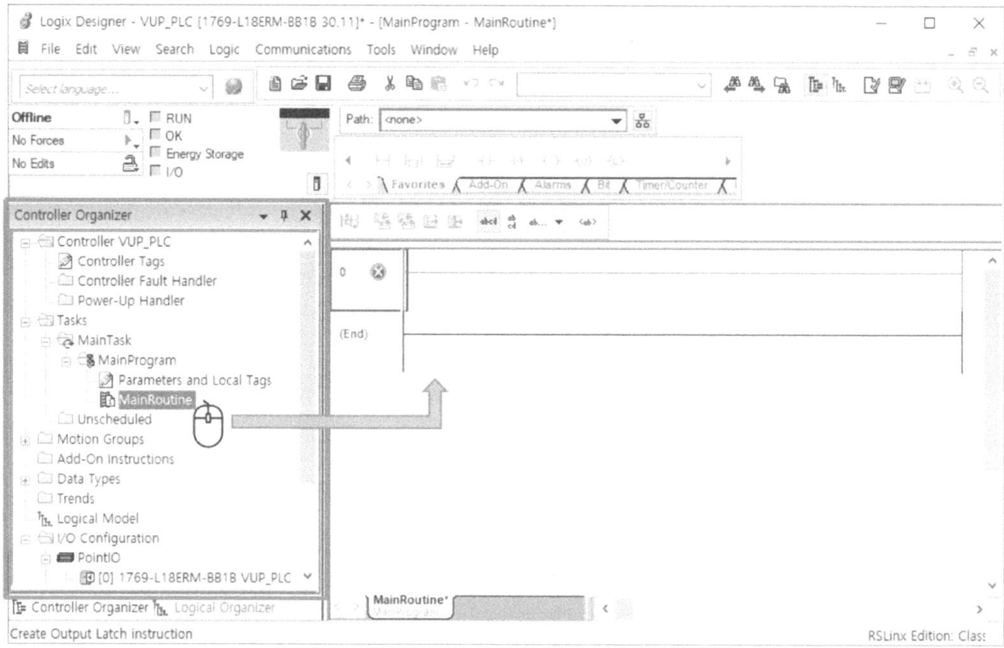

Language Element에서 NO접점과 코일을 마우스 드래그 또는 클릭한다.

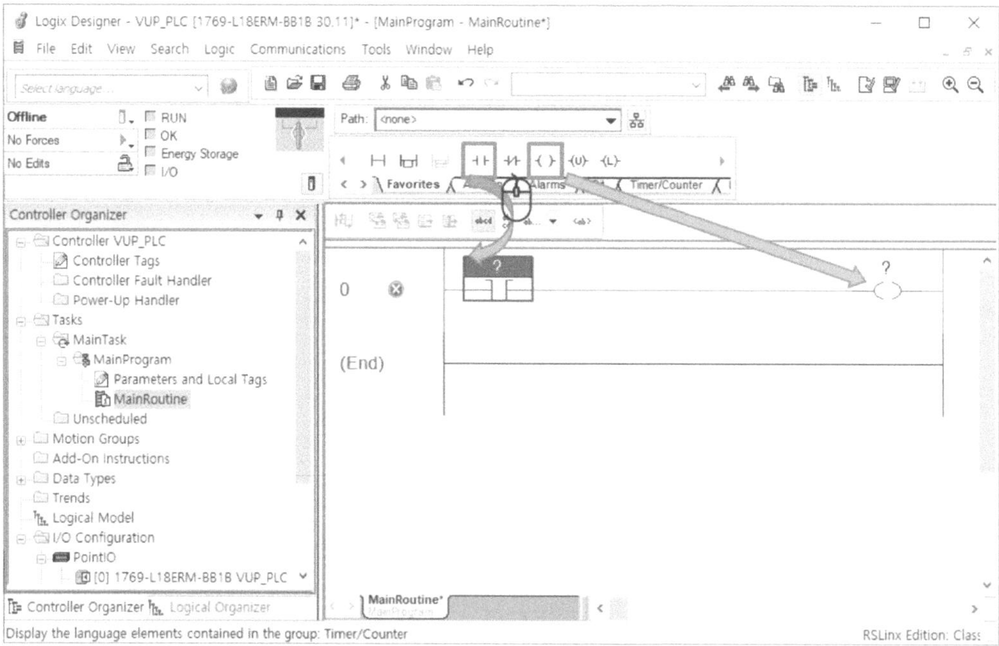

◧ 변수 새로 만들기

NO접점 선택한 후 변수명을 "START"로 작성하고, 마우스 오른쪽 클릭하여 New... 메뉴를 선택 또는 단축키 (Ctrl+W)를 실행하여 새로운 변수를 등록한다.

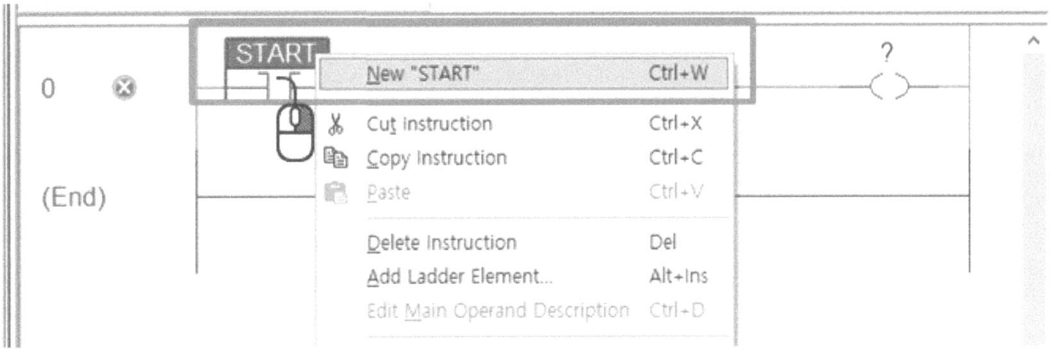

Scope 항목에서 변수를 저장할 공간을 지정하는데 전역변수(VUP_PLC:프로젝트명), 지역변수(MainProgram) 중 여기에서는 외부 프로그램과 서로 연동하기 위해 전역변수로 할당하기 위해 프로젝트명인 VUP_PLC를 선택하고, "Create" 버튼을 클릭하여 만들기 한다.

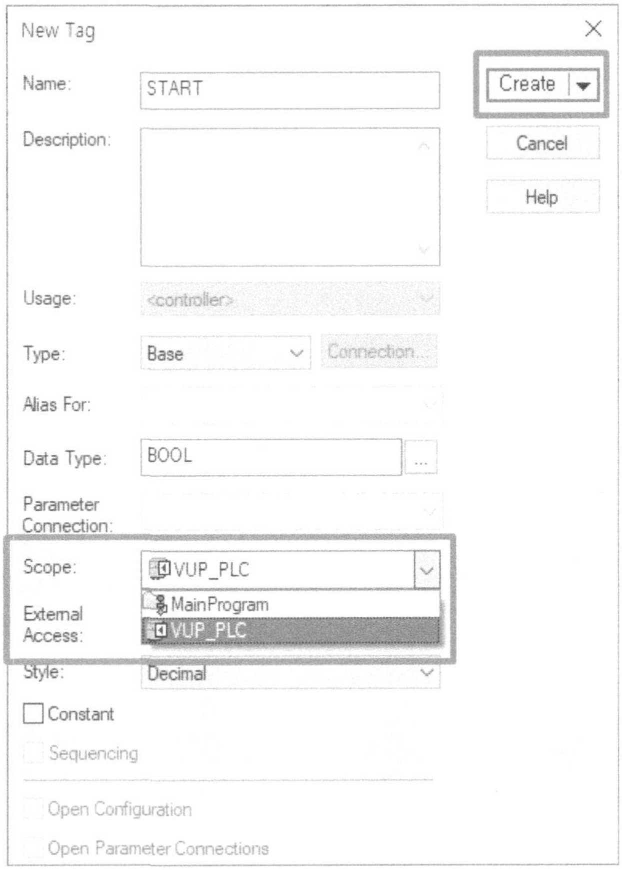

마찬가지로 코일 변수명을 “Y1”으로 작성하고, 새로운 변수를 등록한다.

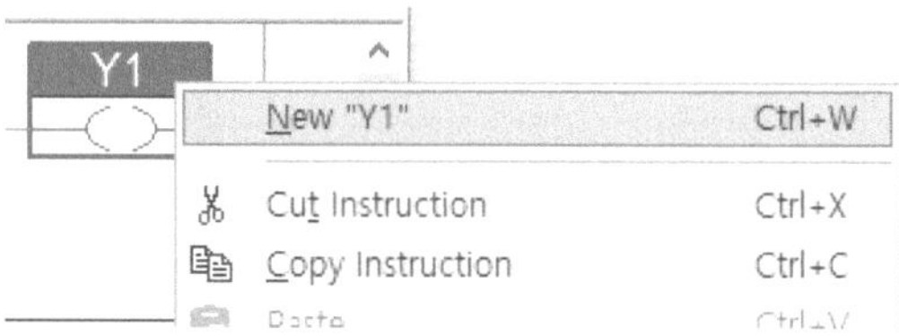

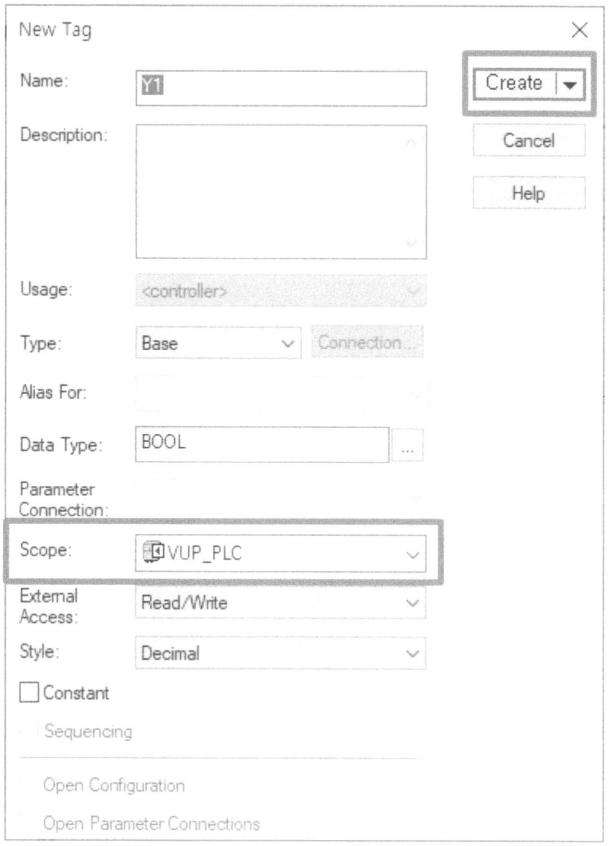

■ 완성된 래더도 다운로드 하기

프로그램을 작성하였으면 메뉴의 [Communications] – [Who Active], 또는 Path : 도구모음의 [Who Active] 아이콘을 클릭하여 전송하고자 하는 Logix 프로세서를 확인하고 프로그램을 다운로드 진행한다.

※ 참고로 Logix 프로세서의 IP주소는 다를 수 있다.

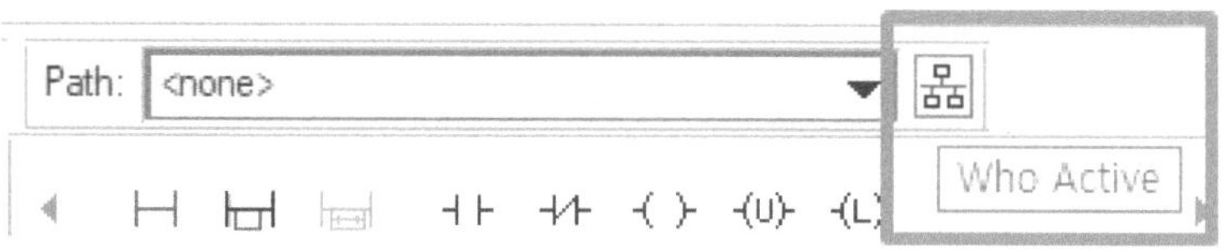

Who Active 실행후 처음 Workstatin 항목을 클릭하면 아래와 같이 왼쪽 메뉴가 비활성화 되어 있어, 원하는 동작을 수행할 수가 없다.

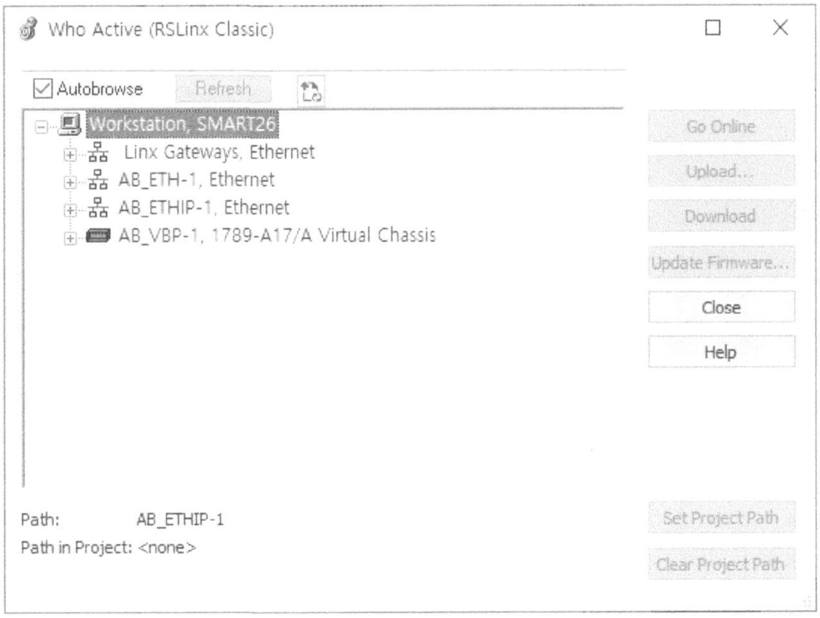

다운로드를 진행하기 위해 실제 연결 되어 있는 프로세서 IP 주소(192.168.1.13)의 PLC를 선택하면, [Download] 메뉴가 활성화되어 클릭하여 다운로드를 실행한다.

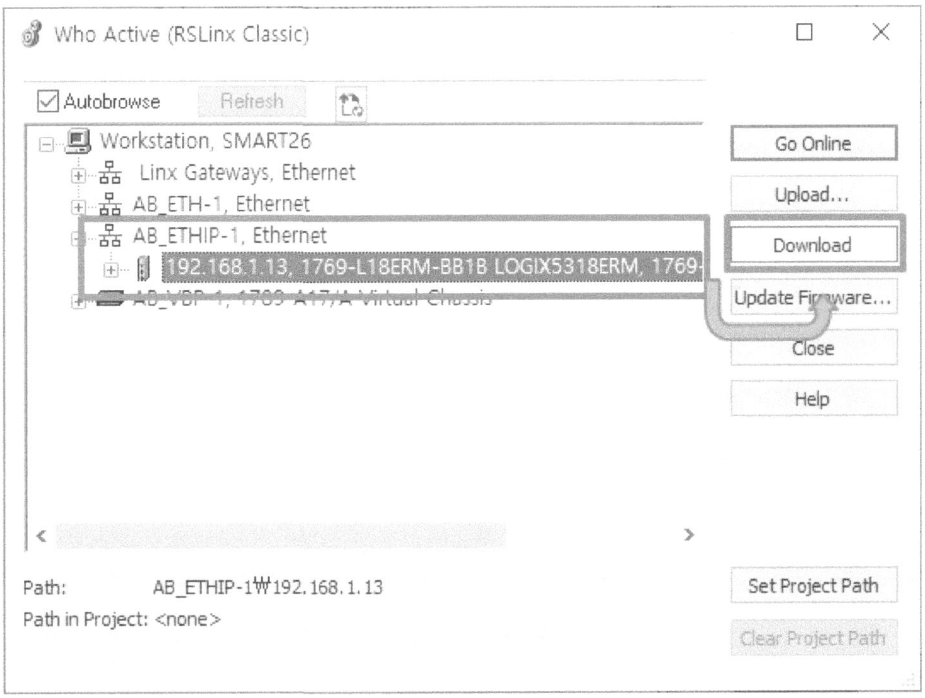

다운로드를 진행한 후 마지막에 컨트롤러가 리모트 RUN 모드로 돌아갈지 묻는 메시지가 나타나면 [예(Y)]를 선택한다.

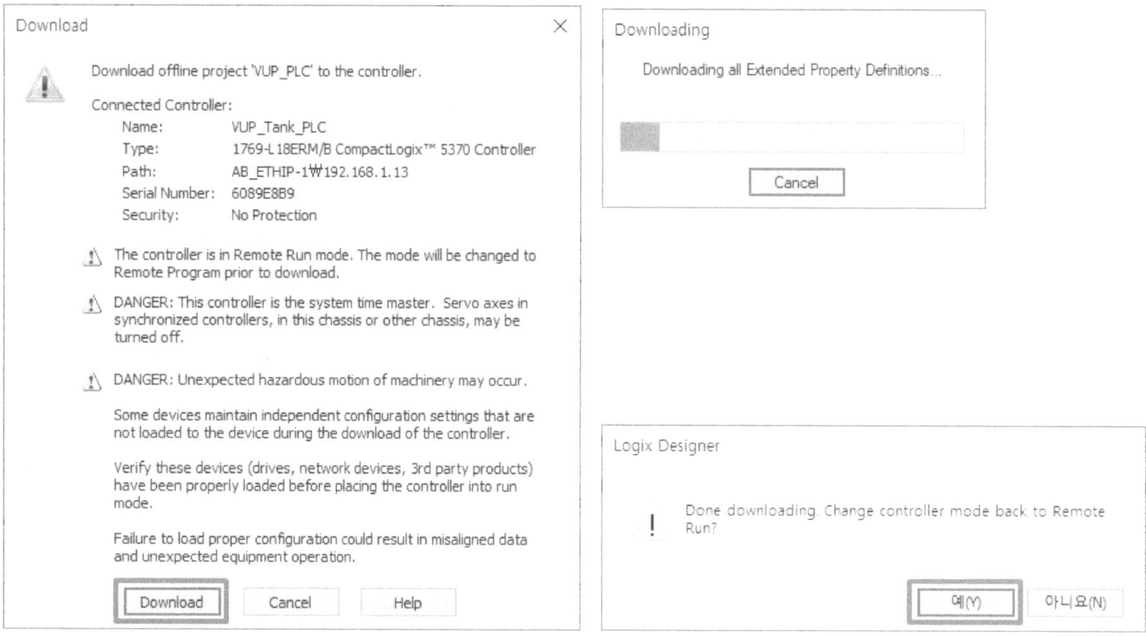

Online 툴바의 상태가 [I/O OK]가 되어 정상적으로 확인이 되면 모니터링을 진행하여 정상 동작 여부를 확인하도록 한다.

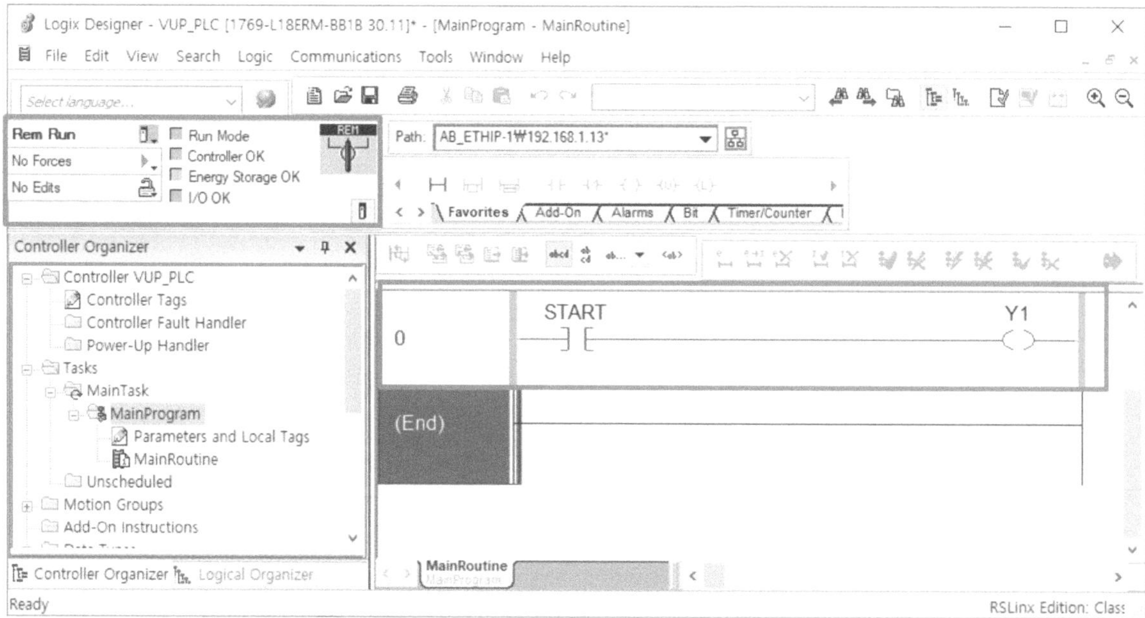

■ VUP 시뮬레이션 실행

바탕화면의 "Virtual Universe Pro 4" 아이콘을 실행한다.

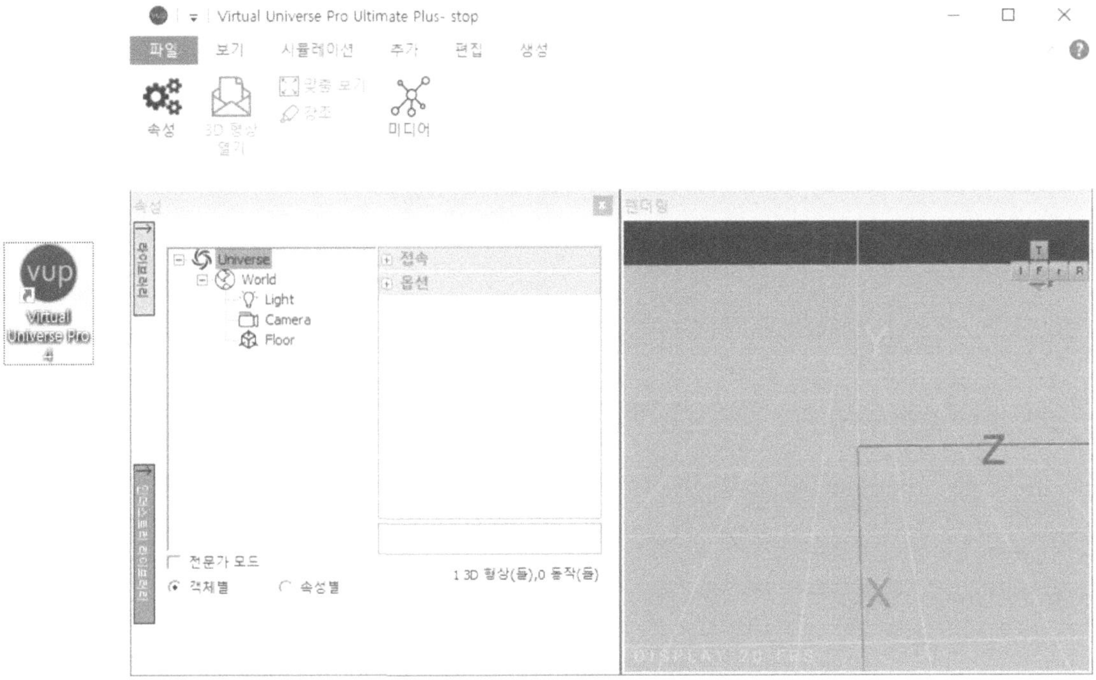

시뮬레이션을 생성하기 위해 속성 탐색기에서 'Floor'를 선택한 후, 상단 메뉴의 '**추가 → 동작**'을 클릭한다. 또는 마우스 오른쪽 클릭하여 '**추가 → 동작**'을 클릭한다.

'**동작 유형**' 창에서 아래와 같이 '**코드와 시뮬레이션**' 메뉴 선택하고 '**시뮬레이션**'을 클릭 후 확인을 누른다.

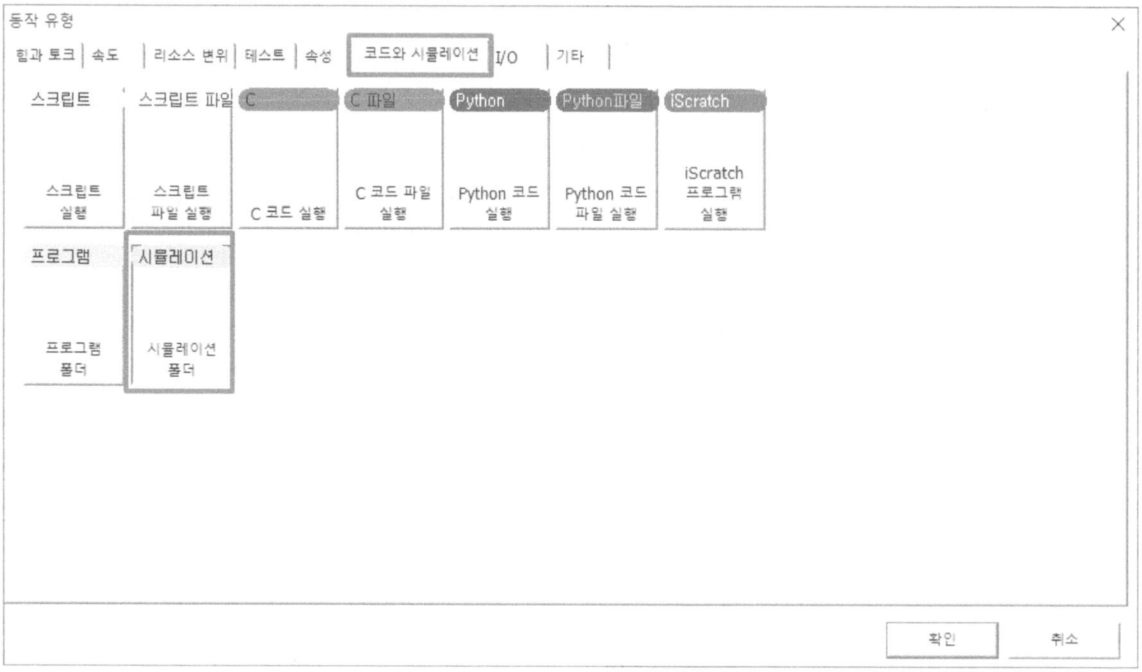

아래와 같이 'Floor' 항목에 시뮬레이션 동작이 생성되면 더블클릭하여 실행한다.

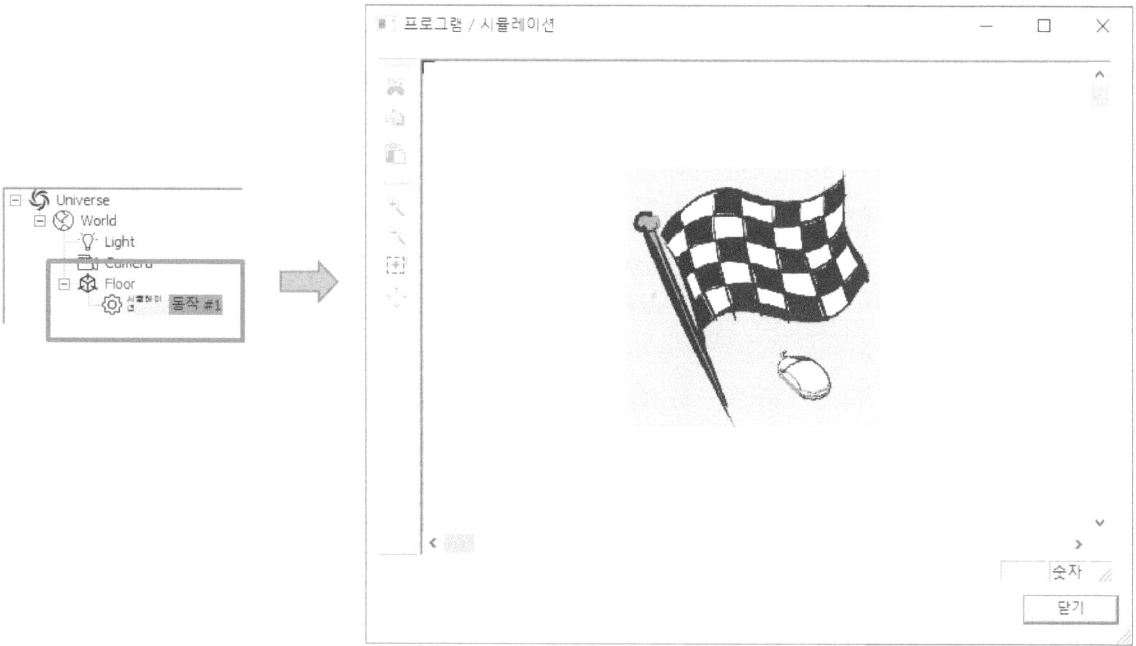

공압 제어를 위한 필요한 부품 개체를 추가하기 위해 빈칸에서 마우스를 오른쪽 클릭하여, '개체 추가하기' 메뉴를 선택한다.

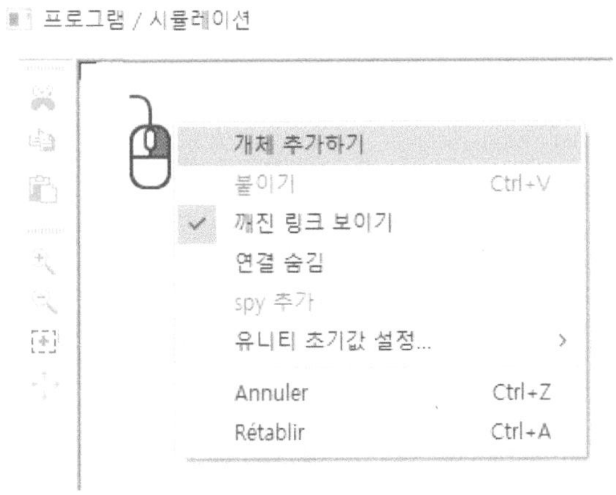

경로 : [객체기호] - [공압] - [액추에이터] - [실린더] - 복동실린더(센서부착)
경로 : [객체기호] - [공압] - [방향 밸브] - [4포트 2위치] - 전자 조작 스프링 복귀형
경로 : [객체기호] - [공압] - [유선] - 공압원
경로 : [객체기호] - [공압] - [유선] - 배기
위 경로를 확인하고 아래와 같이 공압회로도와 각 개체의 심볼명도 작성하도록 한다.

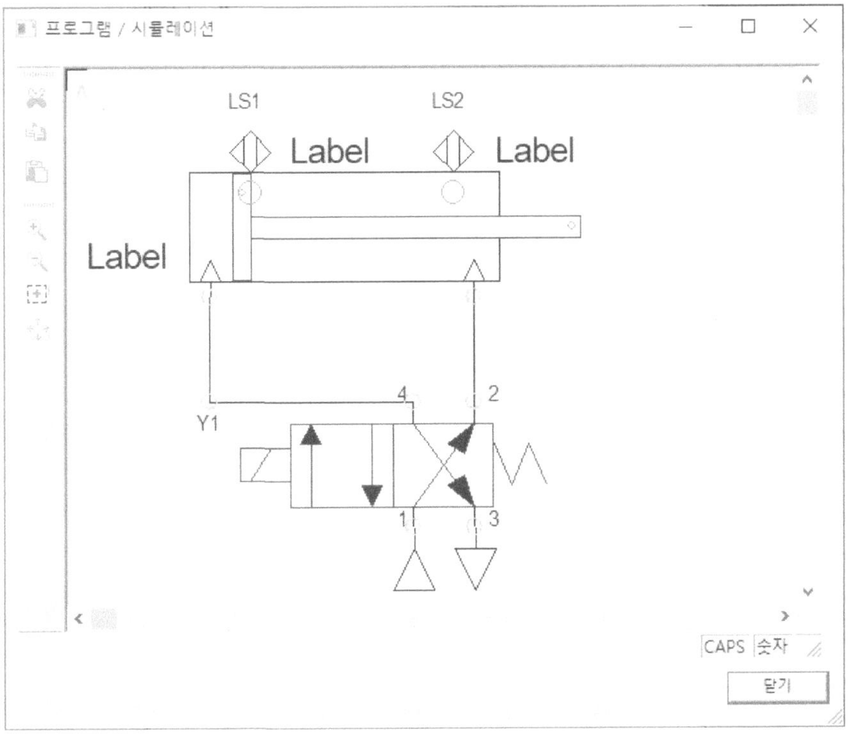

◧ PLC 연결을 위한 드라이버 설정

속성 탐색기에서 "Universe" 항목을 클릭하면 오른쪽 '접속' 항목의 드라이버를 보면 '없음'으로 되어 있다.

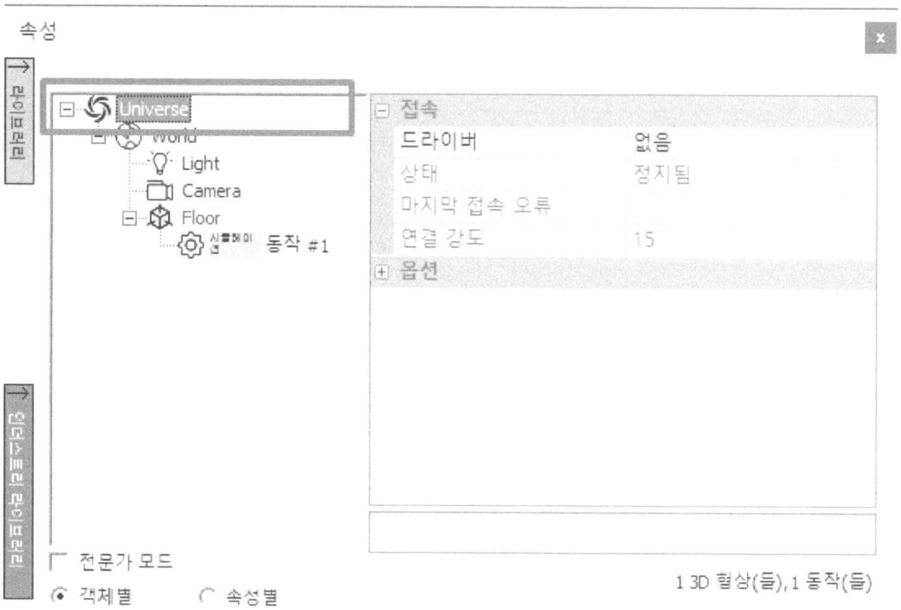

드라이버의 '없음' 항목을 클릭하면 시뮬레이션과 연결할 수 있는 제어기의 드라이버가 나열되어 있다. 이중 여기에서는 AB PLC와 연결할 것이므로 'ROCKWELL 이더넷/IP'를 선택하도록 한다. 그 외 타사의 PLC를 선택하고자 한다면 각 제조사 드라이버를 선택한 후 옵션을 설정하면 된다.

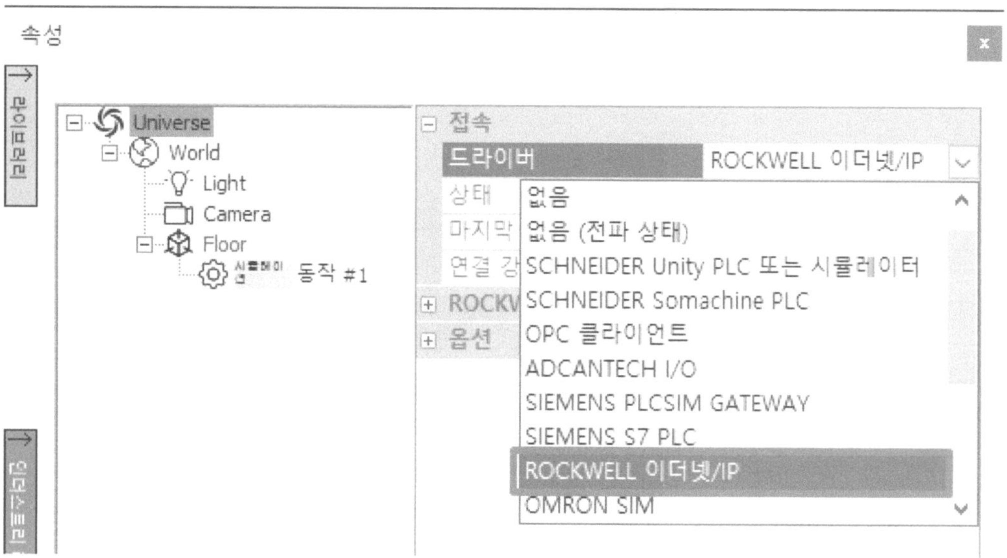

현재 연결된 PLC의 주소인 **192.168.1.13' IP 주소**를 아래와 같이 작성한다. 이때 주의할 점은 사용자가 연결하고자 하는 본인의 PLC IP 주소를 작성하여야 한다.

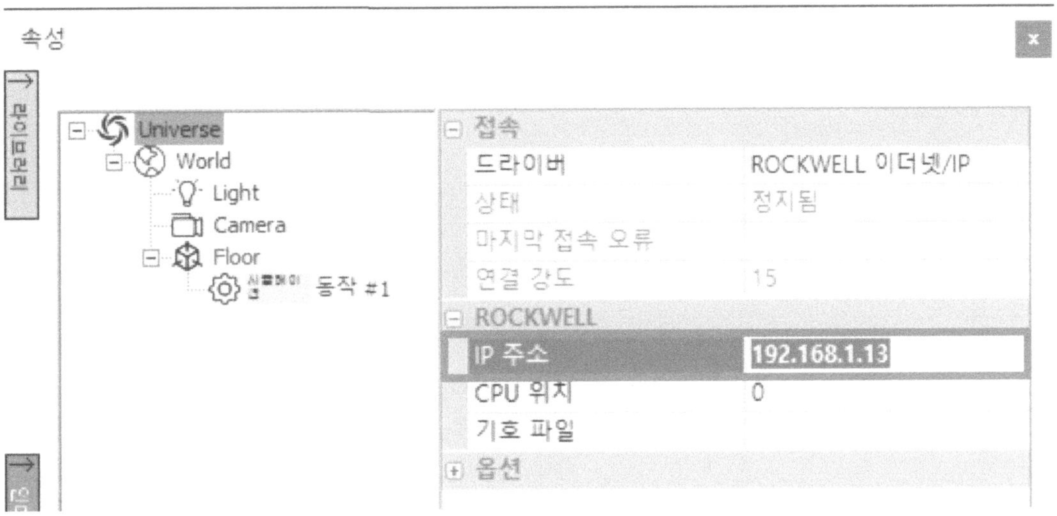

◧ I/O 연결 변수 생성

PLC 드라이버 설정이 끝났다면 속성 탐색기에서 'Floor' 메뉴를 선택한 후 '**추가 → 동작**'을 선택한다.

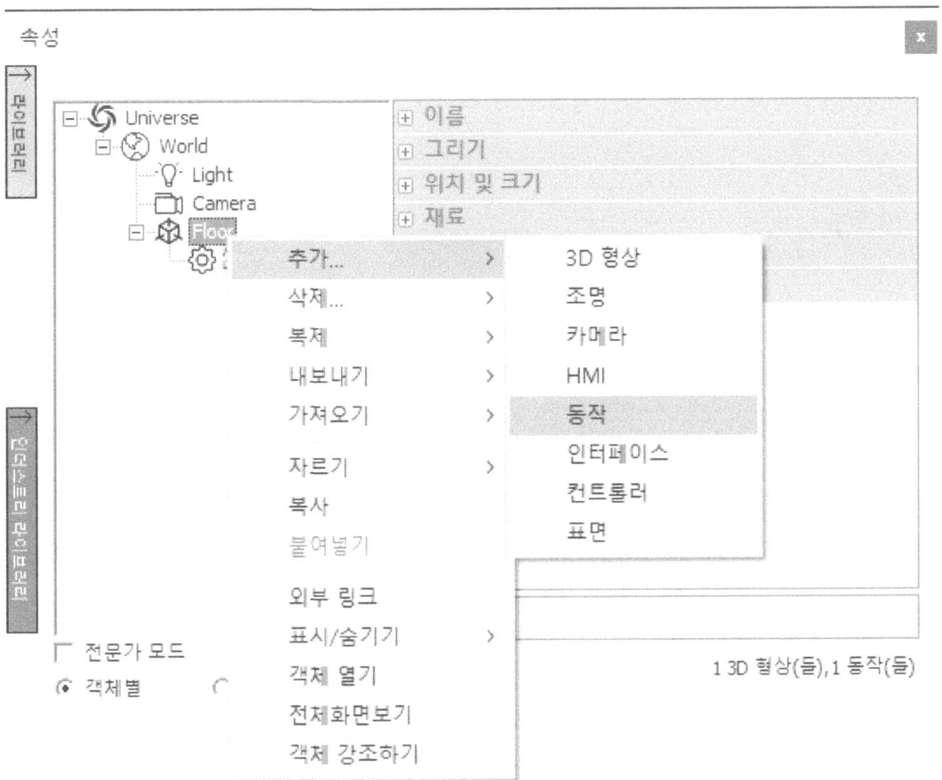

'**동작 유형**' 창에서 아래와 같이 'I/O' 탭 메뉴를 선택한 후 '**외부변수 읽기**'의 '**일반 읽기**'를 클릭 후 확인을 누른다.

아래와 같이 '**Floor**' 밑에 새로운 '**일반 읽기 : 동작 #2**'가 생성된 것을 확인할 수 있다.

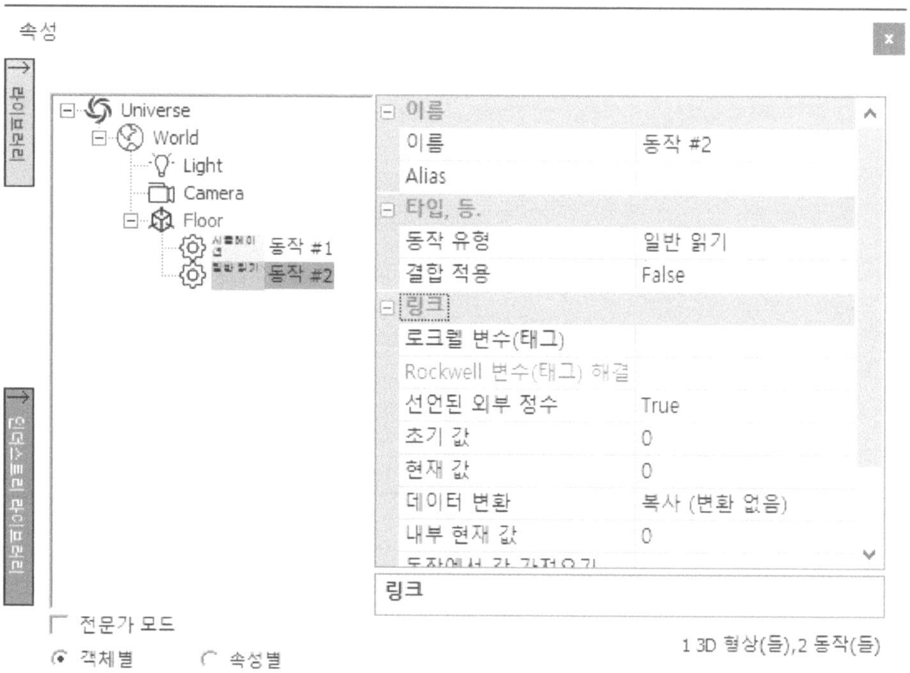

'**동작 #2**'의 이름을 '**Y1**', '**로크웰 변수(태그)**'를 '**Y1**'으로 변경하도록 한다. 실제 AB PLC의 외부변수인 Y1과 서로 연결하기 위한 변수로서, PLC 래더도를 확인하여 설정하도록 한다.

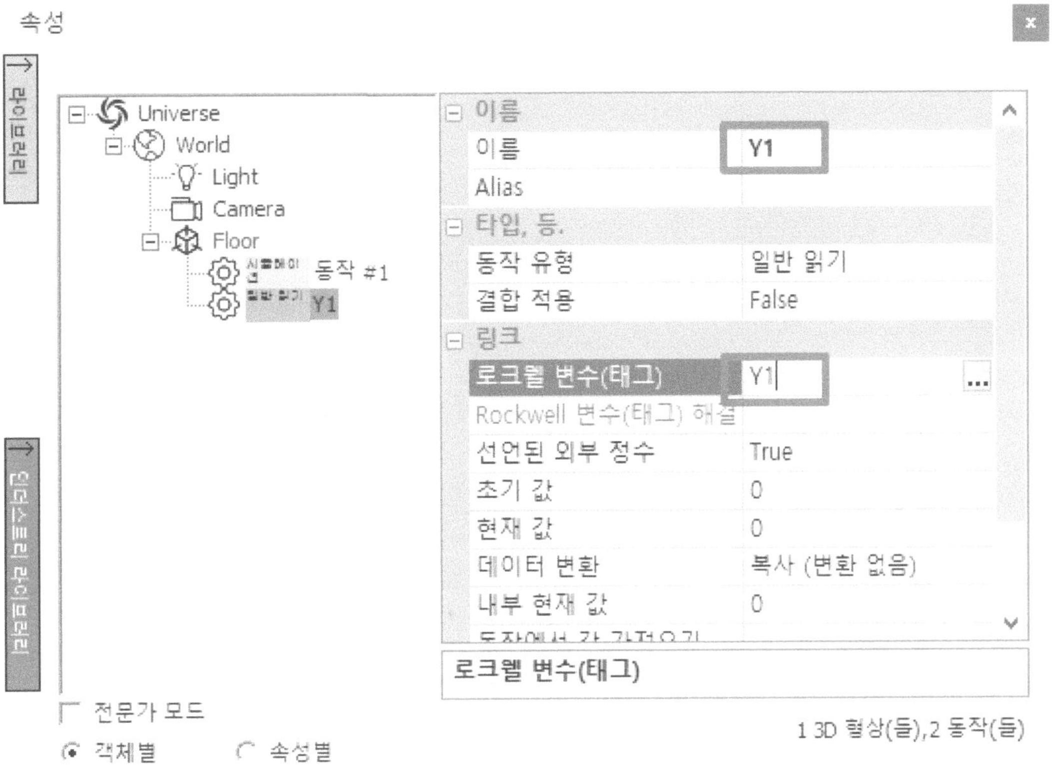

공압 제어를 위한 AUTOSIM과 연결하기 위해 속성 탐색기에서 '**Floor**' 메뉴를 선택한 후 '**추가 → 동작**'을 선택한다.

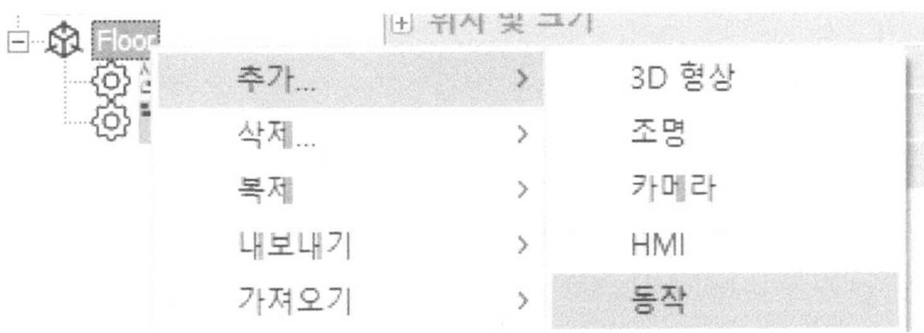

'동작 유형' 창에서 아래와 같이 **'I/O'** 탭 메뉴를 선택한 후 **'AUTOSIM'** 쓰기를 클릭 후 확인을 누른다.

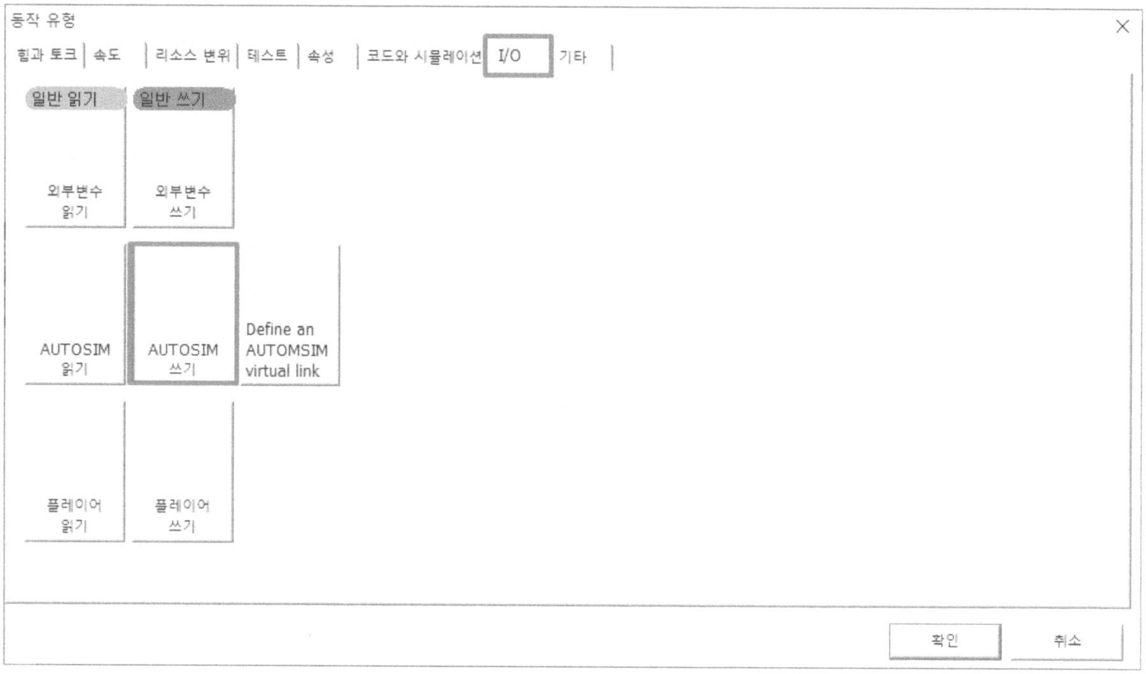

아래와 같이 'Floor' 밑에 새로운 **'동작 #3'**가 생성된 것을 확인할 수 있다.

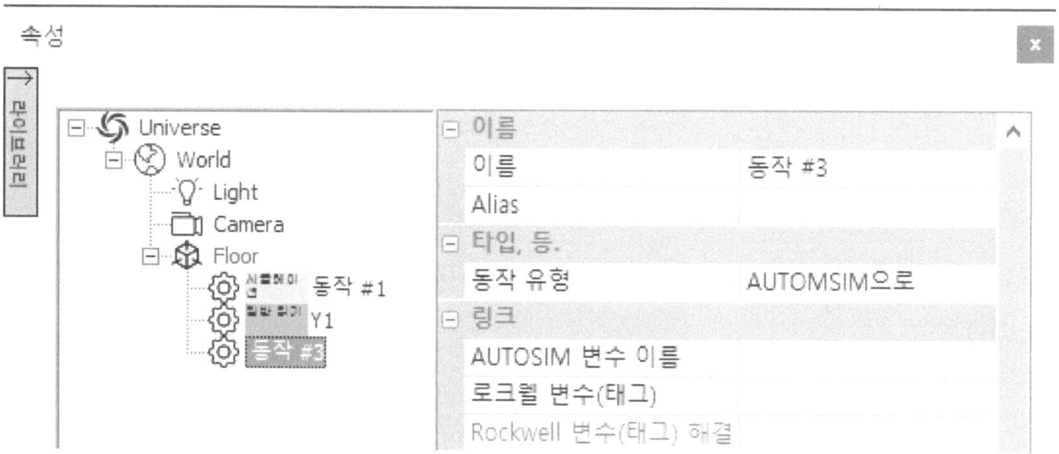

'**동작 #3**'의 이름을 '**A_Y1**', '**AUTOSIM 변수 이름**'을 '**Y1**'으로 변경하도록 한다. AUTOSIM 공압 회로도에서 방향제어밸브의 솔레노이드 Y1과 서로 연결하기 위한 변수로서, AUTOSIM 공압회로도를 확인하여 설정하도록 한다. 이때 PLC와 AUTOSIM 공압회로도의 Y1 변수가 서로 같은 이름을 사용하고 있으므로 구분을 주기 위해 AUTOSIM 변수 이름 앞에 "A_"를 붙여서 구분할 수 있도록 설정한다.

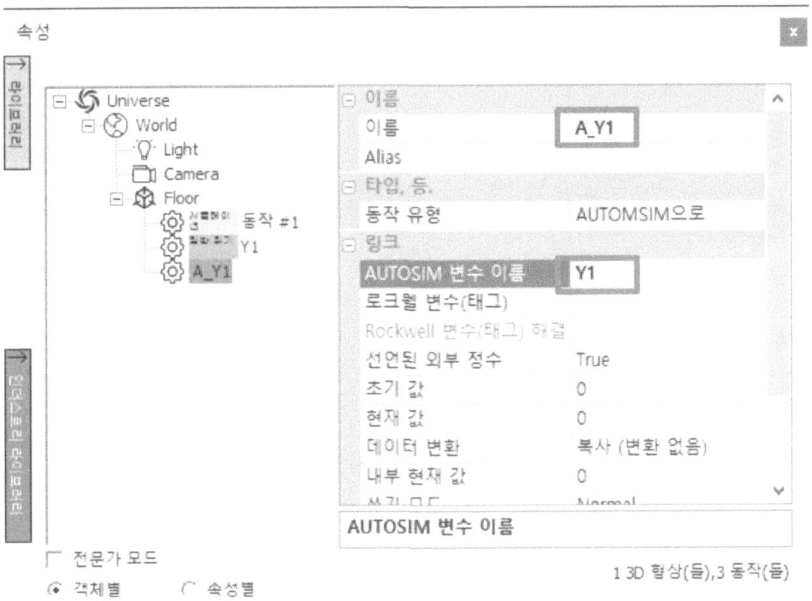

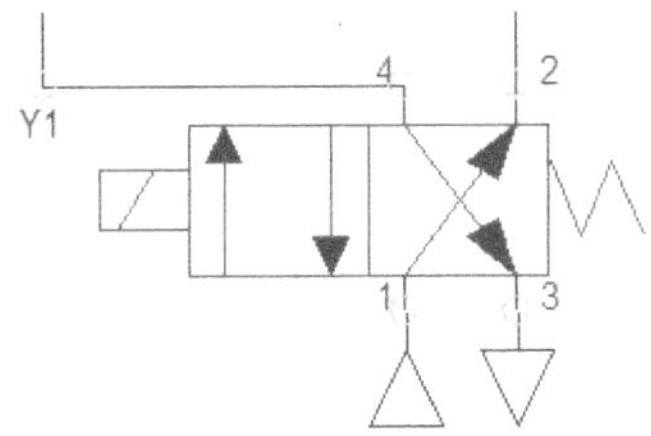

공압 제어를 위한 AUTOSIM과 PLC 변수를 연결하기 위해 속성 탐색기에서 '**Floor**' 메뉴를 선택한 후 '**추가 → 컨트롤러**'를 선택한다.

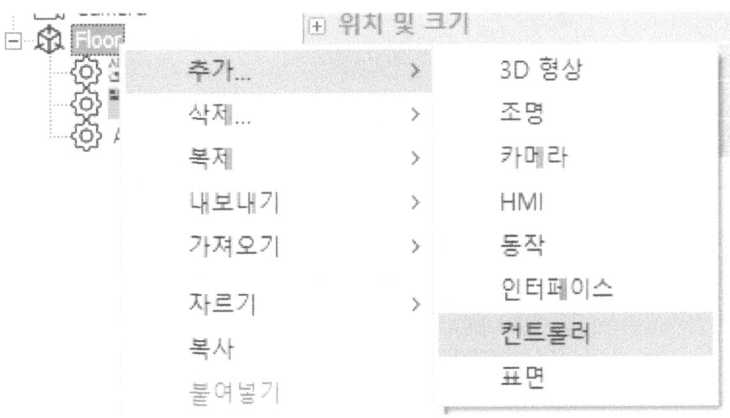

아래와 같이 'Floor' 밑에 새로운 '**컨트롤러 #1**'이 생성된 것을 확인할 수 있다.

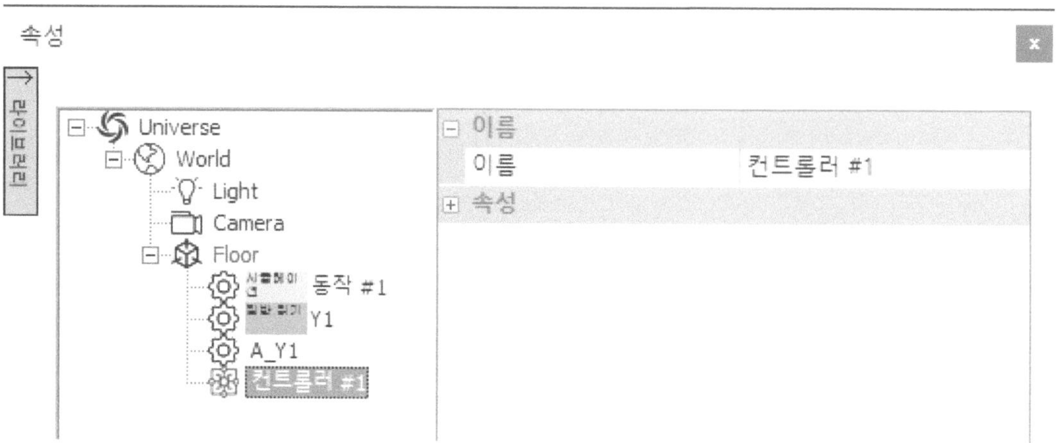

추가된 '컨트롤러 #1'을 더블클릭하여 컨트롤러 창을 연다. 프로그램 페이지 추가를 위해 '추가' 버튼을 클릭하고, 언어는 'Fbd/sfc'인 기본을 선택한 후 확인을 누른다.

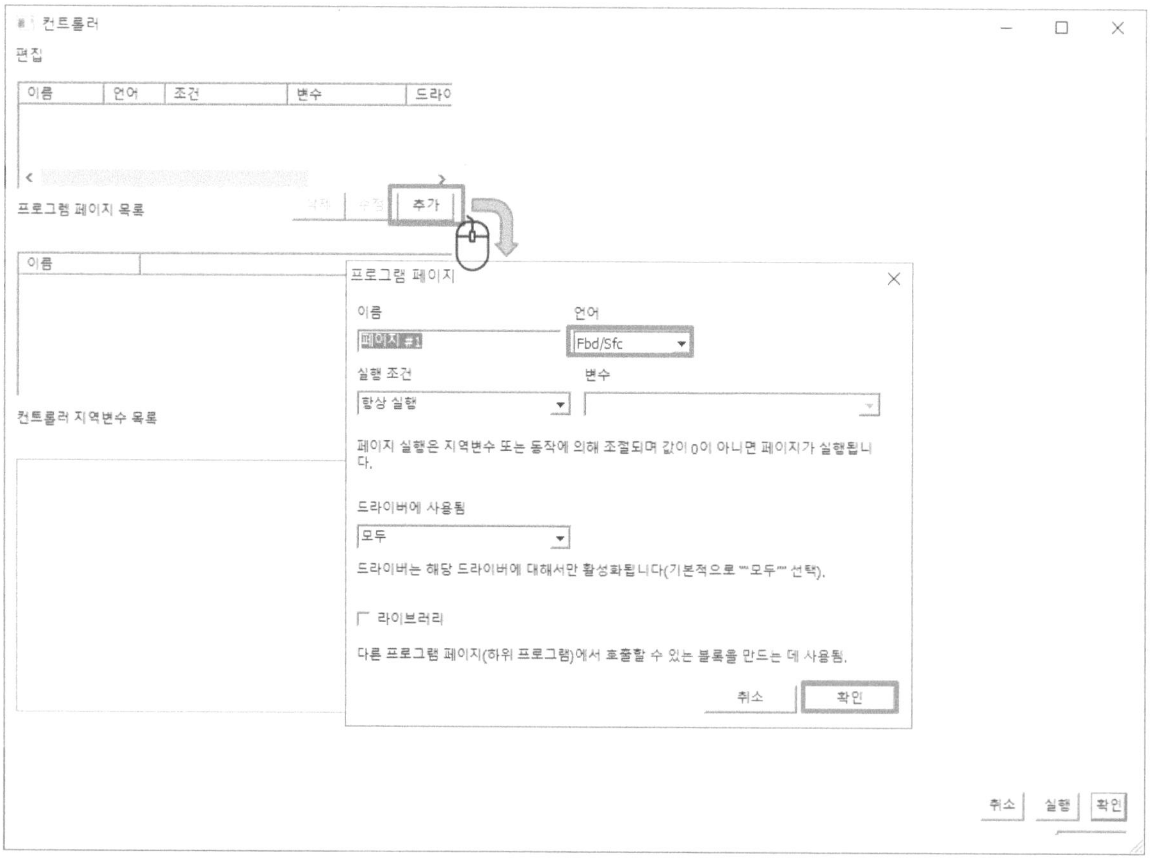

추가된 프로그램 페이지에서 입력신호를 선택하여 프로그램 영역으로 드래그 한다.

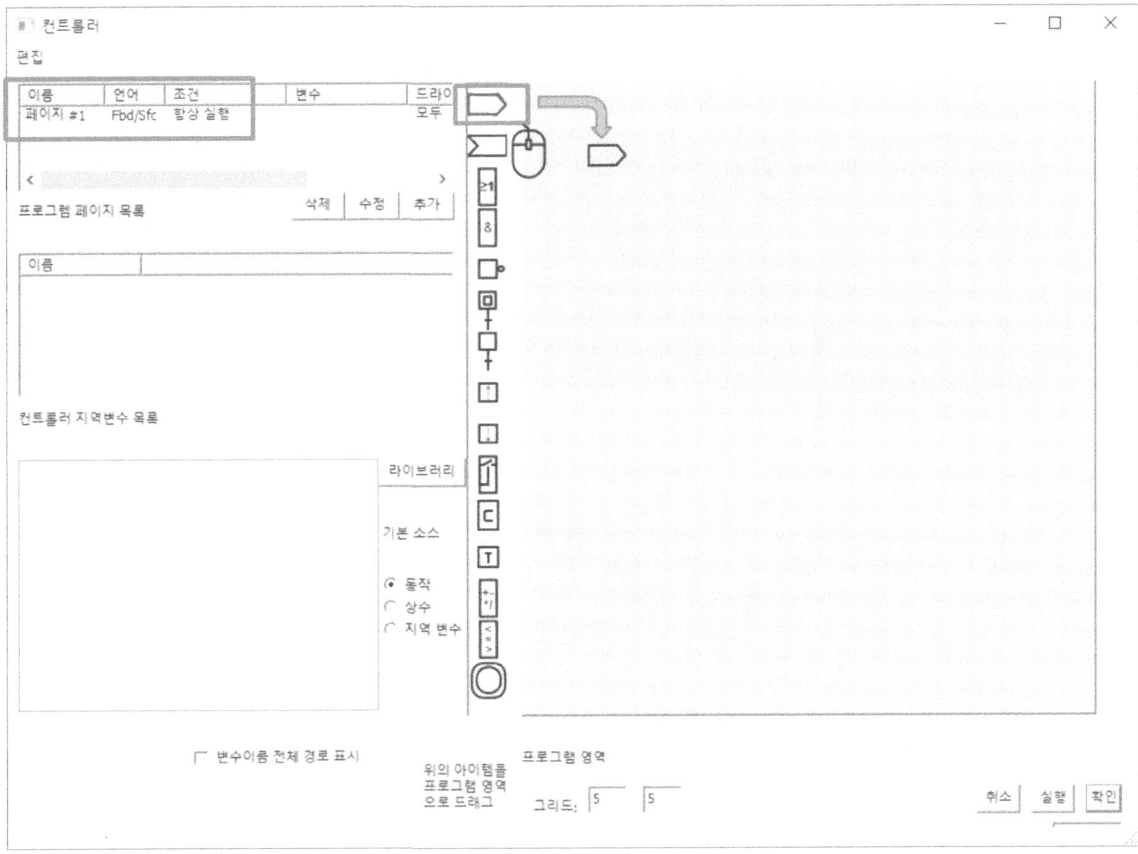

동작 선택은 'Floor'에 등록되어 있는 외부변수 읽기의 'Y1'을 선택한다.

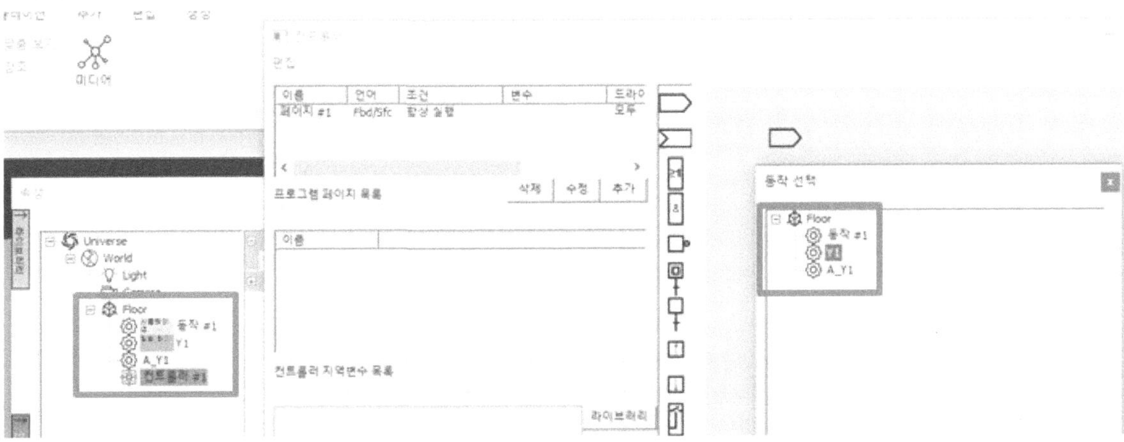

입력 신호인 input point에 대한 동작 선택이 주어진다.

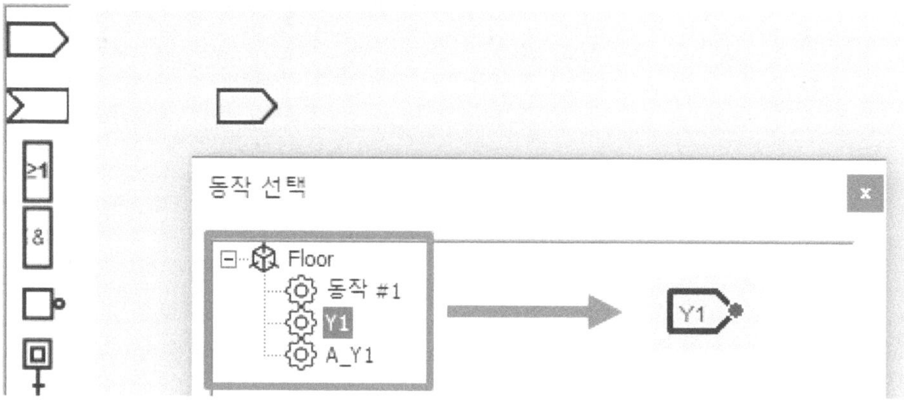

다음으로 출력 신호인 output point에 대한 동작 선택은 'A_Y1'을 선택한다. 앞서 얘기했지만 'A_Y1' 동작 변수는 PLC와 AUTOSIM 공압회로도의 Y1 변수와 구분을 주기 위해 AUTOSIM 변수 이름 앞에 "A_"를 붙여서 구분을 준 동작 변수이다.

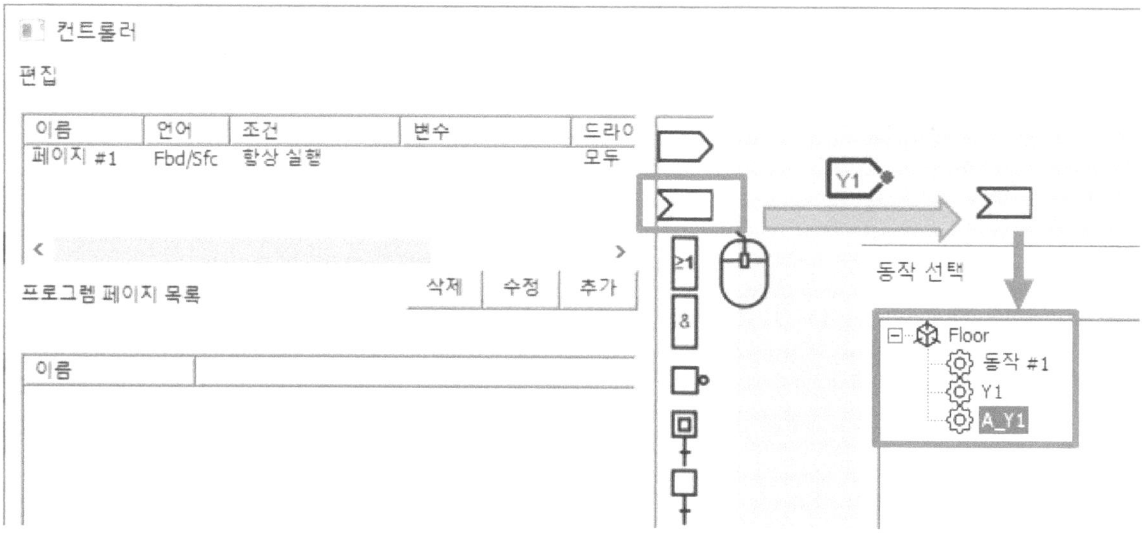

이후 'Y1'의 input point와 'A_Y1'의 output point를 서로 연결한다.

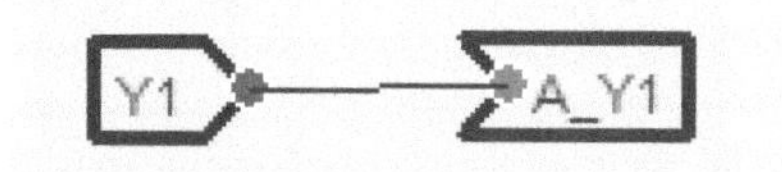

외부변수 쓰기를 위한 속성 탐색기에서 'Floor' 메뉴를 선택한 후 '**추가 → 동작**'을 선택한다.

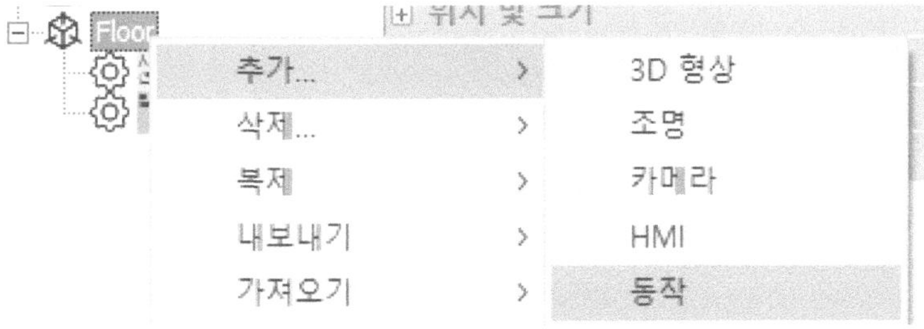

'**동작 유형**' 창에서 아래와 같이 'I/O' 탭 메뉴를 선택한 후 '**외부변수 쓰기**'의 '**일반 쓰기**'를 클릭 후 확인을 누른다.

생성된 일반 쓰기를 클릭한 후 '**이름**'과 '**로크웰 변수(태그)**'를 동일하게 '**START**'라고 작성한다. 실제 AB PLC의 외부변수인 START와 서로 연결하기 위한 변수로서, PLC 래더도를 확인하여 설정하도록 한다.

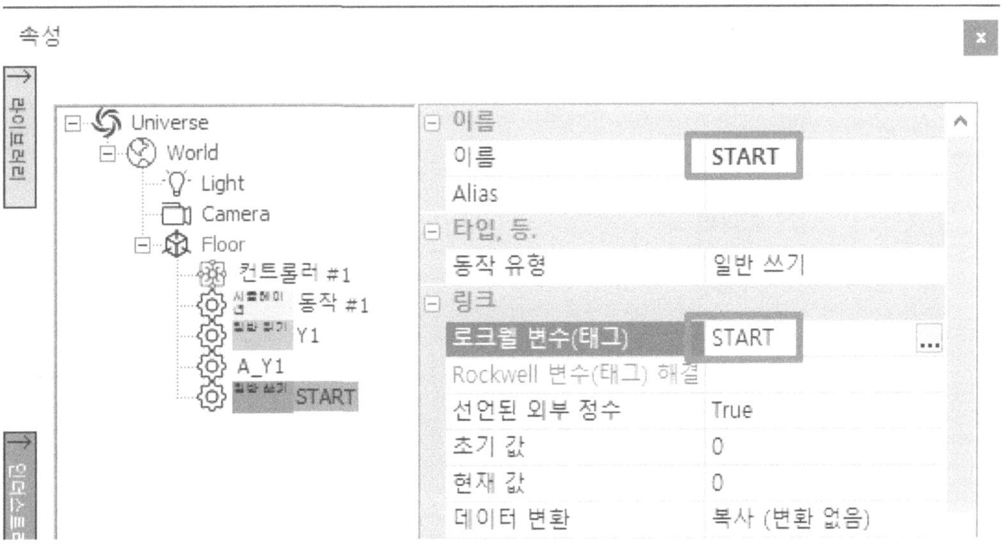

■ 시뮬레이션 실행 / 정지

시뮬레이션 메뉴 선택한 후 '**실행**' 버튼을 눌러 동작 확인을 하도록 한다.

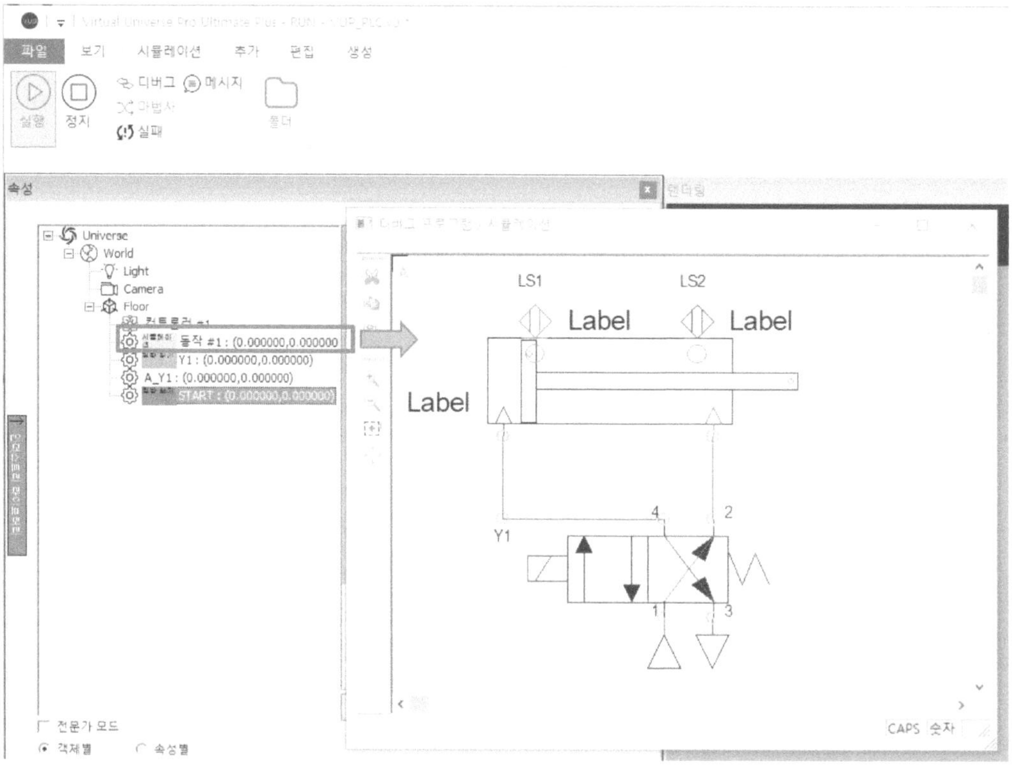

이전 Logix Designer가 온라인 모드로 모니터링을 진행하고 있는지 다시 한번 확인한다.

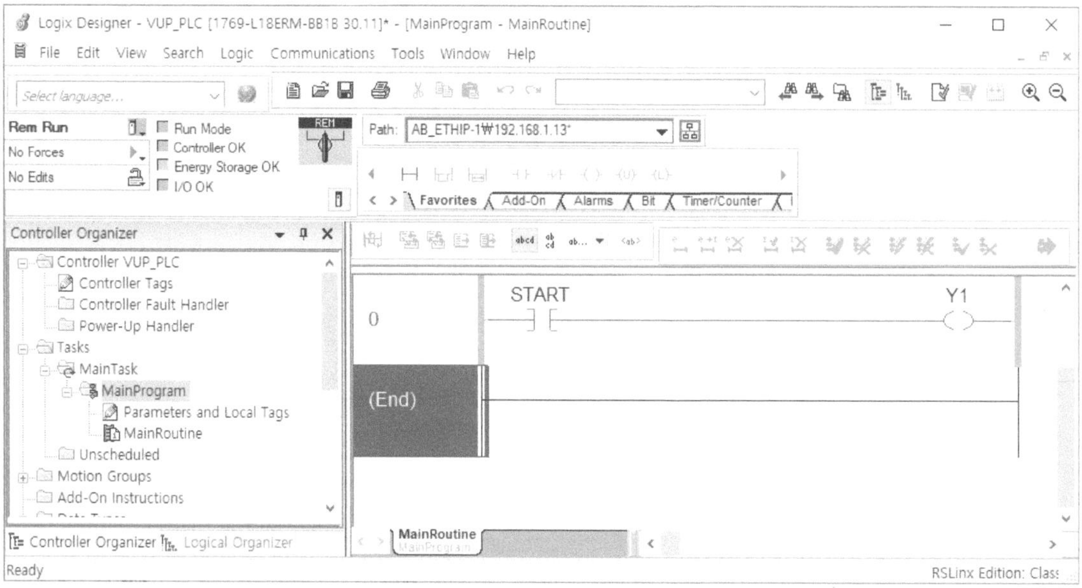

일반쓰기 동작 변수인 'START' 신호를 더블클릭하여 주었을 때 아래와 같이 공압 실린더가 전진하고 있는지 확인하고, 실제 PLC의 모니터링 또한 서로 확인하여 시뮬레이션의 정확한 상호 동작 여부를 확인한다.

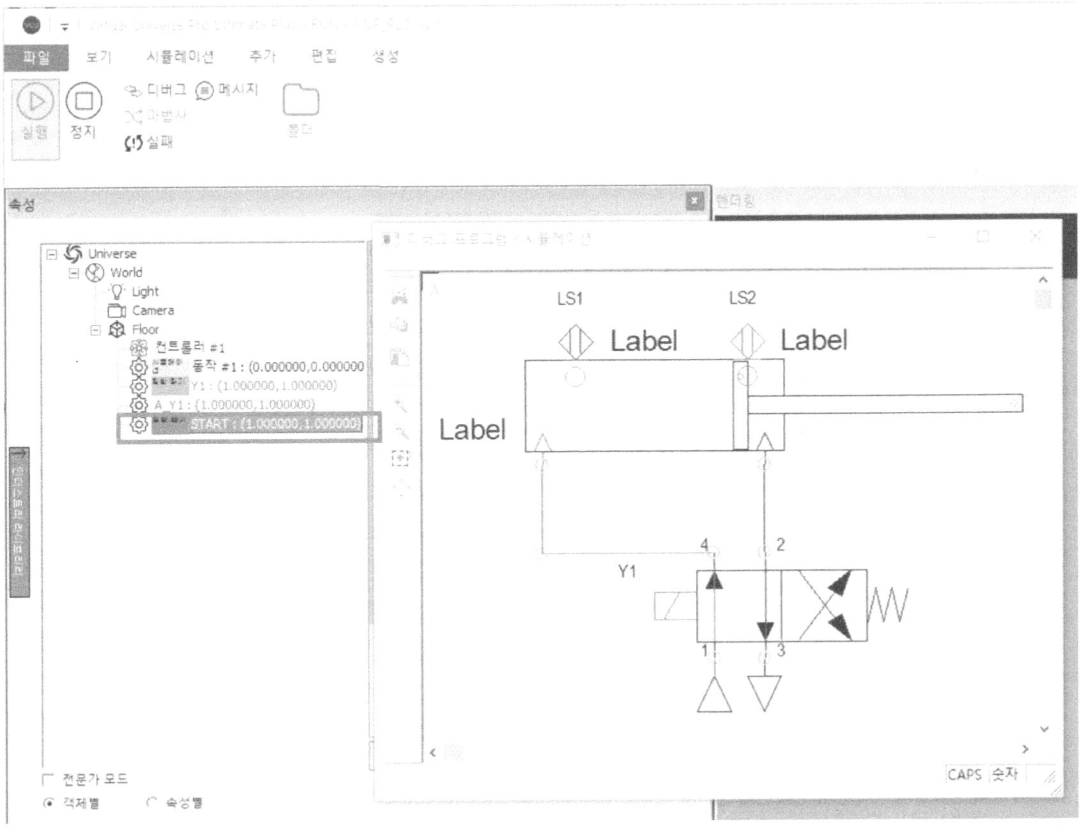

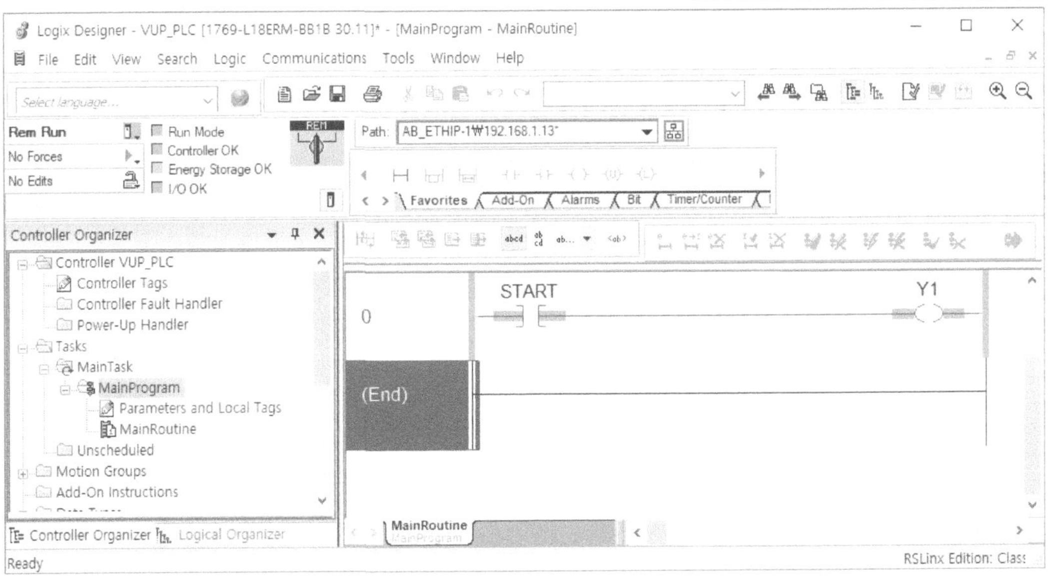

■ 실린더 순차 동작 구성 : A + A – B + B –

시뮬레이션을 확인하였다면 이제 시뮬레이션 메뉴의 '정지' 버튼을 클릭한 후 아래와 같이 공압 회로를 추가해 주도록 한다.

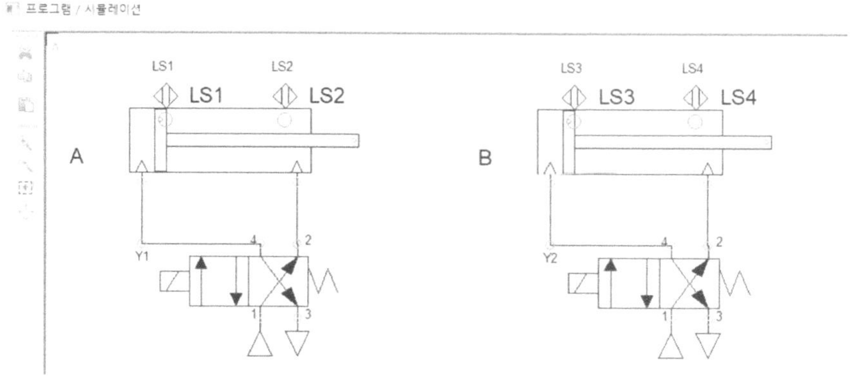

새로 생성된 공압 회로와 실제 PLC와 서로 연동하기 위한 외부 변수와 AUTOSIM 변수를 작성하도록 한다. 이전 생성된 변수를 '복사 〉 붙여넣기' 하여 속성만 수정하여 작성하도록 한다.

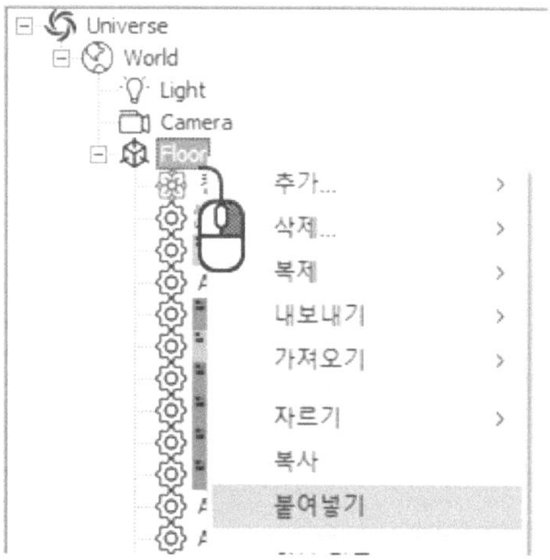

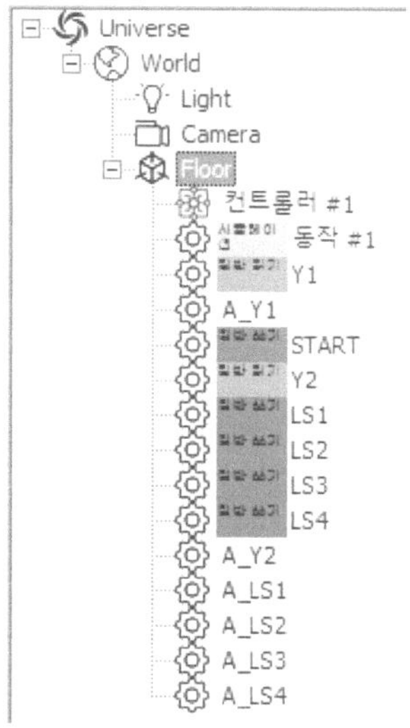

또한 컨트롤러 프로그램에서 서로 연동이 될 수 있도록 아래와 같이 연결하도록 한다.

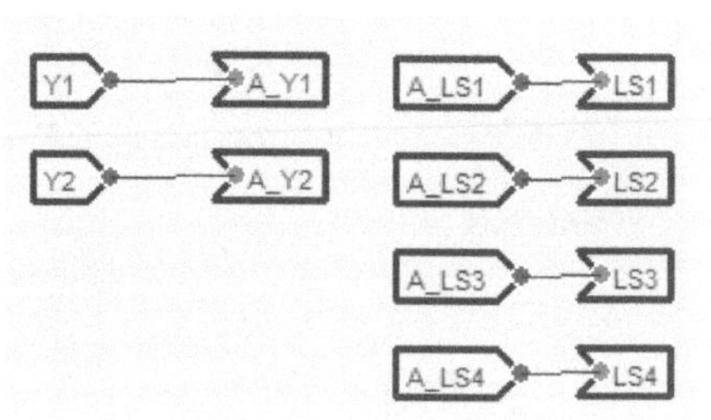

◧ HMI 생성

시뮬레이션 연동 동작을 쉽게 할 수 있도록 메뉴 〉 추가 〉 HMI를 선택을 하거나, 'Floor'를 선택한 후 '추가' 〉 'HMI'를 선택하여 START 연결 버튼을 만들어 보도록 한다.

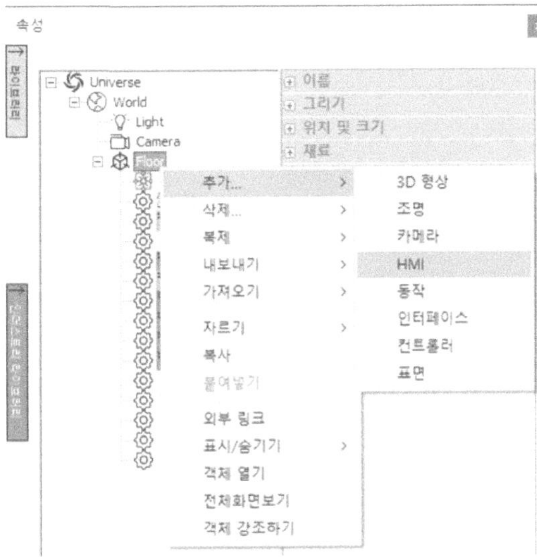

생성된 HMI 설정에서 원하는 모양의 'button' 객체를 선택한 후 우측 미리보기 프로그램 창으로 마우스 드래그하여 객체를 추가한다. 추가한 버튼을 선택하여 HMI 객체 목록의 링크 〉 '관련 동작'을 선택하여 'START' 동작 변수를 연결하도록 한다.

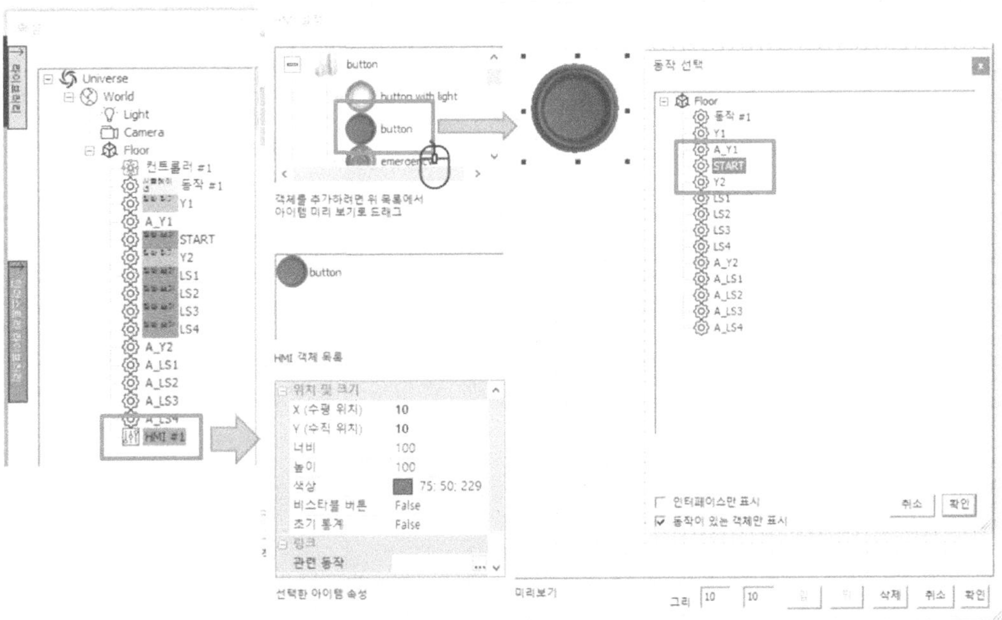

다시한번 시뮬레이션을 실행한 후 생성된 HMI의 버튼을 클릭하여 서로 연동이 되는지 동작 확인을 한다.

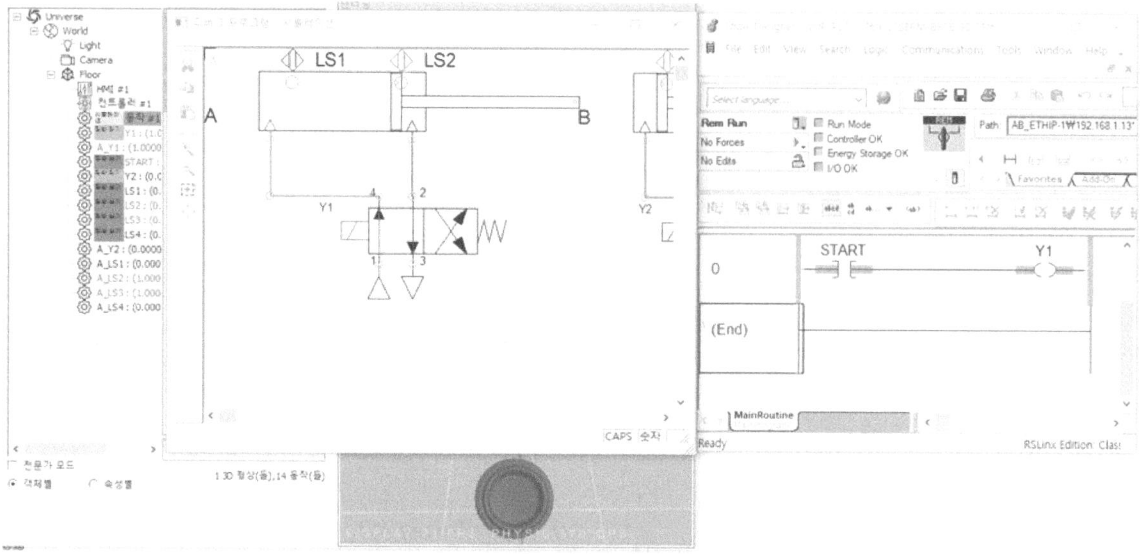

◧ PLC 모니터링 런중 수정

VUP 프로그램이 완성 되었다면 이제부터 PLC 프로그램을 수정할 수 있도록 Logix Designer 프로그램을 선택하여 PLC 프로그램을 수정하도록 한다. 먼저 온라인 중인 MainRoutine의 0번줄을 마우스 더블클릭하도록 한다.

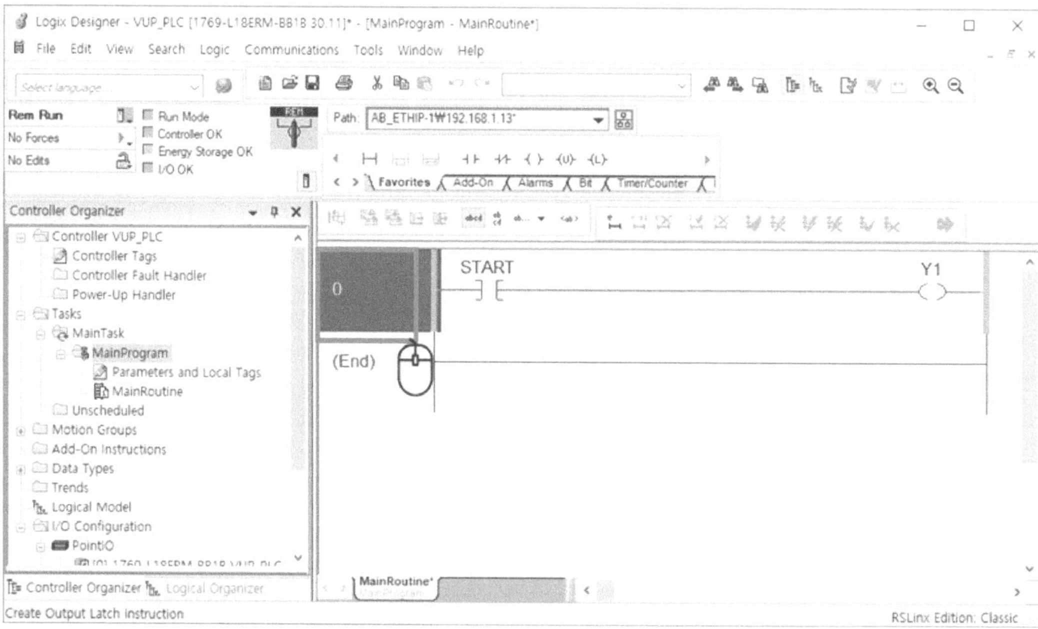

그러면 아래와 같이 동일한 래더도가 복제되어 나타나게 된다. 이후 수정하고자 하는 래더도를 작성하면 된다.

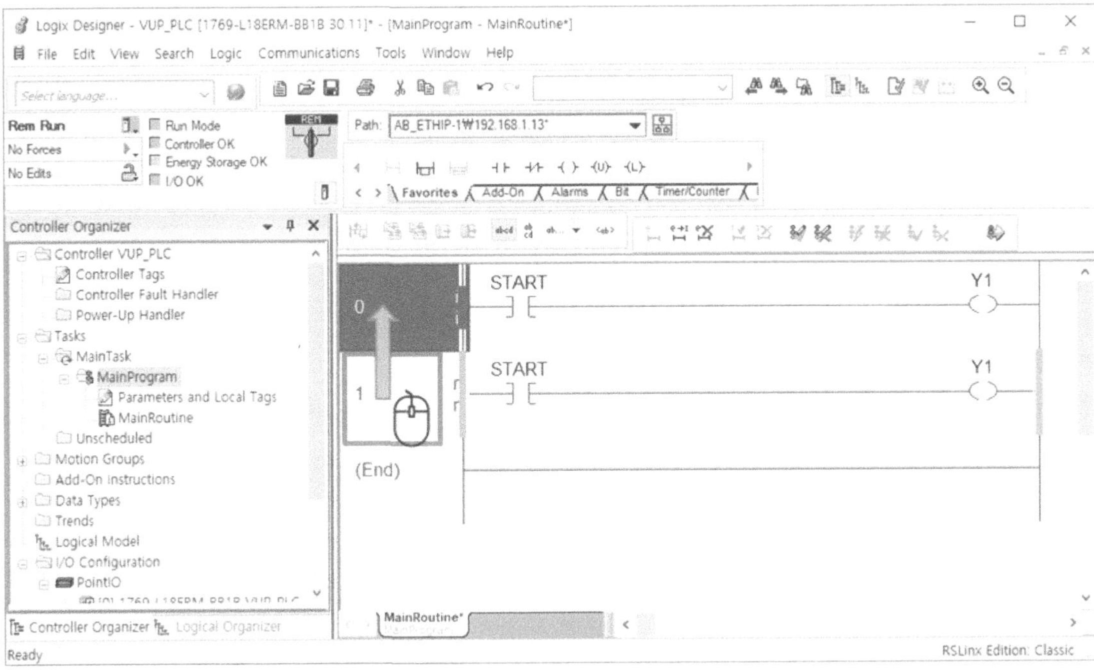

먼저 기본 비트 명령의 도구모음에서 NO접점을 선택한 후 추가하고자 하는 곳으로 마우스 드래그하여 추가한다. 추가된 접점의 ?를 선택하여 'LS3' 변수를 작성한다.

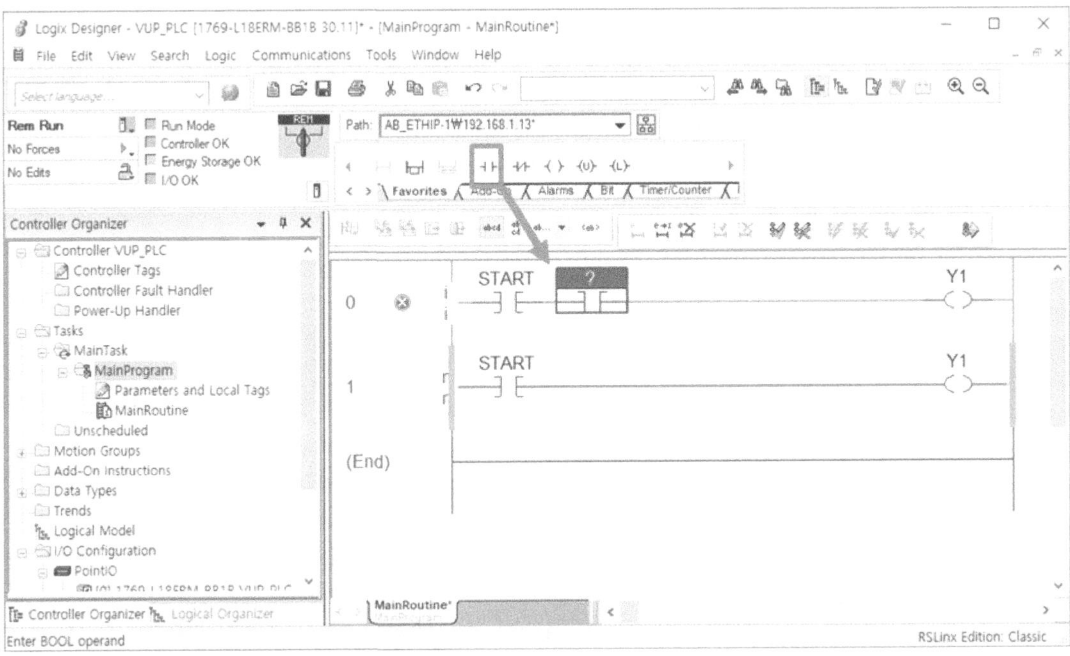

작성된 'LS3' Tag명을 새롭게 만들기 위해 마우스 우클릭하여 New "LS3"를 선택하거나, 단축키 [Ctrl + W] 실행하여 Tag를 추가하도록 한다.

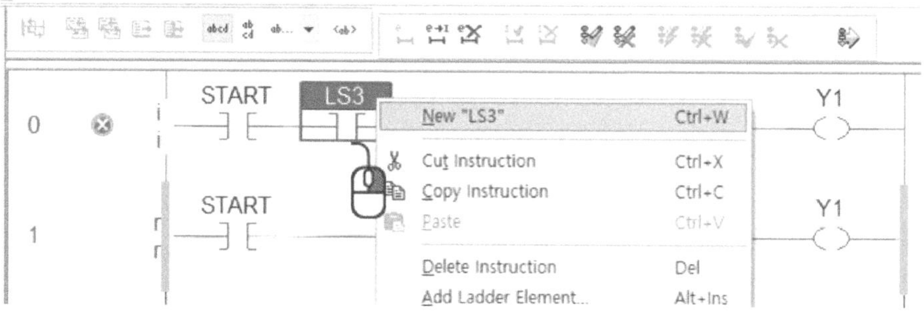

위 그림의 Rung 0번줄을 보면 X 표시로 래더도가 오류가 있음을 알수가 있다. 하지만 Tag를 새로 만들어 추가해 주면 아래의 그림처럼 Rung 0번줄이 오류가 사라져 있음을 알수가 있다. 이후 PLC로 다운로드하기 위해 화살표 방향키(Finalize All Edits in Program)를 눌러 수정된 프로그램을 PLC로 전송하도록 한다.

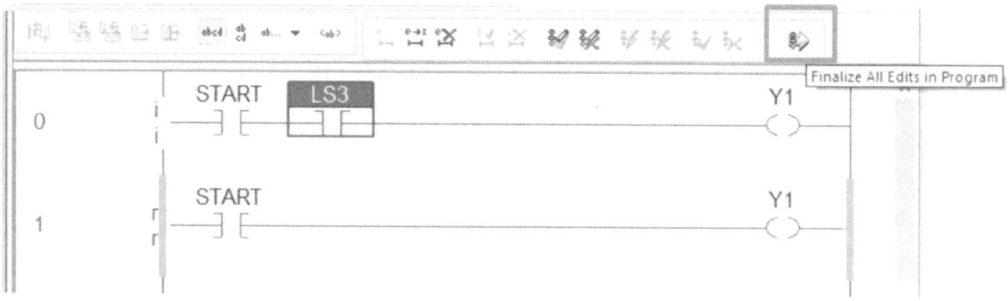

"Yes" 버튼을 눌러 정상적으로 전송되어 모니터링이 되는지 확인을 하도록 한다.

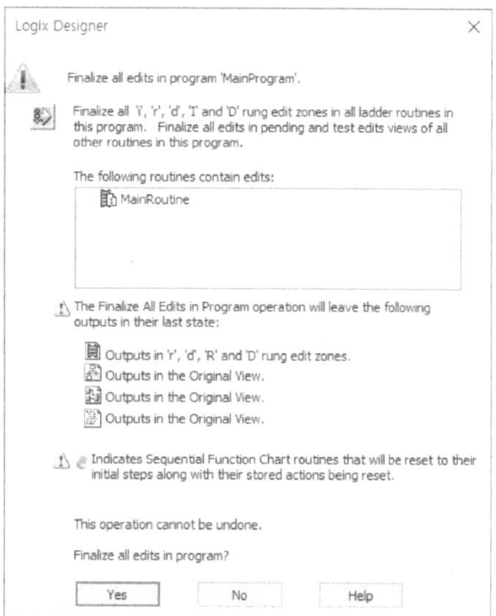

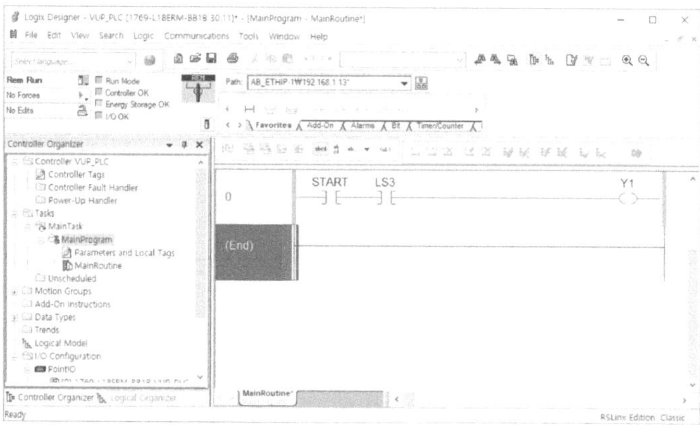

◧ PLC Controller Status

모니터링중 PLC 프로그램을 수정하여도 되지만, 추가하고자 하는 프로그램이 많다면 “Program Mode”로 작성하는게 편할 수가 있다. 그러므로 왼쪽 상단 부분의 Controller Status 〉 Remote Run 버튼을 클릭하여 “Program Mode”를 선택하여 PLC 프로그램을 수정하도록 한다.

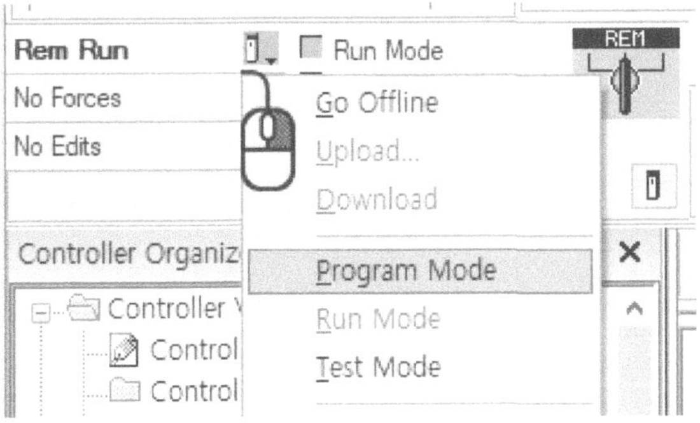

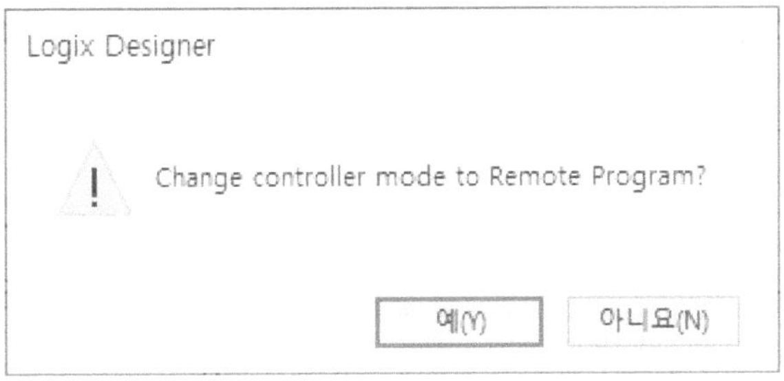

런중 모드와 동일하게 프로그램 수정하여 동작시키면 된다. 주의할 사항은 변경할 래더도 작성이 완료되면 다운로드한 후에 다시 [Run Mode]로 전환을 해 주어야 정상 동작을 할 수가 있다.

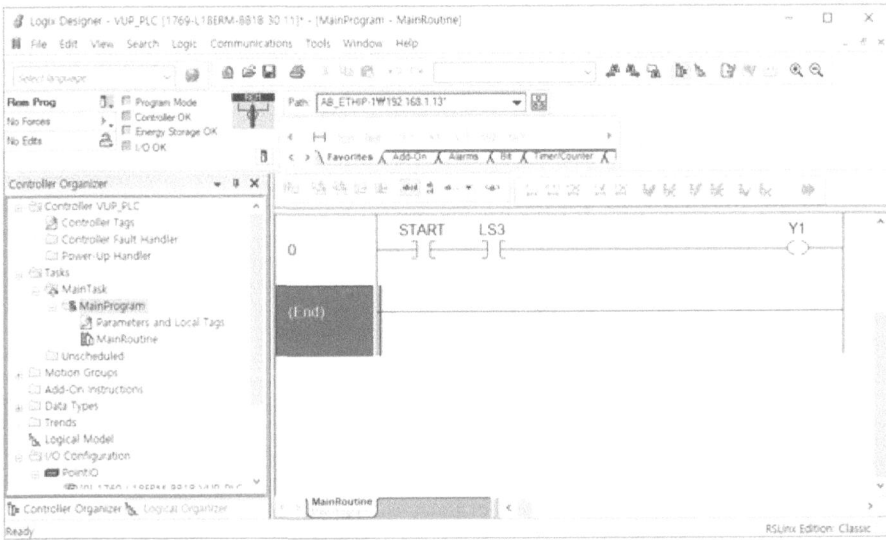

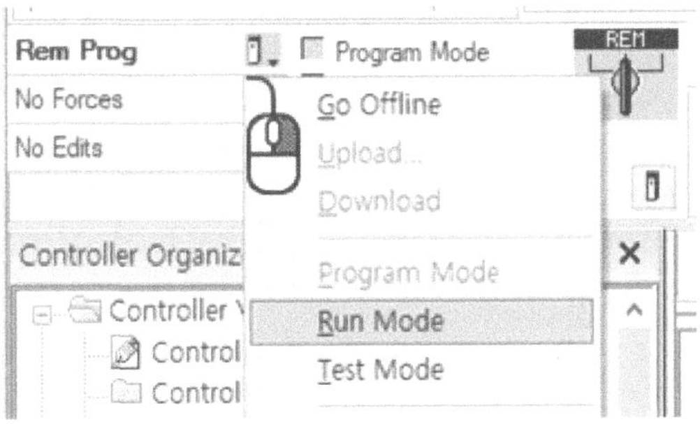

Branch 작성(OR 형태)은 다음과 같이 Rung 앞부분을 먼저 한번 클릭하면 뒷부분에 초록색 점이 생긴다. 초록색 점 부분에 연결하면 다음과 같이 Branch가 작성된다.

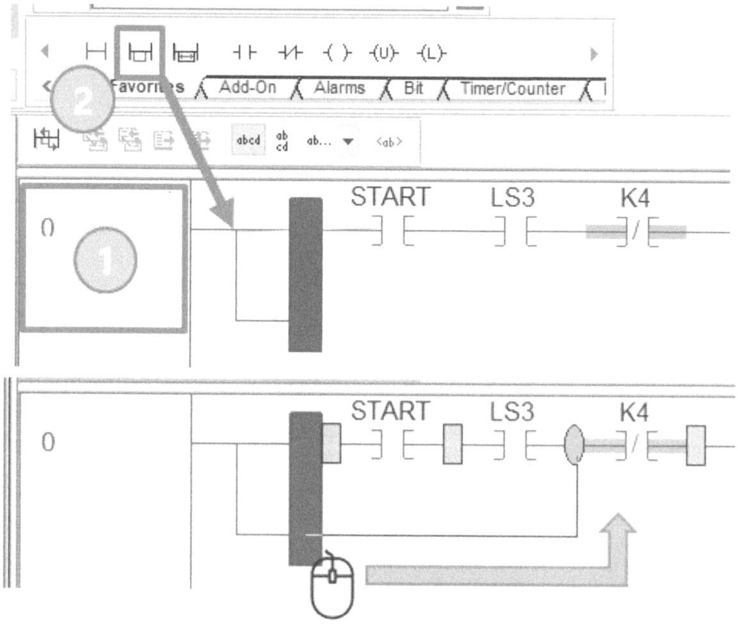

Branch 작성한 부분에 NO접점을 클릭하여 추가한다. 추가된 접점에 원하는 Tag명을 작성하도록 한다. 단축키 [Ctrl + W]를 사용하면 빠르게 실행할 수 있다.

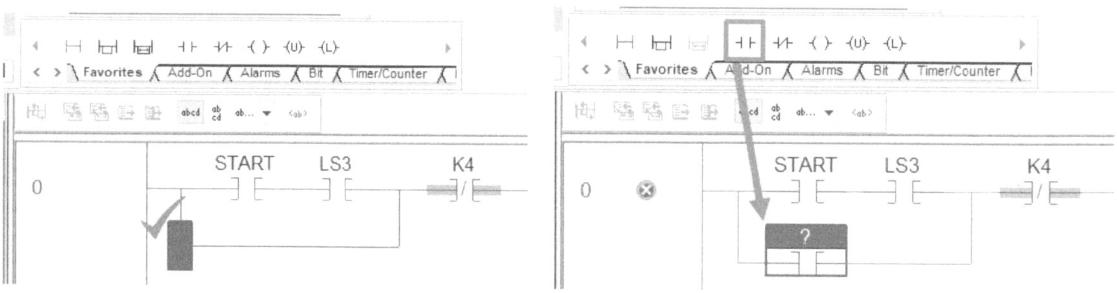

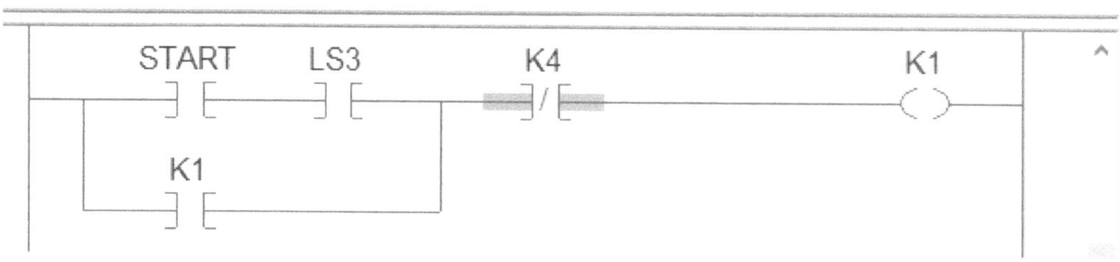

◧ 실린더 순차 동작 구성 : A + A – B + B –

스테프 설계 기법 중 편 솔레노이드 밸브 사용 시 회로 구성 방법을 참조하고, 회로 구성 방법을 생각하면서 실린더 순차 동작에 맞도록 아래의 래더도를 작성하도록 한다.

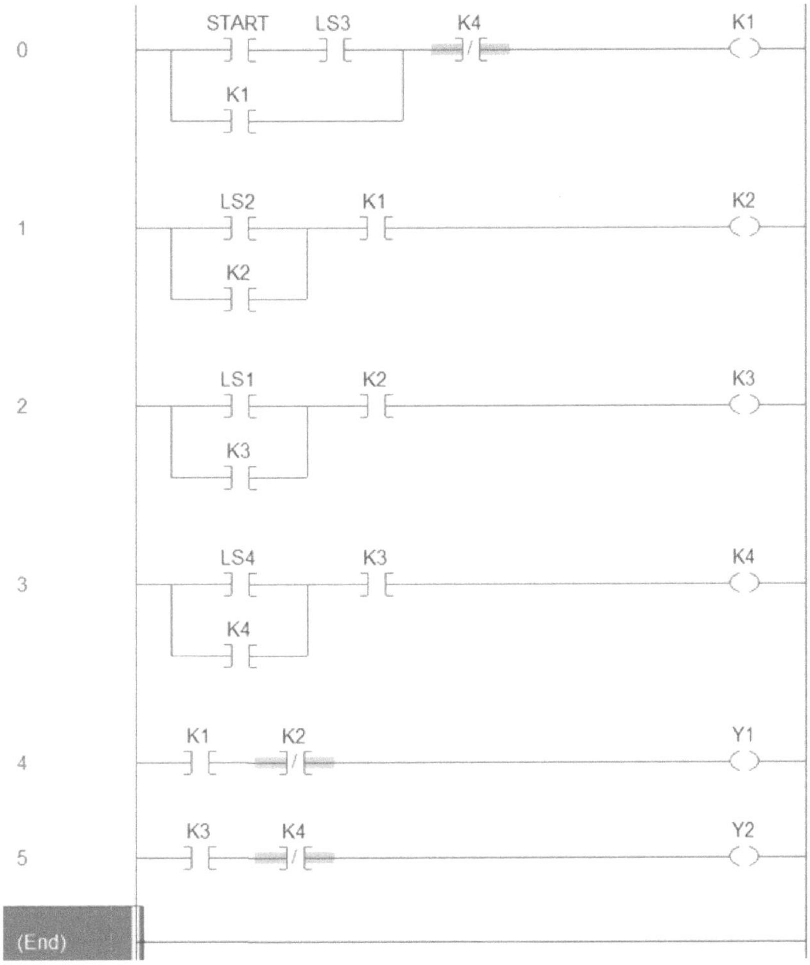

◧ 공압 변위 단계 선도

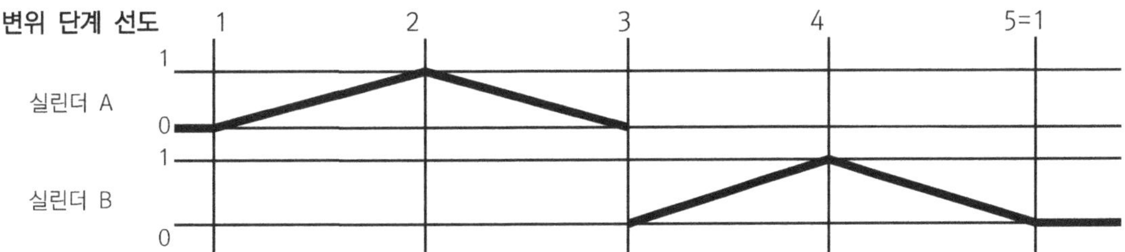

릴레이 동작	K1	K2	K3	K4	
솔레노이드밸브 동작	Y1 ON	Y1 OFF	Y2 ON	Y2 OFF	
리밋스위치 동작	LS2	LS1	LS4	LS3	
	반복 시작				

툴바에 있는 [Who Active]를 클릭하거나, [Remote Mode] 선택하여 Download를 실행한다.

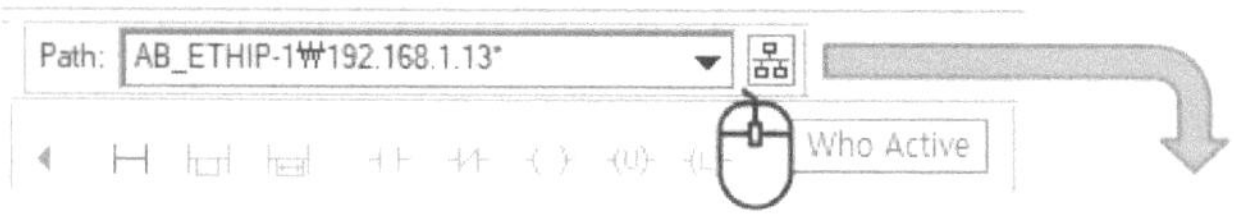

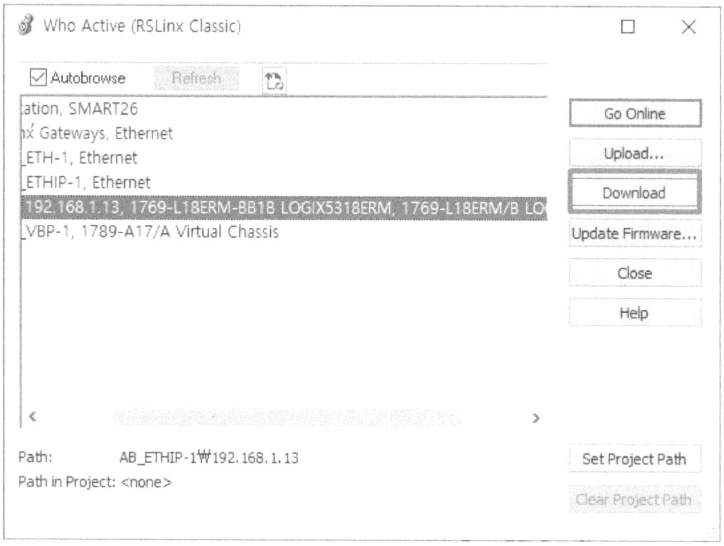

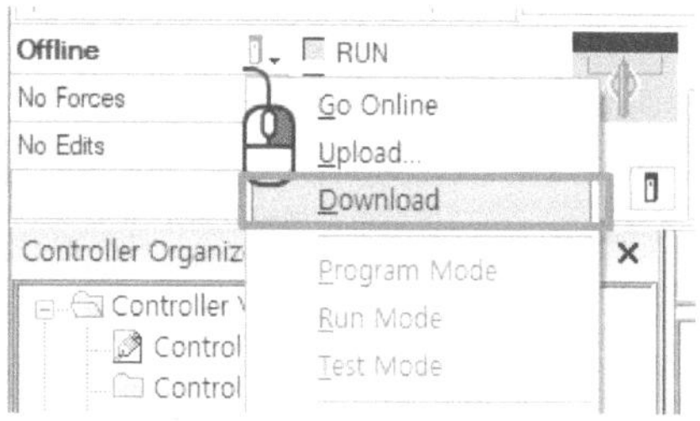

◧ 시뮬레이션 실린더 순차 동작

VUP의 시뮬레이션 동작과 PLC 래더도를 같이 모니터링 할 수 있도록 구성하여 동작 확인을 한다.

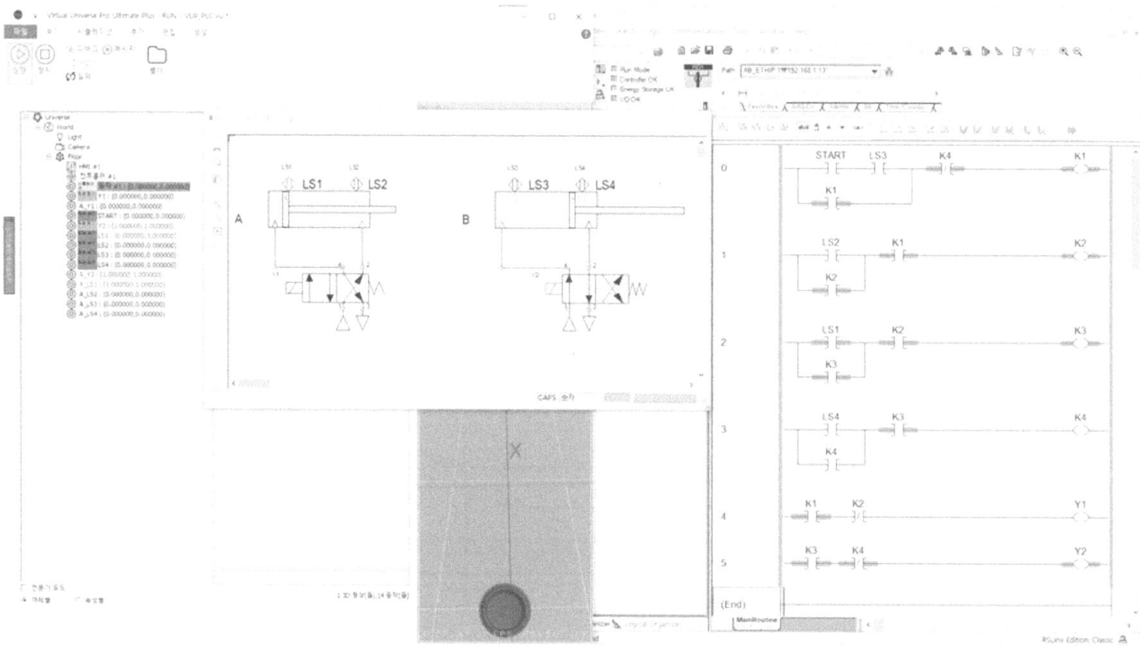

참고문헌

- 전기 공압 시뮬레이터(autoSIM)를 이용한 AB CompactLogix PLC 기초, 노일수 저, GS인터비전
- 공유압 제어 이론과 실험, 차흥식 저, 일진사
- 기초이론과 실제 공압기술, 전찬열 저, 일진사
- 시퀀스 제어와 PLC 제어, 강승욱 저, 동일출판사
- 한국산업인력공단 기계정비산업기사 공개문제
- 한국산업인력공단 공유압기능사 공개문제
- https://en.iraifrance.com/virtual-universe-pro-education
- https://www.rockwellautomation.com/ko-kr/products/hardware/allen-bradley/programmable-controllers.html

가상 제어 장치(Virtual Universe Pro)를 이용한

스마트 시퀀스 및 공유압 제어(2판)

2024년 3월 5일 인쇄 발행

저 자	노일수
발 행 인	송기수
발 행 처	도서출판 GS인터비전
표지디자인	도서출판 GS인터비전
인 쇄 처	트윈벨미디어
등 록 번 호	제 25100-2016-000050호
I S B N	979-11-5576-470-1(93560)

주 소	서울 은평구 증산로 15길 69, 2층
전 화	02-976-7898, 02-3272-7898
팩 스	02-6468-7898
홈페이지	gsintervision.kr
E-Mail	gsinter7@gmail.com

정 가 22,000원